U0343666

中国科学院科学出版基金资助出版

国家自然科学基金面上项目资助（编号：51276166，50676085，50476057，50176046）

国家自然科学基金重大研究计划重点项目资助（编号：90610035）

国家重点基础研究发展计划（973）课题资助（编号：2007CB210200，2013CB228100）

国家高技术研究发展计划（863）课题资助（编号：2009AA05Z407）

国际科技合作项目资助（编号：2009DFA61050）

教育部新世纪优秀人才支持计划资助（编号：NCET-10-0741）

教育部高等学校博士学科点专项科研基金资助（编号：20090101110034）

浙江省杰出青年科学基金资助（编号：R1110089）

浙江省重点科技创新团队项目资助（编号：2009R50012）

浙江省"新世纪151人才工程"资助

能源清洁利用国家重点实验室资助

生物质组分热裂解
Pyrolysis of Biomass Components

王树荣　骆仲泱　著

科学出版社
北京

内 容 简 介

生物质是唯一可用于大规模制取液体燃料的含碳可再生能源资源,通过生物质热化学转化高效制取生物质基液体燃料将极大缓解我国石油供应短缺的局面,有助于我国能源结构的优化和生态环境的保护。本书以著者多年的科研成果为基础,借鉴国内外同行的大量研究工作,从生物质组分角度出发对生物质热裂解原理进行了系统阐述。首先介绍了生物质的组分分布及其基本结构和特性,继而分别针对三大组分,详细讨论了工况参数对组分热裂解的影响,探讨了基于动力学模型、产物生成途径和分子层面理论模拟的组分热裂解机理。在此基础上,进一步探讨了组分交叉耦合,生物质内在无机盐、抽提物,以及外加催化剂对热裂解行为的影响规律。最后叙述了不同种类生物质的热裂解行为及热裂解液化特性,并介绍了基于分子蒸馏分离的生物油分级改性的最新研究成果。

本书可作为从事生物质能研究和应用的相关人员的参考书,同时也可作为相关专业高年级本科生和研究生的教材和参考书。

图书在版编目(CIP)数据

生物质组分热裂解 = Pyrolysis of Biomass Components/王树荣,骆仲泱著.—北京:科学出版社,2013.11
ISBN 978-7-03-039144-5

Ⅰ.①生… Ⅱ.①王…②骆… Ⅲ.①生物燃料-研究 Ⅳ.①TK6

中国版本图书馆 CIP 数据核字(2013)第 271357 号

责任编辑:耿建业 刘翠娜 / 责任校对:李 影
责任印制:吴兆东 / 封面设计:耕者设计工作室

科 学 出 版 社 出版
北京东黄城根北街 16 号
邮政编码:100717
http://www.sciencep.com

北京厚诚则铭印刷科技有限公司 印刷
科学出版社发行 各地新华书店经销

*

2013 年 11 月第 一 版 开本:720×1000 1/16
2022 年 10 月第六次印刷 印张:14 3/4 插页:8
字数:333 000
定价:158.00元
(如有印装质量问题,我社负责调换)

前　言

能源是人类社会赖以生存和发展的基础,纵观人类社会的发展历史,文明的每一次重大进步都伴随着能源的改进和更替。能源问题已成为当今世界的核心问题,我国是目前世界上最大的发展中国家,同时也是世界上主要的能源生产国和消费国,经济的快速发展需要能源的持续供应,而且随着经济规模的持续快速增长,对能源的整体需求也与日俱增。然而,以煤炭、石油和天然气等一次化石能源为主的能源结构,使得我国的能源安全与生态环境受到诸多威胁。首先,化石能源供应日趋紧张,进口趋增,加重了能源安全隐患;其次,化石能源使用所带来的环境污染问题也不容忽视,如温室气体排放量剧增、酸雨和 PM2.5 粉尘的危害也日渐凸显。能源短缺与环境污染一直是我们必须直面的两大难题。相比煤炭等化石能源,生物质是一种清洁可再生的能源资源,同时具有二氧化碳净零排放的特点。我国的生物质资源非常丰富,储量巨大,但目前利用程度不高,急待开发利用。因此大力发展生物质资源的清洁能源化利用,对于建设资源节约型和环境友好型社会具有重要意义。

我国化石能源呈现典型的富煤缺油的局面,近几年通过大量进口原油来弥补国内石油消费量的高增长,石油进口对外依存度已经超过了 50%,如果能将我国资源量丰富的生物质通过一定方式转化成液体燃料,将会极大缓解我国石油供应短缺的局面。生物质是唯一可用于大规模制取液体燃料的含碳可再生能源资源,热化学转化和生化转化是当前生物质制取液体燃料的两种主要技术。生物质快速热裂解液化作为一种主流的热化学转化技术,可将固体生物质高效转化成易储存、易运输、能量密度较高的液体燃料——生物油。生物油可直接作为燃料在锅炉中使用。然而,由于生物油存在水分含量高、含氧量高、黏度大、热值低、pH 低、成分复杂和性质不稳定等缺点,限制了其作为高品位动力液体燃料的应用。解决这一问题的关键有两点:第一是深入分析生物质热裂解机理,掌握热裂解规律,从而试图实现生物油生产过程的源头可控;第二是加强生物油后续改性研究,如生物油的催化加氢、催化裂化和催化酯化等提质改性技术,将分散式生物质热裂解液化和集中式生物油提质改性相结合,从而获得具有动力燃料品质的液体燃料。本书作者从事生物质热裂解机理及生物质热裂解液化制取高品位液体燃料等方面研究十几年,希望能够把自己积累的一些研究成果和经验总结出来与国内外同行进行交流,借此书抛砖引玉,为我国生物质能的快速发展尽绵薄之力。

本书共分 7 章,以生物质三大组分为脉络,从基础到专精逐层阐述了生物质组分热裂解液化涉及的系统理论知识。首先从木质纤维素类生物质的结构入手,简述了生物质的组分分布和结构特征,详细介绍了纤维素、半纤维素和木质素的基本结构、理化性质,以及研究中常用的模型化合物种类、特点及相应的提取方法,抽提物和无机盐的组成和性质。进而从第 2 章到第 4 章采用独立篇幅分别介绍了纤维素、半纤维素和木质素三大组分的热裂解机理,从热裂解的基本过程出发,阐述不同因素对组分热裂解的影响,探讨了基于动力学研究、产物形成途径和分子层面理论模拟的组分热裂解机理。第 5 章和第 6 章则充分阐述了组分的交叉耦合、无机盐和外加催化剂的添加对生物质组分热裂解过程的影响。最后在第 7 章叙述了不同种类生物质的热裂解行为以及热裂解液化特性,并介绍了基于生物油分离的分级提质改性的最新研究成果。其中,骆仲泱教授负责本书第 1 章和第 3 章的撰写,王树荣教授负责本书其他章节的撰写并全文统稿。

本书是以作者多年的一线科研成果为基础,结合众家之所长,以科研中的研究思路为叙述主线,循序渐进地表述热裂解机理研究中的诸多知识点和侧重点,能够使领域内同行在阅读的过程中快速掌握其中蕴含的研究思路、研究方法、主要结论和拓展点,为后续的研究工作奠定良好的基础。同时,本书合理的架构体系和逐层递进的阐述方式也可作为相关专业高年级本科生和研究生的教材和参考书。

作者经历了生物质热裂解研究从国外引进到发展成为国内热门研究领域的全过程,在此领域的工作积累离不开浙江大学能源清洁利用国家重点实验室的诸多同事的支持和鼓励,尤其是岑可法院士对生物质能研究领域的长期指导和关怀。同时也非常感谢国家自然科学基金委员会、科技部和教育部等对作者在生物质能领域研究提供的项目资助,所取得的部分成果也反映在本书相关章节中。也感谢曾经共事过的已毕业或尚在求学的博士生和硕士生,尤其是他们的博士学位论文和硕士学位论文成果极大地丰富了本书内容,正是因为他们的努力,才使得我们的生物质热裂解液化研究越来越系统、越来越深入。最后,诚挚感谢郭秀娟、茹斌、蔡勤杰、林海周、王琦、李信宝、尹倩倩、朱玲君、王誉蓉等在文献资料收集、插图编排和文字校对上所提供的大力帮助。

作者虽然力求准确反映生物质热裂解的相关工作和成果,从开始写作到完稿足足历时两年多,并经过多次精简和修改,使得本书日趋完善,但书中不免存在不当或疏漏之处,诚请有关专家和读者批评指正,以便在后续版本中继续加以改进完善。

著　者

2013 年 8 月于求是园

目　　录

第1章　生物质的组分及其特性

1.1　生物质组分

生物质从广义角度是指直接或间接利用光合作用形成的有机物质,包括所有动物、植物和微生物,以及由这些有生命物质派生、排泄和代谢的有机质。狭义的生物质则往往指农林业生产加工领域中涉及的如薪柴和秸秆等农林废弃物。其中,木质纤维素类生物质是生物质能利用过程中最受关注的对象,也是本书的主要研究对象。

1.1.1　生物质的成分分析

生物质主要由碳、氢、氧三种元素组成,三者总含量一般在95%以上,此外还含有少量的氮元素和硫元素,一般认为氮元素和硫元素来自于残留在细胞生长初期原生质内的蛋白质[1]。表1-1列出了林业类生物质中的樟子松和花梨木、农业类生物质中的稻秆和稻壳、草本类生物质中的竹子和象草以及海洋类生物质中的海藻等几种典型生物质的成分分析结果。不同种类生物质的固定碳和挥发分含量相差不大,而灰分含量在各种类之间存在明显差异,以樟子松、花梨木为代表的林业生物质的灰分含量最低,而农业类生物质的灰分含量较高。生物质中除了碳、氢、氧、氮、硫外,还含有一定量的无机金属元素,包括钾、钙、钠、镁、铝、铁、铜等,它们主要以无机化合物的形式存在。在所有生物质中,钾和钙的含量明显高于其他元素,钾元素在秸秆等一些草本生物质原料中含量较高,而钙元素在木材和经济类

表 1-1　不同种类生物质的工业分析和元素分析

生物质	$M_{ad}/\%$	$A_{ad}/\%$	$V_{ad}/\%$	$FC_{ad}/\%$	$Q_{b,ad}/(MJ/kg)$	$C_{ad}/\%$	$H_{ad}/\%$	$N_{ad}/\%$	$S_{ad}/\%$	$O_{ad}/\%$
樟子松	13.90	0.30	73.74	12.06	18.84	45.92	4.41	0.10	0.03	35.34
花梨木	13.45	0.35	71.07	15.13	17.07	44.32	4.88	0.16	0	36.84
稻秆	11.21	16.12	61.36	11.31	13.87	36.89	3.44	1.19	0.20	30.95
稻壳	12.30	12.26	60.98	14.46	14.57	40.0	3.66	0.53	0.13	31.12
竹子	5.40	3.68	75.70	15.22	17.54	45.32	2.51	0.82	0.04	42.23
象草	8.21	2.44	73.09	16.26	16.65	44.45	4.68	0.31	0.16	39.75
海藻	16.30	10.09	60.39	13.22	12.65	34.17	3.84	2.16	1.04	32.40

作物中含量较高。另外，即使化学成分相似也有可能存在生物质外观和反应特性的差异。

1.1.2　生物质的组分分布

　　对于木质纤维素类生物质，纤维素、半纤维素和木质素是生物质的三大主要组分，共同构成了植物细胞壁的主要成分。如图 1-1 所示，这些主要组分不均匀地分布在细胞壁内形成了骨架物质、缔结物质和硬固物质。纤维素分子排列规则且聚集成束，组成强韧性的"微纤维"，是植物细胞壁的骨架物质，其中的间隙被非结晶的缔结物质半纤维素和硬固物质木质素填充[2]。纤维素和半纤维素或木质素分子间的结合主要依赖于氢键，而半纤维素和木质素之间除氢键外，还存在着共价键的结合，从而致使木质纤维素类生物质原料中提取的木质素会粘连少量的碳水化合物[3]。除此之外，生物质中还含有可被极性或非极性有机溶剂提取的游离化合物，统称为抽提物，属于非结构性成分，主要包括蜡、脂肪、树脂、丹宁酸、淀粉和色素等[4]。同时，生物质中还含有少量的无机金属盐，主要为碱金属盐和碱土金属盐。生物质整体的物理化学行为与纤维素、半纤维素和木质素以及少量的抽提物和无机盐的组成和含量等密切相关。

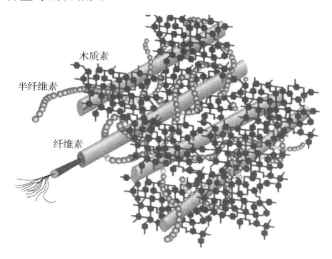

图 1-1　生物质的组成结构

　　生物质中纤维素、半纤维素和木质素的含量受生物质种类影响较大，其中纤维素含量可达 $40\%\sim80\%$，半纤维素则为 $15\%\sim30\%$，木质素含量一般为 $10\%\sim25\%$[5]。各组分的定量通常采用一系列的酸性或碱性溶剂通过萃取依次去除某一种组分并称量计算得到各组分的含量。在组分的定量分析方法中，最常用的是范式组分分析法[6]。

将选定的生物质磨碎筛分后得到一定粒径的样品,按图1-2所示流程进行组分提取。首先将生物质用中性溶液洗涤,溶去并脱除蛋白质和脂肪类等成分(NDS),得到中性洗涤纤维(NDF),其主要含有纤维素、半纤维素、木质素和灰分;随后用酸性溶液洗涤去除半纤维素得到酸性洗涤纤维(ADF),其主要含有纤维素、木质素和灰分;接着用72%①的硫酸溶液洗涤溶去纤维素得到强酸洗涤纤维(SADF),其成分主要为木质素和少量的不溶酸灰分;最后将剩余的残渣在马弗炉烧尽木质素后得到不溶酸灰分。称量各步骤的残渣质量,然后通过差减计算就可得出生物质中三大组分分布以及蛋白质、脂肪类抽提物和不溶酸灰分的含量。

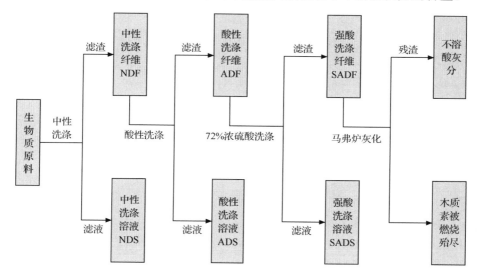

图1-2　范式组分分析法

表1-2所示为通过范氏组分分析法测定的几种典型林业类生物质、农业类生物质、草本类生物质以及海藻的纤维素、半纤维素和木质素以及不溶酸灰分的含量。从中可以看出,纤维素、半纤维素和木质素是林业类生物质中最主要的组分,总含量基本占到90%以上,其中纤维素占的比重最大。农业类生物质和草本类生物质三大组分的分布相似,纤维素和半纤维素含量均比较高,而木质素的含量较低,此外,不溶酸灰分含量较高。木质素含量低的主要原因可能是在对原料预处理过程中样品经过烘干后搅拌磨碎,稻秆和象草含有的硬质外皮在筛分的时候非常容易被分离出去,而这些硬质层正是木质素集中的部位[7],因此实验样品的木质素含量较低。海藻主要含有抽提物,其含量通常在50%以上,而常规的三大组分含量较少,一般不对其进行分析。值得注意的是,虽然不同研究者测定的松木和稻秆

———————
①　书中若无特别说明,此种情况均表示质量分数。

的组分分布存在一定的差异,但整体规律基本一致,这很可能与植物的生长环境不同而造成的自身结构差异有关。林业类生物质中的松木和榉木的纤维素含量最高,而农业类生物质中的稻壳和稻秆则含有较少的纤维素和木质素,但灰分和抽提物含量明显高于林业类生物质。

表 1-2　　生物质样品的组分分析　　　　　　　　（单位：%）

样品	范氏组分分析结果				生物质组分计算结果			
	NDF	ADF	SADF	抽提物	纤维素	半纤维素	木质素	灰分
杉木	92.3	80.36	31.46	7.7	48.9	11.94	31.21	0.25
樟子松	91.3	73.6	25.8	8.7	47.8	17.7	25.5	0.3
柳桉	86.39	71.15	20.57	13.61	50.58	15.24	20.31	0.26
花梨木	88.27	70.62	24.39	11.73	46.22	17.65	23.52	0.87
水曲柳	92.95	78.52	23.78	7.05	54.74	14.43	22.69	1.08
西南桦	91.08	70.69	17.56	8.92	53.13	20.39	17.21	0.35
稻秆	78.19	37.08	7.55	21.81	29.53	41.11	5.07	2.48
稻壳	81.42	44.27	20.4	18.59	23.87	37.15	12.84	7.56
竹	79.21	33.37	13.37	20.79	20	45.84	12.83	0.54
象草	72.32	39.11	9.12	27.69	29.99	33.21	3.13	5.99
依藻[8]				65.5				
绿藻[8]				70.4				
小球藻[9]				67.21				
松木[5]				3	46~50	19~22	21~29	0.3
松木[10]				2.88	44.55	21.9	27.67	0.32
松木[11]				2.7	41.7	22.5	25.8	0.3
榉木[12]				2.6	44.2	33.5	21.8	0.5
稻壳[13]				8.4	31.3	24.3	14.3	23.5
稻秆[13]				13.1	37	22.7	13.6	19.8
稻秆[14]				13.5	31.6	29.2	9.8	15.9

1.2　纤　维　素

纤维素是自然界中分布最广和含量最多的一种高分子多聚糖。植物体内约50%的碳以纤维素的形式存在,特别是木材中纤维素的含量较高,40%～45%的干物质为纤维素,而棉花中纤维素的含量更高达90%以上,其可用于制取高纯度的纤维素滤纸[15]。通常纤维素是被半纤维素和木质素包裹的,因此采用直接脱除的方式很难获得纤维素。

1.2.1　纤维素的结构

1.2.1.1　纤维素的分子结构

纤维素主要含有碳、氢、氧三种元素,含量分别为 44.2%、6.3% 和 49.5%,折合成化学表达式为 $C_6H_{10}O_5$,其分子结构如图 1-3 所示。由于纤维素是一种高分子多聚糖,一般用 $(C_6H_{10}O_5)_n$ 表示纤维素的分子式,其中 n 为聚合度,木材纤维的聚合度为 6000~8000,棉纤维聚合度为 14000 左右[16]。纤维素晶体的 X 射线衍射研究表明,晶体学上的重复单元是两个葡萄糖酐以二次螺旋轴维系在一起的,左右两个葡萄糖酐彼此绕螺旋轴旋转 180°,所以构成纤维素的基本单元是纤维二糖,而不是葡萄糖[17]。纤维素中的葡萄糖属于 D-吡喃型葡萄糖,葡萄糖单元之间以 β-1,4-糖苷键连接。糖苷键的强度较低,使得纤维素大分子易于在酸或者高温作用下发生降解。每个葡萄糖单元上有 3 个醇羟基,羟基上的氢原子能够与侧链上的氧原子形成氢键而使分子链聚集在一起,形成强韧的原纤结构[18-20]。虽然纤维素的聚合单体是纤维二糖,而不是葡萄糖,但纤维素与葡萄糖之间存在着紧密的联系。纤维素在磷酸作用下在微波反应器内进行稀酸水解时,可获得 90% 以上的葡萄糖,说明在一定水解条件下,纤维素结构可以优先发生糖苷键断裂,形成大量的葡萄糖单体[21]。

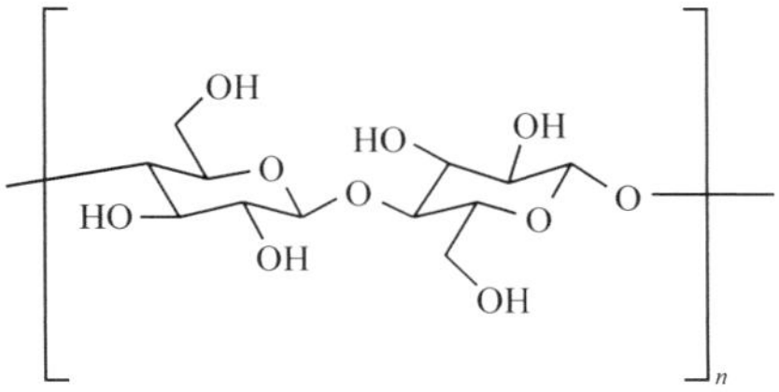

图 1-3　纤维素基本单元结构

1.2.1.2　纤维素的结晶结构

纤维素链状分子多数集成线状的束,通常称为微纤丝,也就是纤维素骨架的最终形态。根据链状分子的排列形式可将纤维素的超微结构分为结晶区和无定形区,结晶区分子排列比较规整,而无定形区分子排列比较疏松,但二者之间不存在明显的界限。纤维素结晶度是表示纤维素骨架性质的重要指标,结晶度的大小一般与微纤维的长度呈正相关。纤维素的结晶呈多型性,依据纤维素链的微观结构和排列方式可将纤维素结晶分为 5 种结晶变体(Ⅰ 型、Ⅱ 型、Ⅲ 型、Ⅳ 型和 Ⅴ型)[22-24]。其中最为典型的是 Ⅰ 型纤维素(天然纤维素)和 Ⅱ 型纤维素(再生纤维素和丝光纤维素),它们经常被作为纤维素的代表开展研究。通常认为 Ⅰ 型纤维素中的链平行排列,而 Ⅱ 型纤维素中的所有链结构单元都是反平行排列的。当用液氨处理 Ⅰ 型纤维素和 Ⅱ 型纤维素时则产生了 Ⅲ 型纤维素,对 Ⅲ 型纤维素继续进行热处理则会生成Ⅳ型纤维素。在所有形态中纤维二糖是最基本的平移单元,它的存在使得纤维素分子链具有一个约 10.3Å 的重复长度。

Atalla 和 Vanderhart[25]通过[13]C-CP/MAS-NMR 对天然纤维素晶体(Ⅰ型纤维素)进行研究发现,自然界中的纤维素按照晶体构型的不同可以分为 I_α 和 I_β 两种不同的结晶相,前者对应于含一条链的三斜晶体,后者对应于含两条链的单斜晶体,两者在密度上也存在一定差异,I_β 纤维素的密度要高于 I_α 纤维素。此外,在热力学上 I_β 纤维素的稳定性也要高于 I_α 纤维素,在一定的反应条件下(主要指在碱性溶液中进行热处理),I_α 纤维素可以向 I_β 纤维素逐渐转化。在自然界,原始合成的以 I_α 纤维素为主,而高等植物中则主要是以 I_β 纤维素的形式存在。Atalla 和 Vanderhart[25]进一步研究发现,海藻以及细菌纤维素中主要以 I_α 纤维素为主,其质量分数约占到 60% 以上,而在高等植物中,如棉花,I_β 纤维素的质量分数可达到 80%,同时发现,对这些生物质进行热处理后,I_β 纤维素的含量有所提高。

1.2.1.3　纤维素的表观结构

按照结晶形状划分纤维素可使其结构信息细化,从而有助于量子化学模拟计算过程中纤维素几何构型的确定和优化,但在实际应用中则作用有限。另外一种被广泛采用的分类方法为宏观分类法,通过扫描电子显微镜(SEM)和透射电子显微镜(TEM)对纤维素表观形态进行分析,将其划分为细菌型纤维素(BC)、微纤维化纤维素(MFC)、微晶纤维素(MCC)、网络化纤维素(NC)和纳米晶体型纤维素(NCC)及其对应的复合体[26]。BC 主要从菌株生产中来。当纤维素受到剪切力影响时会引起整个细胞墙的分裂而释放出微纤维化纤维素,即 MFC。MCC 是一种水解纤维素颗粒,由大量的结晶区和少量的无定形区组成。NC 是用硫酸溶液溶解 MCC 后在乙醇溶液中再生而形成的,此时纤维素链无规律地捆束在一起。NCC 是典型的坚硬杆状单晶纤维素,通过酸水解可以将 NCC 顺利地从纤维素纤维中分离出来。

1.2.2　纤维素的特性

天然纤维素为无臭无味的白色丝状物。结晶纤维素的密度约为 $1600kg/m^3$,木材纤维密度约为 $1500kg/m^3$。

纤维素因含有极性羟基而易吸水润胀,其对水吸附的强弱与纤维素结构及毛细作用有关。在温度为 20℃,空气相对湿度为 60% 的条件下将会吸附 6%～12% 的水分[27]。吸附水分为结合水和游离水两种,进入纤维素无定形区与纤维素羟基形成氢键而结合的水称为结合水;当吸附水达到饱和以后,水分子继续进入纤维的细胞腔和空隙中,称为游离水。

纤维素在水中的溶解能力较差,但硫酸和盐酸溶液都可溶解纤维素,但必须使溶解保持在低温状态,否则就会引起纤维素的迅速降解。

纤维素的葡萄糖单元上有 3 个活泼的羟基分布在吡喃环的 2、3、6 碳位上,反应能力各不相同[28, 29]。C_6 位上的羟基空间位阻最小,故该羟基的反应性能高于其他羟基。通常,C_6 位上的羟基酯化反应速率比其他羟基快 10 倍,C_2 位上羟基的醚化反应速率比 C_3 位上的羟基快两倍左右[30]。除羟基外,几乎所有的纤维素反应都与相邻的两个葡萄糖单体间的糖苷键断裂有关,只是随着反应条件的不同糖苷键的破坏程度存在差异。纤维素分子中的糖苷键具有缩醛键的性质,对酸很敏感,当与酸或酸的水溶液作用时,糖苷键断裂,聚合度降低[31]。另外,在适当的情况下,纤维素也会发生酯化、醚化、氧化和光催化等反应。

1.2.3　纤维素模化物及纤维素的提取

纤维素的结构单一、稳定,随生物质种类的变化较小,且含量较大,常被作为生物质的代表开展相对应的系列研究。实验研究中经常采用定性滤纸和微晶纤维素作为纤维素的模化物。其中定性滤纸属于天然纤维素,是把纤维素含量极高的天然棉花纤维经过简单处理后得到的,微晶纤维素则是纯棉纤维水解后得到的粉末状纤维素。定性滤纸和微晶纤维素的元素组成基本相同(表 1-3),主要含有碳、氢、氧,经计算得到微晶纤维素的分子式为 $C_6H_{9.6}O_{4.9}$,而定性滤纸的分子式为 $C_6H_{9.6}O_{4.8}$,与纤维素的 $C_6H_{10}O_5$ 分子通式高度吻合。

表 1-3　定性滤纸和微晶纤维素的元素分析

原料	$C_{ad}/\%$	$H_{ad}/\%$	$O_{ad}/\%$	$N_{ad}/\%$	$S_{ad}/\%$
定性滤纸	44.98	6.20	48.71	0.09	0.02
微晶纤维素	43.26	5.78	46.57	0.45	0.05

定性滤纸和微晶纤维素都是较好的纤维素模化物,二者的扫描电镜照片和红外压片谱图如图 1-4 所示。两种纤维素虽然具有明显的形态差异,但它们的红外谱图却非常类似,都表现出了典型的多聚糖特性。纤维素是没有分支的线性链状分子,其葡萄糖单元上存在极性很强的羟基,其上的氢原子易与另外键上电负性很强的氧原子上的孤对电子相互吸引而形成氢键,从而相邻的分子链间能借分子间的氢键作用像麻绳一样拧在一起形成巨分子。红外谱图中 $3342cm^{-1}$ 处的特征峰对应于—OH 的振动,$1635cm^{-1}$ 和 $1161cm^{-1}$ 处则分别是 C ═O 和 C—O—C 基团的吸收峰,而 $1368\sim1279cm^{-1}$ 处是 C—H 和—CH_2—基团的吸收峰,因此这两种模化物对生物质原始纤维素具有很好的代表性。

提取纤维素的方法有很多,在实际操作时应根据生物质的种类和性质采用最合适的方法进行提取。在生物质整体结构中,纤维素由半纤维素的短链结构来保持其位置,因此在提取过程中,不可避免地会残留除葡萄糖外的少量其他糖单元结

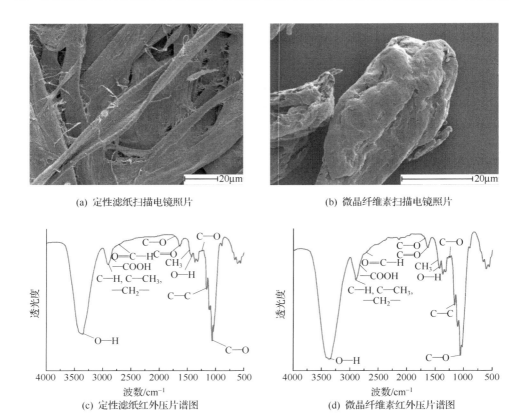

(a) 定性滤纸扫描电镜照片　　　　　　　(b) 微晶纤维素扫描电镜照片

(c) 定性滤纸红外压片谱图　　　　　　　(d) 微晶纤维素红外压片谱图

图 1-4　纤维素的扫描电镜照片和红外压片分析

构,如甘露糖和木糖的残基。为了获得高纯度的纤维素,通常采用纤维素含量较高的生物质进行提取。常用的纤维素提取方法主要有酸碱水解法[32, 33]、综合溶剂法[34]和汽爆法[35]等。

1.3　半纤维素

　　植物细胞壁中的纤维素和木质素是由聚糖混合物紧密地相互贯穿在一起的,这些横向分布在细胞壁各层的聚糖混合物被称为半纤维素。各种植物中半纤维素的含量不同、结构各异。其在针叶木中含量 10%～15%,阔叶木中 18%～23%,草本类植物中 20%～25%。半纤维素是和纤维素类似的链状分子,但与纤维素相比其聚合度要低得多,平均聚合度在 200 以下,因此它们的聚集状态很难呈线状,而是呈粉末状,但其本质还是短的线性聚合物。与纤维素的均一聚糖单一直链结构相比,半纤维素既可形成均一聚糖也可形成非均一聚糖,还可以由不同的单糖基以不同方式连接成结构互不相同的多种聚糖结构,故半纤维素实际上是多种聚糖的总称[36]。

1.3.1　半纤维素的结构

半纤维素结构复杂,其基本糖单元主要为木糖、甘露糖、半乳糖和阿拉伯糖等,它们的化学结构如图 1-5 所示,在这基础上形成了半纤维素最主要的基本结构单元,如葡萄糖醛酸木聚糖、半乳葡甘露聚糖、阿拉伯葡糖醛酸木聚糖、木聚葡糖和阿拉伯糖木聚糖等[37, 38]。

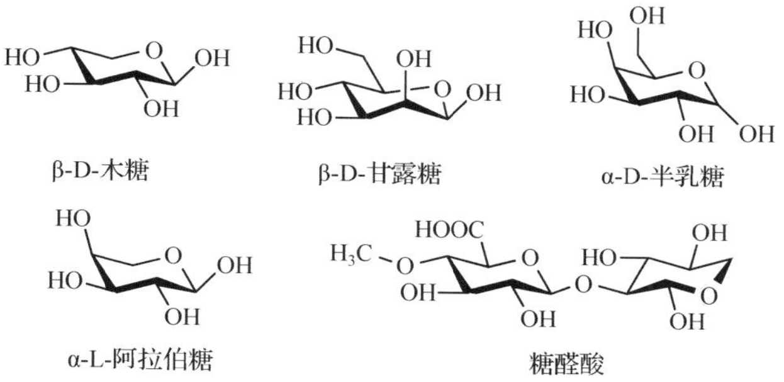

图 1-5　半纤维素基本糖单元的化学结构

葡萄糖醛酸木聚糖,又称 O-乙酰基-4-O-甲基葡萄糖醛酸木聚糖,该结构单元是针叶木半纤维素中最典型的化学结构,其含量为 $15\% \sim 30\%$,主要由 β-D-木糖主链结构通过 β-1,4-糖苷键连接而成。一些木糖的 C_2 和 C_3 原子可能被乙酰化,且十个分子中便有一个糖醛酸单元。乙酰基的比例在 $8\% \sim 17\%$ 变化,对应于每十个木糖单元中存在 $3.5 \sim 7$ 个乙酰基团[37]。4-O-甲基葡萄糖醛酸侧链韧性较强,不易在酸性环境下溶解。该结构单元中还包含少量的鼠李糖和半乳糖醛酸。

半乳葡甘露聚糖,该结构单元是阔叶类半纤维素中典型的木糖结构,含量为 $20\% \sim 25\%$;而在针叶类半纤维素中的含量较少,一般少于 5%。其主要为 β-D-木糖和 β-D-鼠李糖单元组成的链状骨架结构,并通过 β-1,4-糖苷键连接。在 C_2 和 C_3 原子上存在部分乙酰化情况,α-D-半乳糖取代单元通过 α-1,6 键连接在葡萄糖和甘露糖单元上。其中乙酰基单元的含量在 6% 左右,平均 $3 \sim 4$ 个己糖单元对应 1 个乙酰基团。另外,甘露糖基团的含量要远大于葡聚糖基团。研究发现,在半乳葡甘露聚糖结构单元中半乳糖基化的程度决定着半纤维素与纤维素之间的连接趋势,间接影响半纤维素的可提取性[39]。

阿拉伯葡糖醛酸木聚糖,该结构单元是非木材类生物质中(主要是农业类)半纤维素的典型结构,在针叶类生物质中也有少量存在。主要由线性的 β-1,4-D-木糖骨架结构组成,其中包含了由 α-1,2-糖苷键连接的 4-O-甲基-α-D-吡喃葡萄糖醛

酸单元和 α-1,3-糖苷键连接的 α-L-呋喃阿糖单元[40]。

木聚葡糖,该结构是阔叶类植物中大量存在的半纤维素聚糖,主要存在于双子叶植物中,少量存在于单子叶植物中,在草类植物中也有发现[41]。它主要由 β-1,4-糖苷键连接的 D-葡萄糖骨架组成,并含有 D-木糖、L-阿拉伯糖和 D-半乳糖单元。该结构单元通过氢键的连接与纤维素的微纤维间存在相互作用,对纤维素保持结构完整具有重要贡献[42]。

阿拉伯糖木聚糖,该结构单元主要出现在谷物类生物质的半纤维素中,类似于阔叶木中的木聚糖,但其中的 L-阿拉伯糖含量较高。线性的 β-1,4-D-吡喃木糖骨架被 2-O 位置上的 α-L-呋喃阿拉伯单元取代,或被 3-O 位置上的 α-D-吡喃葡萄糖醛酸单元取代[43]。乙酰基取代基也有可能存在[44]。酯化的酚类二聚物的存在会导致木聚糖分子内和分子间的相互交联作用,增加木聚糖与纤维素结构间的交联程度,从而限制木聚糖的提取。另外,在生物质木质化过程中,木聚糖会通过醛酸侧链的酯化与木质素结构连接,造成其较难提取[45,46]。

半纤维素常根据其结构主链上的糖基来命名,此种方法有利于结构及性能的分析。其主链可由一种糖基构成,也可由两种或多种糖基构成,是非均一高聚糖。当半纤维素主链上只有 D-木糖时,则称为聚木糖类半纤维素,当半纤维素主链由葡萄糖和甘露糖两种糖基构成时,则称为聚葡萄糖甘露糖类半纤维素。

半纤维素在整个生物质结构中的一个重要作用是将纤维素和木质素交联在一起。半纤维素与纤维素之间的连接是依靠氢键和范德华力。半纤维素中的聚糖链长度通常大于纤维素链间的间距,因此半纤维素聚糖链可以包覆在纤维素表面,并以氢键形式交叉连接多个纤维素链。半纤维素和木质素之间的连接则是通过共价键。

1.3.2　半纤维素的特性

半纤维素的平均密度为 $1500kg/m^3$,半纤维素结构的不稳定性直接导致了用不同方法获得的半纤维素性质差异较大。半纤维素聚合度低,天然半纤维素的聚合度仅为 150～200,远低于纤维素。其中尤以针叶木中半纤维素的聚合度最低,约为 100,阔叶木半纤维素约为 200。半纤维素丰富的羧基侧链使其拥有较好的亲水性,这将造成细胞壁的润胀,可赋予纤维弹性。因为半纤维素较难形成结晶区,水分子容易进入,所以半纤维素的吸水性和润胀度均比纤维素高。半纤维素中有一小部分易溶于水,大部分不溶于水,如聚阿拉伯糖半乳糖易溶于水。一般聚合度越低,分支度越大的越易溶于水。

相比于纤维素,半纤维素的结构具有侧链丰富、聚合度低以及无定形等特点,因此试剂对半纤维素的可及性和反应性要高于纤维素。半纤维素容易被水解为单体组分,如甘露糖、木糖及少量的葡萄糖醛酸等。半纤维素的苷键在酸性介质中会发生断裂,使得半纤维素降解,这一点与纤维素酸水解是一样的,但半纤维素的水解反应比纤维素复杂。

1.3.3　半纤维素模化物及半纤维素的提取

半纤维素较难从生物质中完全提取,因此在大多数的研究中均采用的是具有半纤维素典型结构的模化物,通过特定结构单元的研究来了解半纤维素整体的反应特性。常见的半纤维素模化物是木聚糖,此外也有研究采用聚甘露糖和半乳糖等。

1.3.3.1　木聚糖

木聚糖是许多植物如玉米芯、棉籽壳、木屑等细胞壁半纤维素的主要成分,广泛存在于自然界中。它是一种复杂的多聚糖,主要以 β-1,4-木糖苷键连接的 D-木糖残基为主链,主链连有各种取代基,主要含有葡萄糖醛酸、乙酰基、阿拉伯糖、阿魏酸、香豆酸等侧链基团。不同生物质原料中木聚糖的组成和结构不同,且对同一生物质采用不同方法提取时,木聚糖的组成和结构也会不同[47]。其典型结构如图 1-6所示,主链由以 β-1,4-糖苷键连接的 β-D-吡喃木糖单元组成,C_2 位上被 4-O-甲基-α-D-葡萄糖醛酸基所取代,平均每十个木糖单元含有两个该基团。

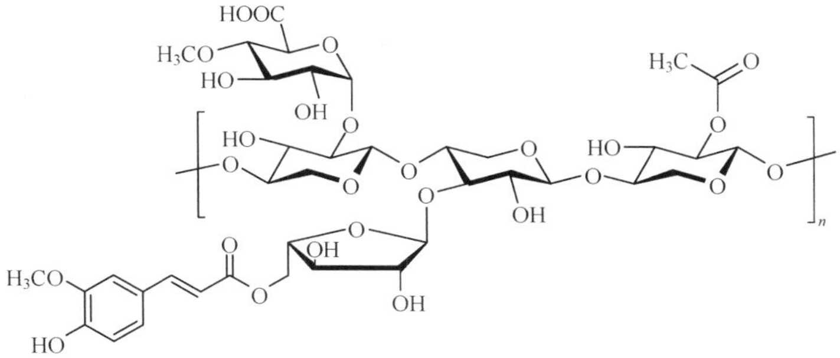

图 1-6　木聚糖的典型结构

木聚糖来源不同,组成差异较大。桦木木聚糖含有 89.3% 的木糖、1% 的阿拉伯糖、1.4% 的葡萄糖[48]。米糠木聚糖含有 46% 的木糖、44.9% 的阿拉伯糖、6.1% 的半乳糖和 1.9% 的葡萄糖[43]。小麦的阿拉伯糖基木聚糖含有 65.8% 的木糖、33.5% 的阿拉伯糖、0.1% 的甘露糖、0.1% 的半乳糖和 0.3% 的葡萄糖[49]。玉米穗木聚糖含有 48%~54% 的木糖、33%~35% 的阿拉伯糖、5%~11% 的半乳糖、3%~6% 的葡萄糖醛酸[50]。大部分木聚糖主链被阿拉伯糖或者葡萄糖醛酸通过O-2 或者 O-3 连接的木糖单元高度取代[51]。Sigma 公司生产的桦木木聚糖,主要由 C、H、O 及少量的 N 和 S 组成,其中 90% 左右的糖基为 D-木糖,同时含有丰富的甲基葡萄糖醛酸侧链。

对木聚糖进行红外压片分析后获得的红外谱图如图 1-7 所示,木聚糖结构中存在 C—O—C,—OH,O—Ac,—COOH,—OCH$_3$ 等特征振动峰,这些结构在图 1-6 的木聚糖结构模型中都存在,而木聚糖支链葡萄糖单元末端连接的苯丙烷结构在红外结构分析中没有体现,主要是因为该种结构含量较少,来源于与半纤维素交联的木质素结构,如果木聚糖提取条件剧烈,则该结构的脱除会较彻底,因此在后续分析中较难被检测到。

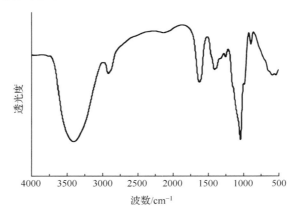

图 1-7　木聚糖红外压片分析谱图

1.3.3.2　聚甘露糖

聚甘露糖在植物中也广泛存在,尤其在针叶木中含量较多。它是一种分子量较低的聚糖,主要以聚半乳糖葡萄糖甘露糖形式存在。其典型的化学结构式如图 1-8所示。通过对其进行红外压片分析发现(图 1-9),与木聚糖相比,聚甘露糖不含有乙酰基和苯丙烷侧链,其他骨架结构基本一致,这说明针叶木中半纤维素与木质素的交联程度较弱。

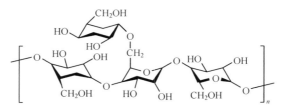

图 1-8　聚甘露糖的典型结构

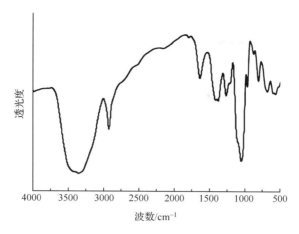

图 1-9 甘露糖红外压片分析谱图

1.3.3.3 半纤维素的提取

半纤维素是生物质三组分中最不稳定的一种,不能直接从自然界获取,可用抽提法从木材、全纤维素或浆粕中分离。由于半纤维素是由多种聚糖组成的无定形结构,要把这些聚糖全部加以分离几乎不可能,所有方法只能做到一定程度的分离。半纤维素的提取过程与纤维素的提取过程基本相似,纤维素提取时,纤维素以残渣的形式存在,而半纤维素则溶解在碱性溶液中,所以在半纤维素的提取过程中,只要把半纤维素从溶液中沉淀出来即可。也可以通过对生物质去木质素化获得全纤维素,进而从全纤维素中将半纤维素分离出来。在从全纤维素中分离半纤维素时,所采用的溶剂种类直接决定着提取半纤维素的结构。在少数有效的中性溶剂中,二甲基亚砜比较适合用于从全纤维素中抽提木聚糖,虽然提取不完全,但在此过程中不发生化学反应,对木聚糖化学结构的影响较小。用碱溶液能抽提得到更多的木聚糖,但对化学结构有一定影响。

1.4 木 质 素

木质素作为一种填充和黏结物质,在木材细胞壁中能以物理或化学的方式使纤维素之间黏结和加固,增加木材的机械强度和抵抗微生物侵蚀的能力,宏观表现为木化植物的直立挺拔和不易腐朽。木质素的含量随植物种类和同一植物的不同部位而有很大的变化。木质素和纤维素一样属于高分子,但纤维素是线性链状的,而木质素的链分布在空间的各个方向,因此形成了三维立体的高分子结构。在针叶木中,木质素含量为 25%～35%,阔叶木中含量达 20%～25%,单子叶禾本科植物中其含量一般为 15%～20%。不同于纤维素和半纤维素,木质素属于非糖类高分子物质,化学结构非常复杂,给实验研究带来一定困难。

1.4.1　木质素的基本结构

1.4.1.1　木质素基本结构单元

木质素是由苯基丙烷单元以非线性的、随机的方式连接组成的复合体,其基本结构如图 1-10 所示,即由对羟基苯基丙烷结构单体聚合而成的对羟基苯基木质素(hydroxy-phenyl lignin,H-木质素)、由愈创木基丙烷结构单体聚合而成的愈创木基木质素(guajacyl lignin,G-木质素)和由紫丁香基丙烷结构单体聚合而成的紫丁香基木质素(syringyl lignin,S-木质素)[52]。木质素虽然只有三种基本结构单元,但每一种结构单元的苯环上都有不同的官能团,从而造成了木质素结构的复杂性。这三种基本结构单元在木质素中的分布受生物质种类的影响很大,硬木主要含有紫丁香基和愈创木基结构单元以及少量对羟基苯基结构单元,而软木则以愈创木基结构单元为主,草本类生物质则主要含对羟基苯基结构单元[53]。

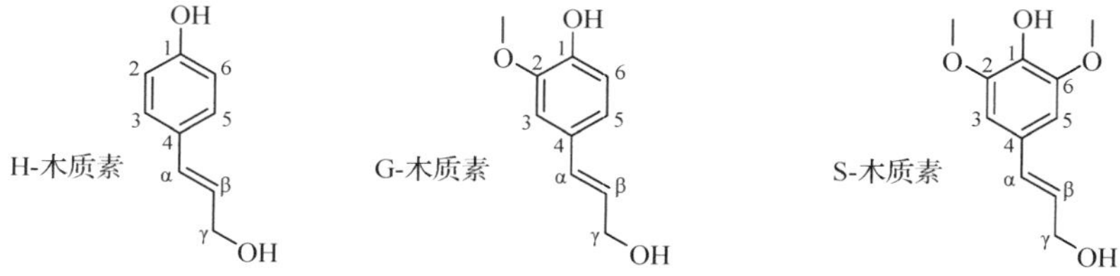

图 1-10　木质素三种基本结构单元

木质素中官能团种类较多,主要有苯环上的甲氧基、酚羟基,侧链上的羰基、醇羟基和碳碳双键等。甲氧基是最基本的木质素特征官能团。针叶木木质素中甲氧基的含量为 14%～16%,阔叶木木质素中其含量为 19%～22%,草本类木质素中含量为14%～15%[27]。苯环上的甲氧基较稳定,只有在较强的氧化剂作用下才能从苯环结构上分离。位于丙烷侧链结构和苯环单元上的醇羟基和酚羟基对木质素的理化性质也具有重要影响,其中酚羟基是衡量木质素醚化和缩合程度以及溶解和反应能力的主要参数。

木质素结构中的羰基位于侧链上,按其与苯环的共轭关系可以分为两类,一类是共轭羰基,一类是非共轭羰基,二者之和为全羰基量。木质素中的碳碳双键指位于侧链上的不饱和键,如木质素中的肉桂醇和肉桂醛结构。但其含量较少,尤其是在阔叶木木质素中。通常认为碳碳双键是决定木质素能否发生聚合反应的重要官能团。此外,由于提取方法的差异,特别在有机溶剂木质素中,还含有一定量的羧基官能团。

1.4.1.2　木质素的侧链结构及其连接方式

木质素的侧链结构比芳香环骨架结构更为复杂,且其对最终的反应产物形成具有重要的影响。目前,木质素的侧链大体上分为如图 1-11 所示的几种形式,分别为 C_1 上的乙二醇[图 1-11(a)]、丙三醇[图 1-11(b、c、d)]、松柏醇型[图 1-11(e)]和松柏醛型[图 1-11(f)]侧链结构,另外还有 C_1 上醇羟基或醚型侧链结构以及主要位于苯环上 C_1 或 C_3 位的酯型侧链结构。木质素虽然只有三种基本结构,但每一种结构单元的苯环上有不同的官能团,即使没有取代基的位置,其氢原子也有相当的反应活性,因此三种结构单元间可发生各种各样的、无规律可循的连接,这从根本上导致了木质素结构的复杂性。图 1-12 是目前认可度较高的木质素化学结构模型[54]。

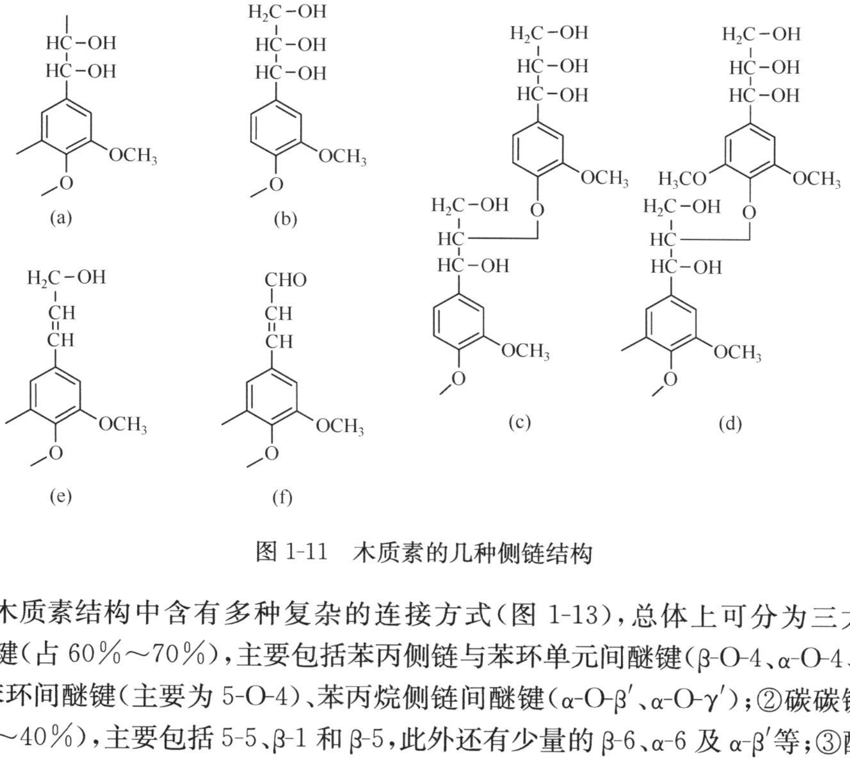

图 1-11　木质素的几种侧链结构

木质素结构中含有多种复杂的连接方式(图 1-13),总体上可分为三大类:①醚键(占 60%～70%),主要包括苯丙侧链与苯环单元间醚键(β-O-4、α-O-4、γ-O-4)、苯环间醚键(主要为 5-O-4)、苯丙烷侧链间醚键(α-O-β'、α-O-γ');②碳碳键(占 30%～40%),主要包括 5-5、β-1 和 β-5,此外还有少量的 β-6、α-6 及 α-β' 等;③酯键,此种连接方式较为少见,主要存在于某些草本类植物中。从强度来看,碳碳键最为牢固,在热处理过程中具有最高的稳定性;醚键和酯键的强度要小很多,尤其是酯键,在碱性条件下极容易发生断裂。

木质素中最常见的连接为 β-O-4 键连接,其在针叶类云杉木质素中含量为 49%～51%,而在阔叶类榉木中含量则高达 65%[27]。当木质素经化学处理时,β-

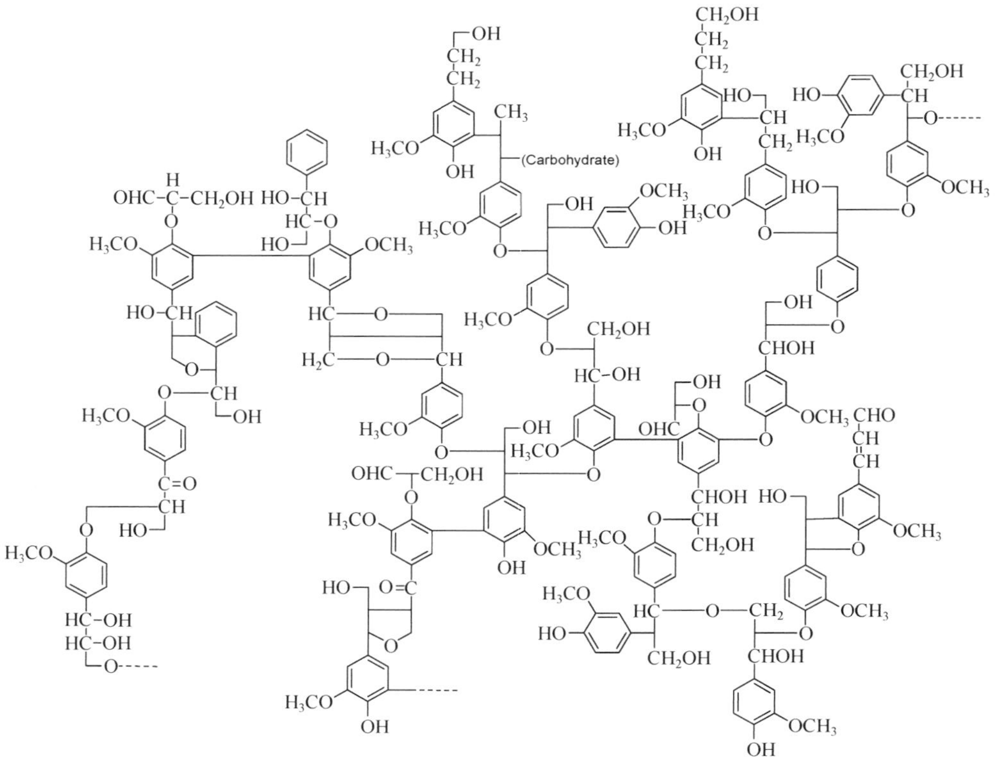

图 1-12　一种典型的木质素结构模型[54]

O-4 键首先断开,造成木质素大分子的分解,因此其在木质素的溶解和降解过程中起着重要的作用。

　　基本结构间的多种连接形式导致了木质素以复杂的三维网状形式存在,且无任何规律性,因此通常用一个含有各种基本结构和不同连接形式的化学结构模型来表示木质素,但这种结构模型所描述的也只是木质素大分子被切出的可代表平均分子的一部分,或只是按测定结果提出的一种假定结构,并不是木质素的真实结构。

1.4.2　木质素的特性

　　木质素是一种白色或接近无色的物质。某些木质素带有颜色,是在分离、制备过程中造成的。木质素的相对密度为 $1330 \sim 1450 \mathrm{kg/m^3}$。

　　木质素是天然高分子聚合物,其分子量呈分散性。原木质素的相对分子量达几十万到几百万,但分离木质素则低得多,一般仅几千到几万,最高为二十万至三十万。造成分子量较大差异的原因可能是分离方法的多样性,分离过程中木质素

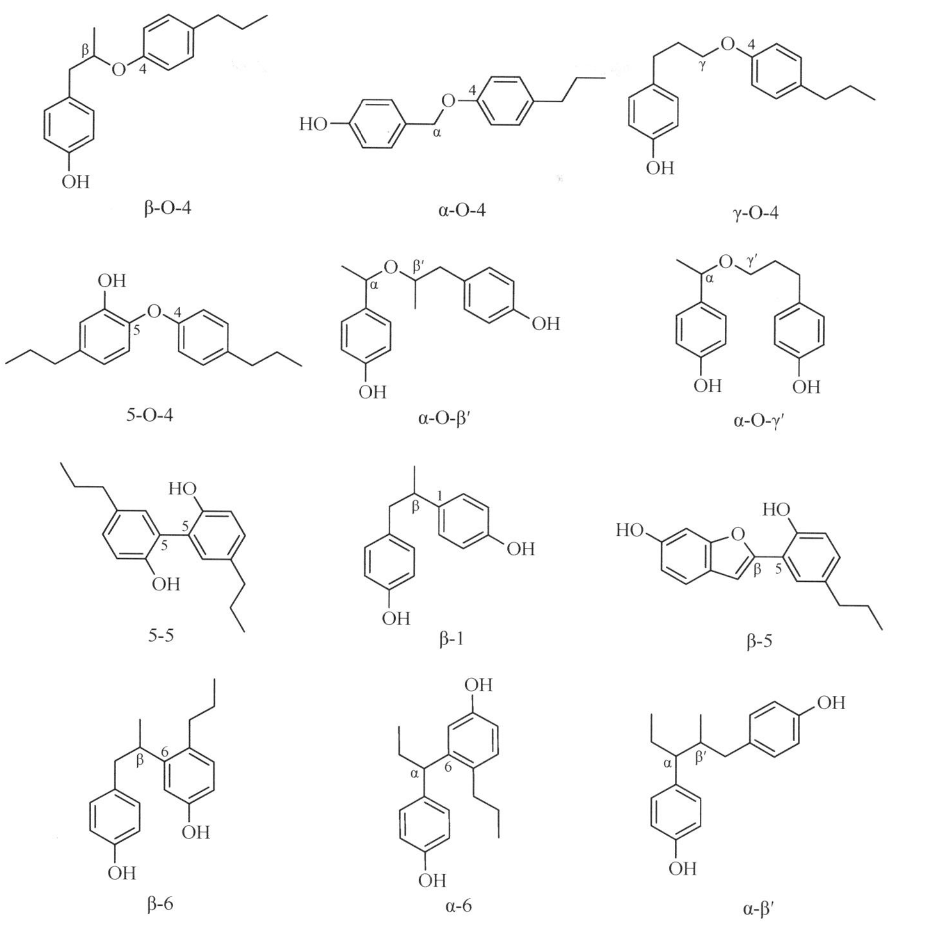

图 1-13　木质素结构的多种连接方式

发生降解或木质素在溶液中已发生变性等。

木质素结构中存在许多极性基团,同时木质素也具有很强的分子内和分子间的氢键,因此难以被溶剂溶解。但对于某些分离木质素,因在分离过程中发生了缩合或降解反应,原木质素的许多物理性质发生了改变,继而溶解度也随之改变。

木质素和大多数分离木质素为无定形的热塑性高分子化合物,在室温下稍显脆性,无确定的熔点,具有玻璃态转化温度。在玻璃态转化温度下,木质素呈玻璃态;在玻璃态转化温度以上,分子链发生运动,木质素软化变黏,并具有黏结力。这种玻璃态转化温度与植物种类、分离方法、相对分子量有关。同时,含水量的增加使软化温度明显下降,水分在木质素中起到了增塑剂的作用。另外,木质素分子量越高,其软化温度也越高。

　　木质素的分子结构中存在着芳香基、酚羟基、醇羟基、羰基、甲氧基、羧基、共轭双键等活性基团,可以进行氧化、还原、水解、醇解、酸解、光解、酰化、磺化、烷基化、卤化、硝化、缩聚或接枝共聚等许多化学反应[55]。

1.4.3　木质素模化物及代表性木质素的提取

　　木质素结构复杂、庞大,因此很难获取原木质素,在木质素的研究中通常采用分离木质素。虽然分离木质素与原木质素存在一定的差异,但利用其开展研究是解决木质素相关问题的最有效的方法。木质素的分离方法很多,如表 1-4 所示,大体可分为两大类,一类是将植物中木质素以外的成分溶解除去,木质素作为不溶性成分被过滤分离出来;另一类则是木质素作为可溶性成分,将植物体中的木质素溶解,而纤维素等其他成分不溶解,从而实现分离。其中 Brauns(布劳斯)天然木质素和磨木木质素的化学变化较小,可近似看作原木质素,是最理想的木质素代表物。水解木质素、碱木质素、磺化木质素和有机溶剂型木质素等也经常作为木质素的代表。另外,造纸黑液中也含有较多的木质素,可通过过滤的方法将木质素从黑液中分离。

表 1-4　木质素的分离方法及其特征

分离方法		分离木质素的名称	化学变化程度
木质素被溶解,再沉淀精制而分离的方法(可溶性木质素)	使用有机溶剂,在中性条件下溶出	布劳斯(Brauns)天然木质素 诺德(Nard)木质素 磨木木质素(MWL) 纤维素分解酶木质素(CEL)	化学变化极少
	使用有机溶剂在酸性条件下溶出	乙醇木质素 二氧己环木质素 酚木质素 水溶助溶木质素	伴随有化学变化
	使用无机试剂分离	磺化木质素 碱木质素 硫化木质素 氯化木质素	伴随有化学变化
木质素作为残渣而分离的方法(不溶木质素)		硫酸木质素(Klason)	化学变化大
		盐酸木质素 铜氨木质素 过碘酸盐木质素	化学变化少

1.4.3.1　磨木木质素(MWL)

利用 Bjokman 方法提取的木质素又称磨木木质素,是对木质素化学结构改变最小的木质素模化物。磨木木质素提取过程是在不加酸、不加热的条件下,用不引起润胀作用的中性溶剂提取的。首先选取生物质原料进行磨碎、筛分获得 40～60 目的部分进行室温脱脂,并将其在干燥状态,或悬浮于甲苯类的非润胀性溶液中磨碎 48h 以上,以破坏木材的细胞结构,然后用二氧己环和水的混合溶液提取数次,浓缩干燥后获得粗磨木木质素,最后将粗磨木木质素溶解于 1,2-二氯乙烷和乙醇(2∶1)的混合液,再注入乙醚中使其沉淀,之后洗涤、干燥获得精制的磨木木质素样品。

对获得的磨木木质素进行基本结构表征是证明其具有木质素代表性的必要步骤,也是确定木质素准确结构的有效方法。采用红外压片分析获得了磨木木质素的红外谱图,如图 1-14 所示。可以发现两种磨木木质素的红外谱图在表观上比较类似,但是,对一些特征谱带和它们的强度进行深入分析,便可发现两者存在显著的差异。

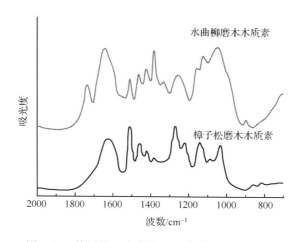

图 1-14　樟子松和水曲柳磨木木质素的红外谱图

图 1-14 显示出了两种木材中提取的磨木木质素的红外压片分析谱图,樟子松磨木木质素的红外谱图显示出典型的愈创木基型木质素的特征:在 1600cm^{-1}、1508cm^{-1}、1459cm^{-1}处存在三个强度相当的析出峰,在 1270cm^{-1}和 1223cm^{-1}之间存在一个增强的析出峰,在 1140cm^{-1}和 1031cm^{-1}处各有一个较强的峰值,在 856cm^{-1}、815cm^{-1}处有两个较弱的分离峰,这些特征与 Faix 对木质素分类的指标一致[56]。在水曲柳磨木木质素的红外谱图中,显示出紫丁香基振动的特征,而愈创木基单元振动的谱带仍然存在。与樟子松磨木木质素的红外谱图相比,水曲柳

磨木木质素在 $1508cm^{-1}$、$1270cm^{-1}$ 和 $1031cm^{-1}$ 处的吸收峰强度较低；在 $1329cm^{-1}$ 处出现了吸收峰；$856cm^{-1}$ 和 $815cm^{-1}$ 处的吸收峰合为 $834cm^{-1}$ 处的一个单峰；由于愈创木基单元和紫丁香基单元的同时出现，在 $1125cm^{-1}$ 处出现一个峰值。但是，最明显的区别在于 $1125cm^{-1}$ 和 $1329cm^{-1}$ 处出现的对应于紫丁香基 C—H 变形和 C—O 伸缩振动的吸收峰，可用于区分针叶木和阔叶木的木质素结构。

依据木质素的 ^1H-NMR 测定结果，可以对木质素中的甲氧基和酚羟基等进行定量分析，从而进行木质素化学结构的深入研究。为了使木质素在溶剂中溶解，使 H 的信号加强，增加对木质素中羟基分析的准确性，采用吡啶和乙酸酐试剂使木质素乙酰化。将经过乙酰化处理后的木质素样品溶在 $0.6mL$ $CDCl_3$ 中，用四甲基硅烷（TMS）做内标，用 DMX-500 型超导核磁共振波谱仪进行测定。根据表 1-5 中木质素官能团和结构单元对应的化学位移范围将谱图分成几段，求出每个区段信号积分强度与总积分强度的比例，即各特定区域的质子分配比率。结合元素分析结果，樟子松 MWL 和水曲柳 MWL 的 H 含量分别为 3.96% 和 5.05%。以每 100g 樟子松 MWL 和水曲柳 MWL 为基准，其中所含质子数分别为 3.96 和 5.05，根据各特定区域的质子分配比率计算出其质子数，从而推导出木质素化学官能团的相对含量。由表中所列数据可见，水曲柳 MWL 中的芳香环来源于愈创木基和紫丁香基两种结构单元，总质子信号数为 0.70，由此可计算出水曲柳 MWL 结构中愈创木基占总芳香基量的 41.4%，紫丁香基占总芳香基量的 58.6%。水曲柳

表 1-5　乙酰化 MWL 的 ^1H-NMR 波谱及每 100g MWL 所含质子数

化学位移 δ /ppm	氢质子的类型	樟子松 MWL		水曲柳 MWL	
		峰面积	质子数	峰面积	质子数
7.25~6.80	愈创木基单元上的芳香环质子	0.55	0.58	0.18	0.29
6.80~6.25	紫丁香基单元上的芳香环质子	0.00	0.00	0.26	0.41
6.25~5.75	β-O-4 和 β-1 结构的 H_α	0.12	0.13	0.12	0.19
5.75~5.24	β-5 结构的 H_α	0.14	0.15	0.11	0.17
5.24~4.90	残余木聚糖上的 H	0.07	0.07	0.06	0.09
4.90~4.30	β-O-4 结构的 H_α 和 H_β	0.25	0.26	0.22	0.35
4.30~4.00	β-β 结构的 H_α 和残余木聚糖上的 H	0.16	0.17	0.17	0.27
4.00~3.48	甲氧基团的 H	1.00	1.05	1.00	1.59
2.50~2.20	芳香族乙酰基上的 H	0.54	0.57	0.49	0.78
2.20~1.60	脂肪醋酸酯的 H	0.85	0.90	0.56	0.89
<1.60	高度屏蔽的脂肪族质子	0.08	0.08	0.01	0.02
总和		3.76	3.96	3.18	5.05

MWL 显示出典型的阔叶木木质素的特征,既存在愈创木基结构单元,也存在紫丁香基结构单元。樟子松 MWL 中的芳香环全部来自于愈创木基单元,不存在紫丁香基单元。因此水曲柳 MWL 的甲氧基含量远高于樟子松 MWL 的甲氧基含量。

为了直观上了解木质素大分子的元素组成及成键特征,需要根据元素分析以及氢谱分析的结果,写出其基于苯基丙烷结构单元的标准经典式,即 C_9 分子式。经计算可知,樟子松 MWL 的分子式为 $C_9H_{5.234}O_{2.935}(OCH_3)_{0.630}$,水曲柳 MWL 的分子式为 $C_9H_{6.751}O_{3.007}(OCH_3)_{1.035}$。其中,樟子松 MWL 中每 C_9 单元中脂肪族羟基的数量为 1.620,游离酚羟基的数量为 1.026。水曲柳 MWL 的脂肪族羟基和游离酚羟基分别为 1.738 和 1.526。所以水曲柳 MWL 比樟子松 MWL 具有较多的酚羟基和醇羟基。

1.4.3.2　硫酸木质素(Klason 木质素)

将生物质磨碎筛分后得到 60～80 目的粉末,然后在索式抽提器中用苯和乙醇的混合液(体积比 2:1)脱脂,脱脂样品烘干后加入 72% 的硫酸溶液并充分搅拌一定的时间,然后用蒸馏水回流煮沸,获得的抽滤残渣用热水反复洗涤直至无酸性,干燥后获得的残渣即为硫酸木质素,也称 Klason 木质素。

与 MWL 相同,Klason 木质素也主要由碳、氢、氧三种元素组成(表 1-6),此外还含有少量的硫元素。樟子松和水曲柳的硫酸木质素中硫含量分别为 0.22% 和 0.35%,而 MWL 中几乎不含有硫元素,硫元素主要是在木质素提取的过程因硫酸的使用而引入的。

表 1-6　Klason 木质素的元素分析

样品	C/%	H/%	S/%	N/%	O/%	O/C	H/C
樟子松 Kalson 木质素	58.28	5.65	0.22	0.40	35.45	0.46	1.16
水曲柳 Kalson 木质素	54.72	6.10	0.35	0.20	38.63	0.53	1.34

Klason 木质素与 MWL 的特征析出峰基本一致(图 1-15),都包含一些主要的析出峰,具体的对应参照 MWL 的分析。但在具体的析出强度上存在较大的差别,以水曲柳为例,Kalson 木质素的大多数吸收峰的吸收强度都较 MWL 低,尤其是 $1270cm^{-1}$ 和 $1031cm^{-1}$ 处,几乎不存在。特征峰的析出强度在一定程度上反映了该结构的反应活性,因此可以看出 Kalson 木质素的化学结构较 MWL 发生了更多的变化。

1.4.3.3　硫酸盐木质素(Kraft 木质素)

MWL 和 Klason 木质素是适合于少量生产的精细模化物,而在制浆造纸领域存在着大量富含木质素的工业残渣,已达到了商业化的规模。硫酸盐制浆法,也称

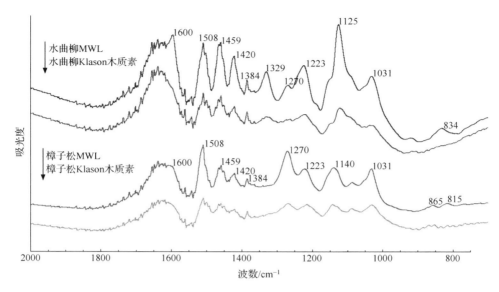

图 1-15　Klason 木质素的红外压片谱图

Kraft 流程,是目前应用最为广泛的造纸技术,具有原料来源广泛和化学试剂可重复利用的优点[57]。当今世界上大型的造纸厂所采用的工艺流程几乎都基于该项技术。我国的造纸黑液主要分为木浆黑液和草浆黑液两种,利用硫酸盐制浆法可从木浆黑液中提取木质素,而利用碱法制浆蒸煮可获取草浆造纸黑液中的木质素。在造纸黑液提取木质素研究领域,如何在减少工艺负荷的情况下高效地从黑液中提取木质素是关注的重点。

1.4.3.4　有机溶剂木质素(Organosolv 木质素)

利用乙醇、丙酮等有机溶剂在一定的温度下可将生物质中的木质素溶出,得到 Organosolv 木质素。相比于 Kraft 木质素,Organosolv 木质素提纯更为简单,结构中含有更多的反应活性基团,且不含任何含硫杂质,因此在高分子合成或其他化学改性中更为常用。Ni 等[58]考察了不同乙醇浓度对木质素溶解度的影响,结果发现当乙醇浓度为 70% 时最适合提取木质素,并将其解释为此时溶剂极性与木质素相近,符合相似相溶的原理。不同有机溶剂提取的 Organosolv 木质素的性质存在较大差异。用丙酮提取的木质素灰分含量较低[59];用乙醇提取的木质素则含有较丰富的羧基官能团[60];用乙酸提取的木质素则有较高的羰基含量[61]。

1.5　抽　提　物

除了三大组分外,生物质中还含有少量的抽提物,它们是一组不构成细胞壁和胞间层的游离低分子化合物,可被极性和非极性有机溶剂、水蒸汽或水提取。抽提物属于非结构性成分,包括蜡、脂肪、树脂、丹宁酸、糖、淀粉、色素等。抽提物的含量及组成因生物质种类的不同而差异较大,同一生物质不同的部位抽提后得到的成分也有所不同。总体上其成分可以划分为三个亚族,包括脂肪族化合物(主要是脂肪和蜡)、萜和萜类化合物和酚类化合物[62]。

一般生物质的抽提物都能溶于多种溶剂。采用乙醇和苯的混合液即可实现木材中抽提物的提取。抽提操作比较简单,但抽提物的组成会因采用的溶剂种类不同而变化。

抽提物不是生物质的结构性物质,抽提物的类型、结构、数量取决于生物质种类和提取的溶液以及提取的时间和方法,大多数草本类生物质含有更多的抽提物质[63]。存在于木材中的抽提物的质和量因树种不同而差异较大,即使是同一树种内也存在差别,通常在径向,从边材向内抽提物含量逐渐增大[15]。另外,心材和边材中的浸提成分往往也不同。一般情况下,糖类、淀粉、脂肪类等物质存在于边材中,而酚类物质集中于心材部分,而且心材的内侧部分比外侧部分聚酚的分子量更高[15]。

1.6　无　机　盐

植物中的无机盐成分是根须从地下水中吸入的,因地下水中无机盐的含量较低,所以植物体内无机盐含量也相对较少。同时,树叶或脱落的树皮中含有的部分无机盐成分也随着它们的脱落而离开植物体。植物体中的无机盐成分主要对应于生物质中的灰分,它们的含量和组成都因植物种类的不同而差异明显。木材中无机盐含量极少,农业类生物质中的无机盐含量较高。其中,稻壳是生物质中灰分含量较高的物质,其灰分在 25% 左右。另外,同一植物体的不同部分的无机盐也不相同,一般木材中边材的灰分含量就比心材高,枝材比干材高,树皮比树干的灰分高很多。

1.6.1　无机盐的组成

生物质中含有的无机元素主要为钾、钙、钠、镁、硅、磷、硫、氯等,还含有极微量的铝、钛、钒、锰、铁、钴、镍、铜、锌、钼、银、钡、铅等。各种无机元素的含量在一定范围内波动,但是没有明显规律。有研究显示,木材类生物质树皮中的灰分主要为氧化钙,占灰分总量的 70% 以上,其次是氧化钾、氧化镁和氧化钠[64]。目前研究中,将生物质中的无机元素划分为碎屑状、内生型和技术引入型[65]。碎屑状无机元素在生物质中稳定存在,其熔点也较高;内生型无机元素不稳定,且在生物质利用过程中的分解和熔融温度也较低;技术引入型的无机元素包括多种具有独特性质的矿物质,与天然的物质组分区别较大。在生物质中,内生型无机元素成分与有机组分紧密地结合在一起,通过技术手段将两者分离开来具有较大的难度,而碎屑状矿物质则比较容易与有机组分分离。生物质热转化技术中的限制因素大多来自于内生型无机元素。无机元素中的金属元素形成的无机盐以不同的机理作用于生物质热化学反应过程,产生了各异的催化效果,为了研究无机盐对生物质热化学反应尤其是热裂解的作用机理,有必要了解各无机元素在原料中的存在形式和相关特性。

生物质原料中的钾以水溶盐的形式存在于生物质机体内,也有一部分以离子吸附的形式附于羧基和其他官能团上。几乎所有的生物质原料中,90%的钾存在于水溶盐或存在可交换离子的物质中,具有非常高的可移动性,并倾向于在热裂解过程中进入挥发相。利用灼热铂表面的电离特性对生物质热裂解析出过程进行的在线监测显示,钾进入气相的过程以500℃为界可以明显地分为两个阶段,在第一阶段中析出的主要是在生物质基体中的有机钾,该部分钾由于热不稳定性随生物质的热分解而析出,第二阶段的析出是由于以无机物形式存在的钾在高温下由于蒸汽压升高而进入气相造成的[66]。如果生物质中含有氯元素,则一般认为钾在热裂解过程中最可能存在的形式是KCl,在缺少氯的情况下,碱金属的氢氧化物是最稳定的气相化合物(氧化气氛中)。根据针对生物质热裂解的质谱在线检测实验结果,钾在热裂解中最可能的两种析出形式分别是KCl和KOH[67]。在热裂解过程中也有部分钾离子蒸汽与硅酸类物质反应形成难溶的颗粒滞留在残渣中。

植物机体内钠元素的含量比钾元素要少很多,一般不认为钠是植物生长所必需的元素。但对于一些特定作物,低浓度的钠在一定程度上取代钾在部分生理活动中起到积极作用。钠在生物质中的存在形式和热裂解过程中的行为,与钾元素对生物质热裂解的影响非常类似,基本上也存在于一些易挥发的物质中。生物质原料中通常检出部分不可溶的钠,它们来源于外部杂质。比如生物质收集处理过程中夹带了土壤、灰渣等含钠杂质;不可循环纸的光泽打印面加入了黏土成分作为填充剂,但这部分钠的存在形式非常稳定,一般不会参与热裂解过程。

钙是植物体内细胞壁和其他细胞结构的有机部分,几乎所有的钙都存在于植物体内组成细胞壁和植物机体结构,其主要功能是加强细胞壁硬度并使植物结构完整。生物质,特别是一些速长树,比如柳条和麦秆中包含了大量的钙。生物质原料中的钙基本上存在于可离子交换、可溶于酸的物质中,几乎所有的钙在热裂解过程中都不易挥发,而且形成的含钙化合物往往具有相当高的稳定性。和碱金属物质的存在形态倾向于在热裂解过程中进入挥发相不同,钙更可能进入热裂解后的固态残渣,实验表明在固态产物里可以找到生物质原料带入的所有钙[68]。

生物质中存在少量的铁元素,其主要存在于酸溶性物质中,也有少量存在于可离子交换物质中。铁在植物中有两个重要功能,一是和植物有机体形成配位化合物,另一作用取决于其在传输过程中和可逆的氧化还原反应中的活泼性,可以从 Fe^{2+} 转变为 Fe^{3+}。植物中的铁主要集中在叶子里,其中 80% 的铁存在于叶绿素中,对光合作用起重要作用。

生物质内另一重要元素是氯,其主要以氯离子的形式存在,起到植物生长过程中的物质平衡作用,由于植物生长所需的氯元素通常远小于土壤所能供应的数量,因而植物中氯的含量更受土壤情况影响。氯在生物质的热裂解过程中起对无机物的传输作用,特别是对碱金属,其与碱金属反应形成具有高挥发性的碱金属氯化物。氯是高度挥发性元素,几乎所有的氯在热裂解过程中都进入了气相。根据化学平衡,氯会优先与钾、钠等构成稳定但易挥发的碱金属氯化物。在 600℃ 以上,碱金属氯化物在高温下由于蒸汽压升高而进入气相,这是氯元素析出的一条主要途径[69]。除与碱金属结合形成氯化钾和氯化钠蒸汽外,氯化氢也是一种重要的析出形式。

1.6.2　无机盐的洗除

在生物质热裂解研究中,讨论无机盐洗除后对生物质热裂解的影响,对产物的收集和提纯等具有重要意义。酸洗和水洗都可以去除一定量的无机盐,但水洗的效果较差,采用酸洗预处理去除生物质中含有的无机盐成分是最为常见的方法之一。

当对稻壳进行酸洗时,通过 ICP-AES 分析发现稻壳中含有的主要金属离子的含量都明显降低(表 1-7),且不同种类的酸洗对金属离子的脱除具有一定的选择性,盐酸对钾离子的脱除效果最好,磷酸对钙离子的脱除效果最好,硫酸对钠离子具有明显的脱除效果。相比于稻壳的酸洗结果,白松经酸洗后,其中含有的无机金属离子的含量也明显下降,但下降的幅度明显弱于稻壳,说明木材中无机盐含量虽

表 1-7　酸洗后稻壳和白松中的金属离子含量(ppm wt/dry biomass)

样品	Ca^{2+}	Mg^{2+}	K^+	Fe^{3+}	Na^+
稻壳	1896.35	1791.6	10190.78	627	156
7%HCl	439.42	235.61	1265.26	96.5	35.6
7%H_3PO_4	286.57	361.36	2267.95	254.3	37.5
7%H_2SO_4	367.56	296.31	2069.76	125.6	22.6
白松	3480.9	296.64	984.97	762.43	295.88
7%HCl	1090.6	65.58	116.79	139.65	126.78
7%H_3PO_4	1121.63	117.95	120.98	135.68	109.76
7%H_2SO_4	1132.64	132.96	132.35	126.43	106.79

少,但难以洗除。由于纤维素中灰分含量低于0.01%,所以基本不存在酸洗除去灰分的因素,可以认定酸洗一定程度上改变了纤维素的结构,最明显的就是酸洗后纤维素聚合度的降低。

　　当利用不同种类的酸对生物质进行酸洗时,获得的酸洗后生物质的化学结构的确发生了明显的变化,如图1-16所示。硫酸对结构的影响最为明显,它破坏了部分纤维结构,同时在其处理后的样品上出现了一些明显的孔隙。盐酸和磷酸虽然也导致一定程度的酸解,但生物质基本结构还在,尤其是磷酸处理后的样品仍保留了较完整的原样结构。可见,酸洗预处理在清除生物质中灰分的同时,也会对纤维素、半纤维素和木质素的化学结构和物理特性产生一些影响,尤其是半纤维素,其最容易发生酸水解,因此在酸洗的过程中很可能会去掉部分半纤维素,从而在物料组成上提高了纤维素和木质素的相对含量[70]。

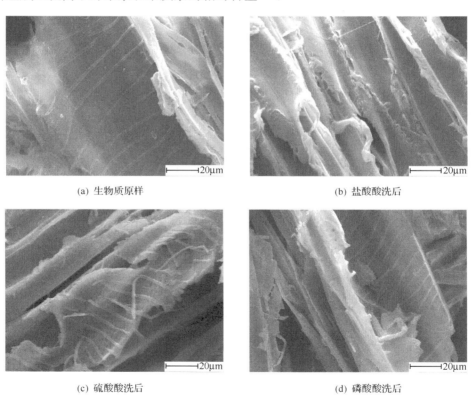

(a) 生物质原样　　　　　　　　　　　　　　(b) 盐酸酸洗后

(c) 硫酸酸洗后　　　　　　　　　　　　　　(d) 磷酸酸洗后

图1-16　酸洗前后生物质的SEM图片

1.7 生物质原料中的水分

生物质中的水分按存在状态分两种：①自由水，存在于生物质细胞腔和细胞间隙，自由水对生物质原料的密度、燃烧特性以及渗透性等具有重要影响；②结合水，存在于细胞壁中，其含量为全干生物质原料质量的 30% 左右，对木材的物理力学性质有重要的影响。生物质原料中的水分含量因原料种类的不同而存在差异。即使同一株树木，由于生长季节不同，含水量也有变化，不同的部位含水量亦有变化。木材含水率在 30% 以下时，木材失水会发生干缩（因水分过少而发生体积收缩），吸水则会发生湿胀。常以含水量的多少，将生物质原料区分为全干材（经过烘干并恒重，含水为零）、生材（平均含水量占全干后重量的 50%~100%）、湿材（水运或湿运后的木材，一般大于 100%）、气干材（自然干燥，含水率为 12%~18%）、室干材（一般人工干燥木材，含水率为 7%~15%）。

生物质原料具有一定的易吸湿性，因此其水分含量在较大的范围内变动，从而导致生物质原料的容积和重量乃至密度均有变化。周捍东等[71] 对锯屑（花旗松、柳桉木屑混合物）和木粉（马尾松、杨木、柳桉木屑混合物）的堆积密度随原料绝对含水率的变化规律进行研究发现，当锯屑含水率小于 33.4% 时，堆积密度随含水率的增加而趋于减小，而当含水率在 33.4%~95.0% 范围内时，堆积密度随含水率的增加而增加。对木粉的研究也获得了类似的规律。他们将其解释为，木材纤维的饱和含水率约在 30% 左右，低于这个值，木材就会发生干缩现象。

参 考 文 献

[1] Hell R. Molecular physiology of plant sulfur metabolism[J]. Planta, 1997, 202(2):138-148.
[2] Sun R. Cereal Straw as a Resource for Sustainable Biomaterials and Biofuels: Chemistry, Extractives, Lignins, Hemicelluloses and Cellulose[M]. Amsterdam:Elsevier, 2010.
[3] Heredia A, Jiménez A, Guillén R. Composition of plant cell walls[J]. Zeitschrift für Lebensmittel-Untersuchung und Forschung, 1995, 200(1):24-31.
[4] 陈嘉川, 刘温霞, 杨桂花, 等. 造纸植物资源化学[M]. 北京:科学出版社, 2012.
[5] Huber G W, Iborra S, Corma A. Synthesis of transportation fuels from biomass: Chemistry, catalysts, and engineering[J]. Chemical Reviews, 2006, 106(9):4044-4098.
[6] Sharma H S S. Compositional analysis of neutral detergent, acid detergent, lignin and humus fractions of mushroom compost[J]. Thermochimica Acta, 1996, 285(2):211-220.
[7] Donaldson L, Hague J, Snell R. Lignin distribution in coppice poplar, linseed and wheat straw[J]. Holzforschung, 2001, 55(4):379-385.
[8] Kebelmann K, Hornung A, Karsten U, et al. Intermediate pyrolysis and product identification by TGA and Py-GC/MS of green microalgae and their extracted protein and lipid components[J]. Biomass and Bioenergy, 2013, 49:38-48.

[9] Miao X, Wu Q, Yang C. Fast pyrolysis of microalgae to produce renewable fuels[J]. Journal of Analytical and Applied Pyrolysis, 2004,71(2):855-863.

[10] Hamelinck C N, Hooijdonk G V, Faaij A P. Ethanol from lignocellulosic biomass: Techno-economic performance in short-, middle- and long-term[J]. Biomass and Bioenergy, 2005,28(4):384-410.

[11] Kim P, Johnson A, Edmunds C W, et al. Surface functionality and carbon structures in lignocellulosic-derived biochars produced by fast pyrolysis[J]. Energy & Fuels, 2011,25(10):4693-4703.

[12] Demirbaş A. Thermochemical conversion of biomass to liquid products in the aqueous medium[J]. Energy Sources, 2005,27(13):1235-1243.

[13] Raveendran K, Ganesh A, Khilar K C. Influence of mineral matter on biomass pyrolysis characteristics [J]. Fuel, 1995,74(12):1812-1822.

[14] Watanabe A, Katoh K, Kimura M. Effect of rice straw application on CH$_4$ emission from paddy fields: Ⅱ. Contribution of organic constituents in rice straw[J]. Soil Science and Plant Nutrition, 1993, 39(4): 707-712.

[15] 中野准三，樋口，住本昌之，等. 木材化学[M]. 北京：中国林业出版社，1989.

[16] 宋杰，侯永发. 微晶纤维素的性质与应用[J]. 纤维素科学与技术，1995(03):1-10.

[17] 金征宇，顾正彪，童群义. 碳水化合物化学：原理和应用[M]. 北京：化学工业出版社，2008.

[18] Zhbankov R G, Firsov S P, Buslov D K, et al. Structural physico-chemistry of cellulose macromolecules. Vibrational spectra and structure of cellulose[J]. Journal of Molecular Structure, 2002,614(1): 117-125.

[19] Northolt M G, Boerstoel H, Maatman H, et al. The structure and properties of cellulose fibres spun from an anisotropic phosphoric acid solution[J]. Polymer, 2001,42(19):8249-8264.

[20] Pastorova I, Arisz P W, Boon J J. Preservation of D-glucose-oligosaccharides in cellulose chars[J]. Carbohydrate Research, 1993,248:151-165.

[21] Orozco A, Ahmad M, Rooney D, et al. Dilute acid hydrolysis of cellulose and cellulosic bio-waste using a microwave reactor system[J]. Process Safety and Environmental Protection, 2007,85(5):446-449.

[22] 苏茂尧. 纤维素结晶变体的结构及其研究进展[J]. 广东化纤技术通讯，1980,(01):26-39.

[23] Pérez S, Samain D. Structure and Engineering of Celluloses[J]. Advances in Carbohydrate Chemistry and Biochemistry, 2010, 64: 25-116.

[24] 高洁，汤烈贵. 纤维素科学[M]. 北京：科学出版社，1996.

[25] Atalla R H, Vanderhart D L. Native cellulose: A composite of two distinct crystalline forms[J]. Science, 1984,223(4633):283-285.

[26] Krishnamachari P, Hashaikeh R, Tiner M. Modified cellulose morphologies and its composites: SEM and TEM analysis[J]. Micron, 2011,42(8):751-761.

[27] 杨淑惠. 植物纤维化学[M]. 北京：中国轻工业出版社，2001.

[28] Klemm D O. Regiocontrol in Cellulose Chemistry: Principles and Examples of Etherification and Esterification[M]. Washington:ACS Symposium Series, 1998,688:19-37.

[29] Hebeish A, Guthrie J T. The Chemistry and Technology of Cellulosic Copolymers[M]. Berlin: Springer-Verlag, 1981.

[30] 陈洪章. 纤维素生物技术[M]. 北京：化学工业出版社，2005.

[31] Rinaldi R, Schüth F. Acid hydrolysis of cellulose as the entry point into biorefinery schemes[J]. ChemSusChem, 2009,2(12):1096-1107.

［32］ Fang J M, Sun R C, Tomkinson J. Isolation and characterization of hemicelluloses and cellulose from rye straw by alkaline peroxide extraction［J］. Cellulose, 2000,7(1):87-107.

［33］ Sun J X, Sun X F, Zhao H, et al. Isolation and characterization of cellulose from sugarcane bagasse［J］. Polymer Degradation and Stability, 2004,84(2):331-339.

［34］ Sun X F, Sun R C, Fowler P, et al. Isolation and characterisation of cellulose obtained by a two-stage treatment with organosolv and cyanamide activated hydrogen peroxide from wheat straw［J］. Carbohydrate Polymers, 2004,55(4):379-391.

［35］ Jiang M, Zhao M, Zhou Z, et al. Isolation of cellulose with ionic liquid from steam exploded rice straw ［J］. Industrial Crops and Products, 2011,33(3):734-738.

［36］ Bendahou A, Dufresne A, Kaddami H, et al. Isolation and structural characterization of hemicelluloses from palm of Phoenix dactylifera L［J］. Carbohydrate Polymers, 2007,68(3):601-608.

［37］ Alén R. Structure and chemical composition of wood［J］. Forest Products Chemistry. Helsinki: Fapet Oy, 2000:12-57.

［38］ Pereira H, Graça J, Rodrigues J C. 3 Wood Chemistry in Relation to Quality［M］. Wood Quality and its Biological Basis, Blackwell Publishing, Oxford,2003: 53-86.

［39］ Ebringerova A, Hromadkova Z, Heinze T. Hemicellulose［M］. Polysaccharides I. Berlin:Springer, 2005:1-67.

［40］ Timell T E. Wood hemicelluloses: Part Ⅱ［J］. Advances in Carbohydrate Chemistry, 1965,20: 409-483.

［41］ de Vries R P, Visser J. Aspergillus enzymes involved in degradation of plant cell wall polysaccharides ［J］. Microbiology and Molecular Biology Reviews, 2001,65(4):497-522.

［42］ Carpita N C, Gibeaut D M. Structural models of primary cell walls in flowering plants: Consistency of molecular structure with the physical properties of the walls during growth［J］. The Plant Journal, 1993,3(1):1-30.

［43］ Shibuya N, Iwasaki T. Structural features of rice bran hemicellulose［J］. Phytochemistry, 1985,24(2): 285-289.

［44］ Wende G, Fry S C. O-feruloylated, O-acetylated oligosaccharides as side-chains of grass xylans. ［J］. Phytochemistry, 1997,44(6):1011.

［45］ Thammasouk K, Tandjo D, Penner M H. Influence of extractives on the analysis of herbaceous biomass ［J］. Journal of Agricultural and Food Chemistry, 1997,45(2):437-443.

［46］ Gírio F M, Fonseca C, Carvalheiro F, et al. Hemicelluloses for fuel ethanol: A review［J］. Bioresource Technology, 2010,101(13):4775-4800.

［47］ 王海，李里特，石波. 玉米芯木聚糖和桦木木聚糖组成成分及结构的研究［J］. 食品科学, 2004, 25(z1):36-42.

［48］ Kormelink F, Voragen A. Degradation of different ［(glucurono) arabino］ xylans by a combination of purified xylan-degrading enzymes［J］. Applied Microbiology and Biotechnology, 1993,38(5):688-695.

［49］ Gruppen H, Hamer R J, Voragen A G J. Water-unextractable cell wall material from wheat flour. 2. Fractionation of alkali-extracted polymers and comparison with water-extractable arabinoxylans［J］. Journal of Cereal Science, 1992,16(1):53-67.

［50］ Doner L W, Hicks K B. Isolation of hemicellulose from corn fiber by alkaline hydrogen peroxide extraction［J］. Cereal Chemistry, 1997,74(2):176-181.

[51] Saha B C. Hemicellulose bioconversion[J]. Journal of Industrial Microbiology and Biotechnology, 2003,30(5):279-291.

[52] Faravelli T, Frassoldati A, Migliavacca G, et al. Detailed kinetic modeling of the thermal degradation of lignins[J]. Biomass & Bioenergy, 2010,34(3):290-301.

[53] Butler E, Devlin G, Meier D, et al. Characterisation of spruce, salix, miscanthus and wheat straw for pyrolysis applications[J]. Bioresource Technology, 2013,131:202-209.

[54] 中野準三. 木质素的化学基础与应用[M]. 北京:中国轻工业出版社,1988.

[55] Sheu D D, Chiu C H. Evaluation of cellulose extraction procedures for stable carbon isotope measurement in tree ring research[J]. International Journal of Environmental Analytical Chemistry, 1995, 59(1):59-67.

[56] Faix O, Jakab E, Till F, et al. Study on low mass thermal degradation products of milled wood lignins by thermogravimetry-mass-spectrometry[J]. Wood Science and Technology, 1988,22(4):323-334.

[57] Ohra-aho t, Tenkanen M, Tamminen T. Direct analysis of lignin and lignin-like components from softwood kraft pulp by Py-GC/MS techniques[J]. Journal of Analytical and Applied Pyrolysis, 2005, 74(1):123-128.

[58] Ni Y, Hu Q. Alcell ® lignin solubility in ethanol-water mixtures[J]. Journal of Applied Polymer Science, 1995,57(12):1441-1446.

[59] Evtuguin D V, Andreolety J P, Gandini A. Polyurethanes based on oxygen-organosolv lignin[J]. European Polymer Journal, 1998,34(8):1163-1169.

[60] El Hage R, Brosse N, Chrusciel L, et al. Characterization of milled wood lignin and ethanol organosolv lignin from miscanthus[J]. Polymer Degradation and Stability, 2009,94(10):1632-1638.

[61] Barros A M, Dhanabalan A, Constantino C, et al. Langmuir monolayers of lignins obtained with different isolation methods[J]. Thin Solid Films, 1999,354(1):215-221.

[62] 斯耶斯特勒姆·埃罗. 木材化学[M]. 王佩卿,丁振森,译. 北京:中国林业出版社,1985.

[63] Sluiter J B, Ruiz R O, Scarlata C J, et al. Compositional analysis of lignocellulosic feedstocks. 1. review and description of methods[J]. Journal of Agricultural and Food Chemistry, 2010,58(16):9043-9053.

[64] Vassilev S V, Baxter D, Andersen L K, et al. An overview of the chemical composition of biomass[J]. Fuel, 2010,89(5):913-933.

[65] Vassilev S V, Baxter D, Andersen L K, et al. An overview of the organic and inorganic phase composition of biomass[J]. Fuel, 2012,94:1-33.

[66] 余春江,骆仲泱,张文楠,等. 碱金属及相关无机元素在生物质热解中的转化析出[J]. 燃料化学学报, 2000(05):420-425.

[67] Bryers R W. Fireside slagging, fouling, and high-temperature corrosion of heat-transfer surface due to impurities in steam-raising fuels[J]. Energy and Combustion Science, 1996,22(1):29-120.

[68] Thy P, Lesher C E, Jenkins B M. Experimental determination of high-temperature elemental losses from biomass slag[J]. Fuel, 2000,79(6):693-700.

[69] Olsson J G, Jaglid U, Pettersson J, et al. Alkali metal emission during pyrolysis of biomass[J]. Energy & Fuels, 1997,11(4):779-784.

[70] 王贤华,陈汉平,王静,等. 无机矿物质盐对生物质热解特性的影响[J]. 燃料化学学报,2008,36(6): 679-683.

[71] 周捍东,徐长妍,丁沪闽. 木材散碎物料基本堆积特性的研究[J]. 木材加工机械,2002,13(6):9-12.

第 2 章　纤维素热裂解

　　生物质热裂解是指在无氧或少量氧存在的条件下,利用热能切断生物质大分子中的化学键,使之发生解聚、开环、分裂等一系列复杂的反应,最终转变成聚合度较低的物质或进一步反应生成小分子化合物,热裂解产物包括气体、焦油以及焦炭。生物质组分分布具有多样性,使得其在热裂解时发生的化学反应非常复杂,因此,基于生物质的组分分析,对生物质三大组分的热裂解行为进行单独研究,并结合组分耦合对生物质热裂解的影响特性的研究,可以从根本上掌握生物质整体的热裂解行为。作为木质纤维素类生物质的最主要组分,纤维素在自然界中容易获取,因此研究人员在研究生物质热裂解时往往首选纤维素或者其对应的模化物作为研究对象。同时,相比于半纤维素和木质素,纤维素结构单一,针对不同生物质在相似条件下获取的纤维素的结构和化学特性具有良好的重复性,不同研究者所开展的纤维素热裂解研究具有很好的参考性,从而使得对纤维素的热裂解行为的研究受到了广泛的重视,所涉及的研究成果也最为丰富。

2.1　纤维素热裂解基本过程

2.1.1　纤维素热裂解概述

　　对纤维素热裂解机理的研究主要集中于两个方面:一是对纤维素热裂解过程中的反应动力学的研究,其中,依据 Broido-Shafizadeh 模型对纤维素热裂解生成的焦油、气体、焦炭三大产物变化规律的模拟受到了广泛关注[1]。该模型认为,在受热时纤维素发生脱水、缩合、解聚等一系列复杂的初始反应,生成一种组分相对简单和聚合度较低的活性物质——活性纤维素,随后再进一步发生竞争反应,生成气、生物油和焦炭等最终产物。从实际应用的角度看,动力学研究的目的是获得相对简单的模型以解释纤维素的热失重行为。另一方面的研究则着眼于热裂解过程中的化学反应,尤其是主要化合物的生成机理。近年来纤维素热裂解制取高附加值化学品也逐渐成为生物质利用领域的一大发展趋势,作为纤维素热裂解的主要产物,左旋葡聚糖(LG)、乙醇醛、1-羟基-2-丙酮、5-羟甲基糠醛(5-HMF)以及糠醛(FF)等的生成机理和演化过程成为该领域的研究热点。从理论角度对纤维素热裂解反应的深入研究对于反应工况的优化、目标产物的最大化以及产物品质的提高都具有重要意义。

对生物质及其组分热裂解行为的定性与定量描述通常需要借助于分析测试仪器或者可调工况的机理研究实验台。其中,热重法是在程序控制温度下借助热天平以获得物质的质量变化与温度关系的一种技术。其通常在恒定的升温速率下进行,是研究化学反应动力学的重要手段之一,具有试样用量少、耗时短并能在测量温度范围内研究原料受热发生反应的全过程等优点[2]。纤维素热重分析可以得到一定升温速率下的热重曲线(TG 曲线),它是程序控温下物质质量与温度的关系曲线。在 TG 曲线基础上对时间或者温度进行一次微分,可进一步得到微商热重曲线(DTG 曲线),反映试样质量变化率和温度的关系。TG 曲线和 DTG 曲线在本质上是等价的,只是处理方法不同,TG 曲线能清晰地表达纤维素在整个区间的失重率以及残余物量,而 DTG 曲线能反映出热裂解最大反应速率对应的温度,并可用来区分热裂解过程中的不同阶段,同时 DTG 曲线的峰高直接等于对应温度下的反应速率。图 2-1 表示出了纤维素受热分解失重的典型特征。从整体上看纤维素热裂解失重主要经历物理水脱除、玻璃化转变、主失重和炭化等几个阶段。脱水反应是纤维素热裂解过程中发生的第一个主要化学反应,随后生成的脱水纤维素是生成焦炭的重要中间产物,后续反应条件的变化将会影响脱水纤维素的进一步分解。在主要失重阶段内,纤维素首先解聚生成低聚糖,进而分解生成小分子气体和大分子的可冷凝挥发分,最后进入焦炭生成阶段,此时失重相对缓慢,趋于稳定。

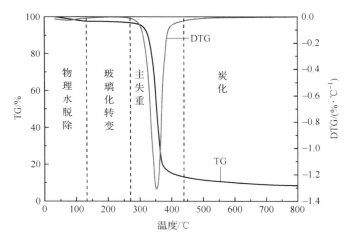

图 2-1　纤维素热裂解的 TG/DTG 曲线

红外光谱法(FTIR)常用于鉴别化合物和确定物质分子结构,当一束红外光照射物质时,被照射物质的分子将吸收一部分相应的光能,转变为分子的振动和转动能量,使分子从固有的振动和转动能级跃迁到较高的能级,光谱上即出现吸收谱带。通过热重-红外联用(TG-FTIR)实验,不仅可以了解生物质的热失重规律,更重要的是可以了解几种重要的析出挥发分在整个热裂解过程中的析出规律。根据与热重仪联用的红外分析得到的谱图,可测定纤维素热裂解析出产物中的官能团分布,进而推导出产物的演变规律。在纤维素热裂解的主反应阶段,如图 2-2 所示,可以清楚地看到在 2180cm^{-1} 和 2110cm^{-1} 处对应的 CO 特征峰,以及在 2395～2235cm^{-1}、720～570cm^{-1} 处对应的 CO_2 特征峰,同时,在 3100～2650cm^{-1}、1850～1640cm^{-1}、1600～800cm^{-1} 等处出现了很强的吸收峰,分别来自于 C—H 伸缩振动、羰基 C═O 双键伸缩振动和 C—H 面内弯曲振动、C—O 和 C—C 骨架振动等,对应各种烷烃类、醛类、酮类、羧酸类、醇类等大分子物质。类似的结果也见于其他文献。Maciel 等[3]利用相同方法观察到纤维素热裂解的主失重区为 270～420℃,其中最大失重峰出现在约 335℃,在对应的析出挥发分 FTIR 谱图中,在 4000～3600cm^{-1} 波段对应的 O—H 伸缩振动峰最为明显,归因于水的析出,2350cm^{-1} 处对应于 CO_2 峰,2167cm^{-1} 处对应于 CO 峰,同时较为清晰的官能团峰还有 1700～1500cm^{-1} 对应的 C═O 振动、1470～1430cm^{-1} 对应的甲氧基官能团中的 C—H 对称变形、1170cm^{-1} 处对应的 C—O—C 伸缩振动等。Biagini 等[4]则在 354℃得到纤维素的最大失重峰,并通过 FTIR 谱图辨识出 H_2O、CO、CO_2 和含 C—H 键的烃类以及含 C═O 键的酸、醛、酮等物质。

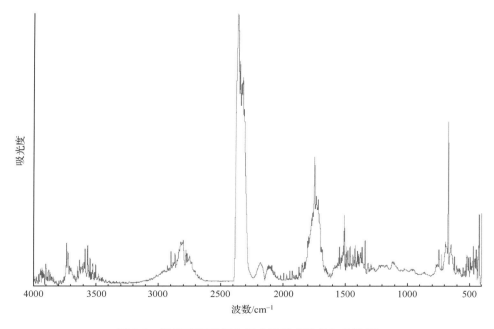

图 2-2　纤维素热裂解主反应阶段产物的红外谱图

鉴于FTIR技术仅能对产物中部分小分子气体产物和具有独特官能团的物质进行准确判断,因此,目前多采用色谱(GC)、色谱质谱联用(GC/MS)或高效液相色谱(HPLC)等技术对热裂解生成的较大分子产物进行分析。色谱质谱联用技术可用于分析纤维素热裂解过程中冷凝的液相产物成分,色谱仪相当于分离和进样装置,质谱仪则相当于色谱的检测器。色谱法具有高分离能力、高灵敏度和高分析速率等优点,是复杂混合物分析的主要手段。然而,由于色谱法进行定性分析时的主要依据为保留值,因而难以对复杂未知混合物作定性判断,无法完成对包含几百种化合物的生物油成分的鉴定。相反,质谱法虽然具有很强的结构鉴定能力,却不具备分离能力,因而也不能直接用于复杂混合物的鉴定。把色谱与质谱有机结合起来的联用技术,兼有两者的长处,可用于复杂混合物的高效分析。

热裂解-色谱质谱联用分析技术(Py-GC/MS)是近几年兴起的专门用于热裂解行为研究的有效方法。相比于热重红外分析检测技术的低升温速率特点,Py-GC/MS具有对样品超快速升温加热的特点,在热裂解仪中样品的受热行为也更贴近于实际的生物质闪速热裂解液化技术,因此利用Py-GC/MS在线分析纤维素热裂解挥发分的种类并确定其含量,有助于深入了解纤维素闪速热裂解机理,与红外检测技术优势互补,进一步完善纤维素热裂解理论。图2-3是典型工况下的纤维素Py-GC/MS产物分析结果,每一个峰对应一种化合物。目前检测到的纤维素热裂解可冷凝挥发分组分已多达上百种,包括酸类、醛类、酮类、酯类、醚类和酚类等多种含氧化合物。按照化学结构差异,大体上可将含量较高的含氧化合物划分为三类,主要包括1-羟基-2-丙酮、乙醇醛和丙酮等小分子直链化合物;糠醛和5-羟甲基糠醛等呋喃类物质;左旋葡聚糖、3,4-脱水阿卓糖、左旋葡聚糖酮和双脱水吡喃糖等吡喃类物质。

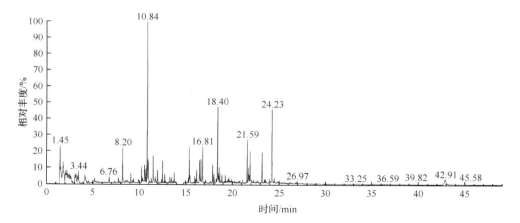

图 2-3　典型工况下纤维素 Py-GC/MS 产物分析结果

　　附表 2-1 显示出了利用 Py-GC/MS 模拟高加热速率条件下的纤维素热裂解所得到的产物分布。左旋葡聚糖酮(LGO)、左旋葡聚糖(LG)、双脱水吡喃糖(DGP)、糠醛、5-羟甲基糠醛(HMF)、1-羟基-2-丙酮、乙醛和二氧化碳的含量都较高。另外,还含有乙酸、丙酸等酸类物质和环戊烯酮类物质。需要指出的是峰面积并不代表真实化合物在产物中的含量,仅能代表已检测出产物含量的相对大小。Lu 等[5]利用 Py-GC/MS 考察了纤维素在 500℃、600℃、700℃和 800℃下的热裂解产物分布,发现随着温度的升高,可检测到的产物总峰面积变大,说明随着温度的升高,低聚物分解生成更多的小分子化合物。Wu 等[6]利用相同技术在不同温度下模拟纤维素模化物的闪速热裂解,发现产物基本上可以分为两类:一类是碳原子数在 3 以下的轻质挥发分,如丙烯酸、乙醇醛等;另一类是碳原子数在 3 以上的重质组分,如甲苯、呋喃酮、糠醛、5-甲基糠醛、5-羟甲基糠醛和吡喃葡萄糖等。Qu 等[7]在固定床反应器上对纤维素进行热裂解研究发现,纤维素热裂解产物包括酸类、酮类、醛类、酯类、碳水化合物和芳香类等,其中以碳水化合物为主。

2.1.2　纤维素主要糖类模化物的热裂解

　　葡萄糖和纤维二糖是常用的纤维素糖类模化物,由于它们结构简单,所以易于从产物推测出反应机理,进而推导出纤维素的热裂解行为。利用 Py-GC/MS 分别对纤维二糖和葡萄糖进行热裂解行为模拟,所得产物分别列于附表 2-2 和附表 2-3。可见在产物类别上它们与纤维素热裂解产物基本相同,但具体的相对含量有较大差别。其中呋喃类物质的相对含量显著增加,而吡喃类物质和小分子直链产物的相对含量则降低。在纤维二糖的热裂解产物中,糠醛和 5-羟甲基糠醛的相对含量最高,分别为 30.97% 和 19.35%,都远远高于相同工况下纤维素热裂解获得的结果。吡喃类物质的相对含量则低于纤维素的结果,左旋葡聚糖、左旋葡聚糖酮和双脱水吡喃糖等主要吡喃类物质的相对含量在 1%~3%,而纤维素热裂解产物中它们的含量在 2%~9%。小分子直链产物中 CO_2 含量最高,乙醛其次,二者的含量都低于纤维素的结果,乙酸和丙酸的含量与纤维素热裂解的结果相当。在葡萄糖的热裂解产物中,糠醛和 5-羟甲基糠醛的相对含量同样最大,分别为 31.73% 和 13.34%,此外还含有烷基呋喃、烷基糠醛、呋喃酮类物质和糠醇,可见呋喃类物质是葡萄糖热裂解的主要产物。CO_2 和乙醛的含量也较高,分别达到了 5.08% 和 3.99%;同时乙酸、丙酸和丁酸也存在于小分子直链产物中;吡喃类物质的含量则普遍偏低。与纤维二糖和纤维素相比,葡萄糖热裂解生成的呋喃类物质最多,而纤维素的则最少;吡喃类物质最容易在纤维素热裂解产物中出现,而在葡萄糖热裂解产物中最少。Patwardhan 等[8]对纤维二糖的热裂解产物进行了分析,也发现其产物中存在较多的糠醛和 5-羟甲基糠醛,较少的小分子物质、左旋葡聚糖和左旋葡聚糖酮,并指出这可能与微型热裂解器具有的短停留时间特点有关,大分子一次解聚产物发生二次裂解反应生成小分子直链产物的可能性较低。Mettler 等[9]研究了聚合度为 1～6 的 6 种低聚葡萄糖以及纤维素的热裂解产物分布,发现这 7 种碳水化合物的产物种类基本一致,仅是相对含量不同,含量较多的产物主要有左旋葡聚糖、5-羟甲基糠醛、糠醛、甲基乙二醛、乙醇醛和乙酸。其中左旋葡聚糖的产率随聚合度的增加而提高,其他产物大体上随聚合度的增加呈现一定的增加或减少的趋势。

2.2　不同因素对纤维素热裂解行为的影响

　　纤维素热裂解过程中,反应温度、停留时间、反应压力、原料粒径和反应气氛等都将影响到纤维素热裂解过程及最终的产物分布。同时,利用烘焙预先脱除部分纤维素水分以及酸性预处理也都会对其热裂解行为产生明显的影响。图 2-4 显示出了用于研究工况参数对纤维素热裂解行为影响规律的红外辐射加热机理实验装置。纤维素热裂解所需的热量主要由包围在石英玻璃管反应器外面的高功率硅碳管来提供,热裂解过程中产生的挥发分被高纯氮气快速带离并经过过滤装置后进入后续的分级冷凝装置进行冷凝收集。实验过程中采用低灰定量纤维素滤纸模拟纤维素原料,其元素分析结果显示其分子通式和纤维素相同。由于纤维素热裂解是一个相当快的过程,在物料与反应器之间建立热平衡之前,热裂解过程已经基本完成,因而用不断变化的物料温度来描述热裂解过程并不合适。同时热裂解过程中纤维素会发生皱缩变形,从而使反应温度的直接测量非常困难,因此用过程中相对恒定的辐射源温度(temperature of the radiation source,TRS)来研究反应温度对热裂解过程的影响较为合理,需要指出的是 TRS 和样品间存在一定的温度梯度,图 2-5 显示出了在 TRS 温度为 610℃和 800℃时纤维素样品筒外表面温度的模拟计算分布曲线。

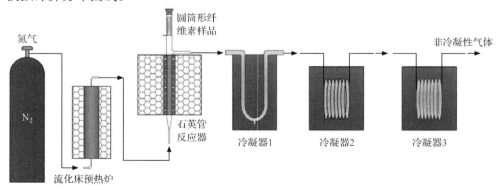

图 2-4　纤维素热裂解装置示意图

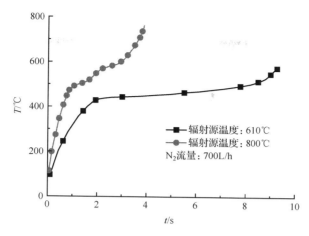

图 2-5　纤维素样品筒外表面温度变化

2.2.1　反应温度的影响

纤维素热裂解是在惰性气氛下受热析出挥发分和生成炭的过程,反应温度对反应过程起着决定性的影响。当其他条件不变,只改变辐射源温度时,纤维素热裂解产物分布变化如图 2-6 所示。在低温阶段纤维素受热不足仅发生脱水反应并释放出少量的挥发分,此时焦炭是反应的主要产物。随着辐射源温度的升高,纤维素受热加强,升温速率提高,此时纤维素中糖苷键发生断裂生成以左旋葡聚糖为主的产物,而纤维素单体本身的开环以及环内 C—C 键的断裂生成了小分子气体及部分可冷凝挥发分,生物油产率随之增加[10],在辐射源温度为 610℃ 左右时达到最高产率,而气体产率随温度的增加变化相对平缓,主要为一次轻质气体产物的析出,焦炭产率则明显降低,这主要相对于挥发分的析出反应,焦炭的生成反应总体上属于放热反应,因此高温对其具有抑制作用[11]。之后随着温度的升高,加速了纤维素单体的开环裂解,并析出气体产物,同时热裂解初始产物将发生二次反应,一次挥发分中的不稳定键和基团在高温下易受热断裂生成小分子气体,因此生物油产率出现下降,气体产量呈现明显的上升趋势,焦炭产率继续维持在一个较低值。然而,由于不同反应器的加热形式以及测温方式不同,导致生物油产率最大值出现时所对应的温度值存在较大差异。Luo 等[12]在自行搭建的固定床反应器内发现纤维素在 450℃ 左右获得了 58.6% 的最高生物油产率。而 Kojima 等[13]在流化床反应器中开展的纤维素热裂解实验表明,在 400℃ 左右即可获得 63% 的生物油最大产率。Rutkowski[14]在红外加热管式炉中对纤维素的快速热裂解实验在 500℃ 时获得 84% 的最高生物油产率。

反应温度同时对产物组成具有明显的影响,如附表 2-4 所示。图 2-7 显示出

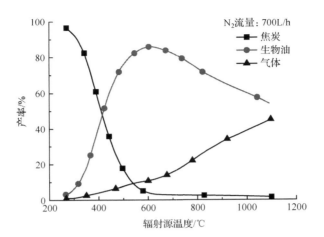

图 2-6　温度对纤维素热裂解产物产率的影响

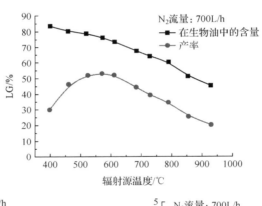

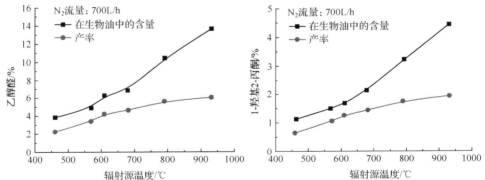

图 2-7　生物油中主要组分随辐射源温度的变化规律

了反应温度对生物油中左旋葡聚糖（LG）、乙醇醛和 1-羟基-2-丙酮三种主要成分的影响规律。随着辐射源温度的升高,左旋葡聚糖在生物油中的含量持续降低,但总的产率则经历了先增加后减少的趋势,在 580℃ 左右达到最大值 53.3%,而乙醇醛和 1-羟基-2-丙酮在含量和产率上都持续升高。左旋葡聚糖模化物的热裂解实验研究表明,低温下左旋葡聚糖的二次裂解不易发生,因此乙醇醛和 1-羟基-2-丙酮的生成主要来自于活性纤维素的降解,高温下左旋葡聚糖容易发生二次裂解并生成乙醇醛和 1-羟基-2-丙酮。Piskorz 等[15] 在实验中也观察到了类似的变化规律,并指出造成这一现象的原因在于左旋葡聚糖受热发生进一步的脱水和重排反应,生成了乙醇醛和 1-羟基-2-丙酮。Xin 等[16] 在固定床反应器上对纤维素进行热裂解实验发现,在温度为 350~550℃ 时,纤维素热裂解产生大量左旋葡聚糖,当温度升高到 650℃ 时,左旋葡聚糖产量急剧减少,而乙酸和苯酚则大幅增加,同时气体产率也明显提高,推测在较高温度下左旋葡聚糖发生分解生成了其他产物。左旋葡聚糖的双环结构可通过 C_1 和 C_2 位置上 C—O 键断裂生成轻质含氧化合物和自由基碎片,自由基碎片发生聚合生成苯酚和芳香化合物[17]。

2.2.2　停留时间的影响

生物质热裂解中的停留时间主要有固相停留时间和气相产物在热裂解区域的停留时间,通常指后者。气相产物在热裂解区域的停留时间往往和载气流速紧密关联,因此可以通过改变载气流速实现调整气相产物停留时间的目的。图 2-8 显示出了在辐射源温度为 610℃ 时的载气流量对纤维素热裂解产物分布的影响规律,计算表明当载气流量为 700L/h 时,挥发分在反应区间内的气相停留时间约为 0.1s。随着载气流量的增加,纤维素热裂解产物在热裂解区域中的停留时间减小,此时气体产率有所降低,而生物油产率逐渐升高。这主要是因为纤维素热裂解生成的一次挥发分在长停留时间条件下会发生进一步的裂化反应(二次裂解),反应

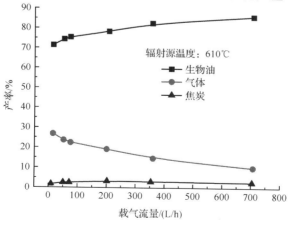

图 2-8　纤维素热裂解产物随载气流量的变化规律

温度越高、气相产物停留时间越长,二次裂解反应就越明显。因此若要获得生物油产率的最大化,除了要求反应温度控制在中温区外,纤维素在反应区的停留时间也应在保证充分裂解的前提下尽量缩短[18]。

热裂解产物的分布随停留时间的变化最为明显,当停留时间增加时,左旋葡聚糖及其同分异构体将会继续分解生成分子量较小的产物,如乙醇醛和 1-羟基-2-丙酮。呋喃类物质的总量随着停留时间的增加而降低,包括其中含量较多的糠醛和 5-羟甲基糠醛。随着停留时间的增加,一次热裂解产物的二次分解反应加剧,同时也促进了 CO 的生成,但其他小分子气体产物如 CO_2、H_2O、CH_4 和 C_2H_4 等的变化则不明显。此外,焦炭产量受停留时间的影响也不明显,当载气流量增加时,载气需要吸收更多的热量从而使得载气温度有所下降,使得纤维素颗粒反应温度有所降低,一次焦炭生成比例增大;当载气流量变小时,虽然一次焦炭生成比例减小,但是由于气相产物在高温区域停留时间变长,使得从挥发分二次裂解得到的焦炭产率增加,从而焦炭产率受停留时间的影响不大。Patwardhan 等[19]详细对比了纤维素在微型热裂解仪(停留时间 15～20ms)和流化床热裂解反应器(1～2s)中的热裂解行为,重点阐述了停留时间对挥发分二次裂解的影响,发现二次裂解反应主要包含左旋葡聚糖的开环,以及糠醛和 5-羟甲基糠醛的分解,生成甲酸和丙酸,并进一步分解生成 CO;同时发现随着停留时间的增加,CO 产率从 0.7% 大幅升至 4.3%,其余气体产量基本不变,此外,焦炭的产量出现轻微下降。

2.2.3 酸洗预处理的影响

通常认为对生物质原料进行酸洗预处理是去除原料中无机盐的有效手段。Hague 等[20]发现无机盐的存在,尤其是碱金属盐和碱土金属盐,使得纤维素热裂解产物中气体和焦炭的产量有所提高,并使液体产物产率降低,其中左旋葡聚糖的产率明显下降,乙醇醛的产量则大幅提高。因此,通常认为对生物质原料进行酸洗预处理可以提高生物油的产率。而对于纯纤维素组分,酸洗预处理的影响在于两个方面:一是在预处理过程中引起纤维素的部分酸解,降低纤维素大分子的聚合度,对纤维素的解聚反应和纤维素的活性产生影响;另一方面是在热裂解过程中,酸增强分子之间的交联反应,提高焦炭产量,并强烈地催化了脱水过程,使焦油产率大大下降,而水分含量大幅度提高。对纤维素采用稀酸浸泡后发现酸性物质对纤维素的聚合度和结晶度存在明显影响。酸洗预处理后,纤维素的微观结构发生了变化,如图 2-9 所示。未作酸洗预处理的纤维素的显微结构显示其主要由分子链平行有序排列形成的结晶区和松弛不规则聚集形成的无定形区组成[21]。结晶区相互之间连接紧密,排列有序,化学活性差;无定形区结构疏松,容易发生化学反应。酸洗预处理后,纤维素表面发生了很大的变化,结构发生了破裂,从直观上体现了酸对纤维素物理结构的损坏。此时的纤维素比原纤维素物料脆弱,韧性降低,也容易发生化学反应。

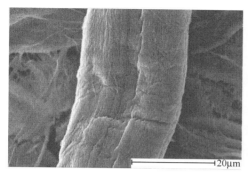
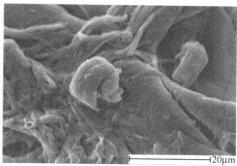

(a) 未经处理　　　　　　　　　　　　　　　　　(b) 酸洗预处理后

图 2-9　纤维素的微观结构

利用黏度法对酸洗预处理前后的纤维素的聚合度进行测定发现(表 2-1),随着盐酸浓度的增大,纤维素聚合度不断降低。相同浓度的盐酸、硫酸和磷酸对纤维素大分子结构的破坏效果基本相当,可获得大致相同的聚合度。增加物料与酸的接触时间,其破坏程度将进一步提高。这可能是由于纤维素大分子中的 β-1,4-糖苷键对酸特别敏感,在适当的氢离子作用下,糖苷键发生水解反应而断裂,使聚合度迅速降低,并且随着酸的浓度、温度和作用时间的增加,聚合度降低程度越发明显。

表 2-1　不同酸洗预处理条件下的纤维素聚合度

处理方法	聚合度	聚合度降低百分比/%
未处理纤维素	1145	
3%HCl 浸泡	553	52
5%HCl 浸泡	456	60
7%HCl 浸泡	406	65
7%H_3PO_4 浸泡	461	60
7%H_2SO_4 浸泡	426	63
7%HCl 浸泡(不洗)	156	86

酸洗预处理后纤维素热裂解产物的分布也发生了明显的变化,如图 2-10 所示。用盐酸浸泡处理后,生物油产率下降,气体产率略有提高,焦炭产率基本不变。随着盐酸浓度的增加,该变化趋势得以增强。当采用相同浓度的其他稀酸进行处理时,各产物产率从整体上表现出和用盐酸处理相同的效果。硫酸作用后的纤维素生成更多的焦炭、小分子气体产物和水,从而使焦油产率出现更大程度的降低。

磷酸的作用效果比硫酸平缓,但相比盐酸,对焦炭和水分的作用效果略强。酸洗预处理后的纤维素具有更强的脱水能力,同时,经酸破坏的无定形区和聚合度降低的短链纤维素分子具有更强的反应活性,在热裂解过程中更容易发生降解,从而在一定程度上提高了小分子气体产物的产量。浸泡处理后未洗的纤维素中会残存一定量的酸,对纤维素热裂解产物也有较大的影响。在用稀酸浸泡处理纤维素的过程中,水分子和酸都渗透到纤维素的结晶区和无定形区表面,减弱了纤维素分子链间氢键网络的强度。因此,简单的冲洗过程并不能将酸从物料孔隙结构中完全去除,仍有部分酸保留在物料内部,并参与纤维素热裂解过程,从而对产物分布造成影响。浸泡处理后未洗的纤维素的热裂解焦炭产率显著提高,说明残留酸对焦炭的生成具有强烈的催化效果,这是由于高温下酸对分子间交联反应的催化作用引起的。同时,酸对脱水反应的促进作用会使焦油中的成分进一步断裂生成小分子气体产物。相比其他两种酸,无论是对脱水反应的催化,还是对交联反应的促进,硫酸都具有最强的作用效果。酸的存在使生物油的组成分布发生明显变化,稀酸浸泡后的纤维素由于聚合度明显降低,生物油中左旋葡聚糖的含量有所增加,同时由于催化了脱水反应,使产物中脱水糖的总含量也明显上升。Gravitis 等[22]对生物质进行酸洗预处理后发现半纤维素组分被破坏,而剩余的纤维素在快速热裂解过程中生成了较多的左旋葡聚糖。Dobele 等[23-26]同样发现浸泡磷酸后的纤维素聚合度降低,脱水反应增强,热裂解产物中含有更多的脱水糖,其主要作用是促进左旋葡聚糖向左旋葡聚糖酮转化。

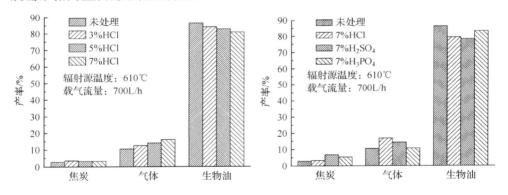

图 2-10　酸洗预处理对纤维素热裂解产物的影响

2.2.4　其他因素的影响

在热裂解液化过程中,反应温度的设定还受挥发分二次裂解因素的影响,同时,气相停留时间受反应器类型和具体反应条件的约束。物料尺寸的改变对生物质热裂解行为具有一定影响,其主要是通过影响挥发分在反应区的停留时间来改变产物组成[27]。对于粒径较小的颗粒，热裂解过程主要受内在反应动力学速率的控制，此时可忽略颗粒本身的内部传热[28]。当粒径增大时，内部传热受到抑制，此时，颗粒内部和外部分别在不同的温度下发生热裂解，物料内部由于热裂解温度相对较低，更易于生成焦炭[29]。此外，在较大尺寸的物料内，挥发分从物料内部空隙释放出来的传质阻力提高，增加了一次产物在高温区域的停留时间，更易于深度裂解生成小分子气体产物。在红外辐射加热机理实验装置上进行的实验发现，随着纤维素样品厚度的增加，生物油产率略微减小，气固产率有所增加。Koufopanos 等[30]的研究同样证明了在热裂解过程中，生物质原料颗粒尺寸的增大有利于小分子气体和焦炭的生成。Paulsen 等[31]研究对比了薄膜状和粉末状纤维素的热裂解产物发现，薄膜状受热更均匀，热裂解更完全，在 500℃时薄膜原料热裂解产生的左旋葡聚糖仅为 27%，而粉末状则为 49%。

生物质原料中往往含有相当比例的自由水，在自然条件下，这部分水的蒸发非常缓慢。在最有利的自然环境下，要使木材的含水量降低到 15%~20%，至少需要一年半的时间。研究不同自由水含量对生物质热裂解的影响，可以为是否需要对原料进行烘焙预脱水处理提供依据。通过对纤维素原料进行人为喷洒定量水分的方式可以获得一定含水量的纤维素原料，将其和烘焙预脱水处理的纤维素进行比较发现，水分的添加使纤维素热裂解生成的水增加，而生物油中的不含水部分产率下降，可见原料中的水并非只是低温下的简单蒸发，可能会以某种形式参与纤维素热裂解过程。

反应压力对纤维素热裂解产物的分布也有一定的影响，低压会使挥发分的析出阻力降低，加快一次挥发分从物料表面的析出以及在反应区内的流动，使其在物料内和加热区发生裂化、重整反应的概率降低，从而获得较高的生物油产率[32]。Hoekstra 等[33]在金属网格反应器中对纤维素进行真空热裂解（<30Pa），可获得95%生物油产率，气体成分基本上是 CO_2 和 CO。在红外辐射加热机理实验装置上的研究也表明从常压降到 91kPa 时，生物油产率上升了约 1.4%。Pindoria 等[34]研究了压力从常压到 7MPa 下的纤维素热裂解行为，发现压力的上升使焦油产率下降，尤其是在常压至 1MPa 的区间内最为显著，而在 4MPa 之后则基本没有变化。焦油中的组分分布随压力的升高并未出现显著变化，说明其对压力变化不敏感。

纤维素热裂解一般在惰性的氮气气氛下进行，也有少数热裂解在水蒸汽中进行[35,36]。气氛的改变对纤维素热裂解产物分布也会造成一定影响。Giudicianni 等[37]在水蒸汽环境下对纤维素进行了热裂解研究，在 430℃时，纤维素热裂解可得到 70.4%的生物油产率、21%的焦炭产率和 8.6%的气体产率，其中气体的组成随温度变化较大，在温度低于 430℃时以 CO_2 和 CO 为主，温度高于 430℃时则主要由 CH_4、C_2H_4、C_2H_6 及少量 H_2 组成。Sagehashi 等[38]在过热蒸汽下对纤维素热裂解进行研究发现，在 250℃时，纤维素主要生成乙醇醛和 5-羟甲基糠醛，在 325℃

以上,则主要以乙醇醛、左旋葡聚糖、5-羟甲基糠醛和糠醛为主。

2.3　纤维素热裂解反应动力学模型

　　热裂解动力学包括机理反应动力学和表观反应动力学。前者从化学反应角度出发对纤维素热裂解的反应动力学过程进行剖析,掌握纤维素在热裂解过程中的反应机理,通过对部分过程的认识来达到对总体过程的理解。这种研究思想在早期引起了很多人的兴趣,但由于难度较大,研究者往往只能对部分反应的机理寻求解释。譬如通过 Py-GC/MS 测得的纤维素快速热裂解产物的种类就高达一百多种,要了解所有反应过程的机理几乎是不可能的,因此研究者往往只关注含量最多的几种化合物的生成过程。相比机理反应动力学,表观反应动力学主要是寻求可以表征热裂解全局失重过程的表观动力学模型,而不关注其中的详细反应机理[39]。主要是依据所获得的样品热失重数据,对热重曲线进行拟合,寻找一些热裂解规律,或者针对不同因素下的热裂解失重行为进行分析,研究该过程中的影响规律。目前,纤维素热裂解动力学研究已相对成熟,虽然不同研究者的工作存在差异,但总体上研究获得的动力学模型具有一致性[40]。几种被广泛认可的纤维素热裂解动力学模型包括一步全局反应模型、两步竞争反应模型、两步连续反应模型和多步综合反应模型[41]。

2.3.1　一步全局反应模型

　　一步全局反应模型是早期研究常采用的模型(图 2-11),其认为纤维素热裂解过程仅生成焦炭和挥发分,且挥发分的析出规律满足 Arrhenius 方程。基于微晶纤维素在不同升温速率下的热重分析实验,并对所获得的热重曲线利用微分法或者积分法进行拟合,发现纤维素整体热裂解的表观活化能在210kJ/mol 左右,指前因子在 10^{15} 数量级。Varhegyi 等[42]在 10K/min 的升温速率下对微晶纤维素失重曲线进行模拟得到的活化能为 234kJ/mol,指前因子为 $3.9×10^{17}$。同时在他们的另一篇报道中,以滤纸为原料得到活化能结果为 242kJ/mol[43]。目前,在有关纤维素热裂解动力学的报道中,由于不同研究者采用的实验方法和数学手段不同,导致了纤维素表观反应动力学数值较为分散,表观反应活化能基本处在 200～250kJ/mol 范围。在忽略气固两相反应和传热传质等物理效应的前提下,纤维素热裂解过程的热重曲线可以较好地由一个不可逆单步一级反应速率方程进行描述。

$$纤维素 \xrightarrow{\text{K}} 焦炭+挥发分$$

图 2-11　纤维素热裂解一步全局反应模型

2.3.2　两步反应模型

两步竞争反应和两步连续反应模型考虑了纤维素热裂解过程中的二次分解,与一步全局反应模型相比更加符合纤维素热裂解的实际情况,最典型的就是 Broido 和 Shafizadeh 提出的 B-S 模型,将纤维素的热裂解划分为两步,并认为在纤维素热裂解过程中存在中间产物——活性纤维素。事实上纤维素热裂解机理的研究最早源于对纤维素燃烧过程的研究[43]。Broido 通过纤维素燃烧实验发现纤维素在低温加热条件下,通过吸热反应,一部分纤维素将首先转化为脱水纤维素。当温度高于 280℃时,纤维素在惰性条件下就会发生解聚反应,生成一定量的挥发分,同时脱水纤维素进一步反应生成小分子气体和焦炭。这一理论在后续的实验中得到了证实。Broido 和 Nelson[44] 将纤维素在 230～275℃下长时间预热后再在 350℃下热裂解,发现预热处理后焦炭产率从未预热时的 11.0% 提高到 27.6%,而焦油产率则大幅降低。他们对此解释为纤维素热裂解过程存在一对平行的竞争反应,生成焦炭的反应是低温下的主导反应,而生成以左旋葡聚糖为主的焦油是与之竞争的反应。由此提出了如图 2-12 所示的 Broido & Nelson 一级多步反应模型。

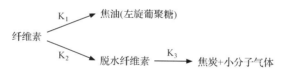

图 2-12　Broido&Nelson 一级多步反应模型

随后,Shafizadeh 开展了纤维素在低压和 259～407℃内的纤维素等温热裂解研究,发现在失重初始阶段存在一个加速过程,提出纤维素在热裂解初期有一个高活化能的从"非活化态"向"活化态"转变的反应过程,由此将 Broido& Nelson 模型完善为如图 2-13 所示的 Broido-Shafizadeh(B-S)模型[1]。纤维素首先发生部分解聚反应生成活性纤维素,随后活性纤维素进一步脱水、芳构化生成焦炭和小分子气体,或通过边缘基团脱水及醇醛缩合等反应生成以左旋葡聚糖为主的焦油产物。计算后发现该模型能较好地与实验结果吻合,中间产物活性纤维素的生成需要的活化能约为 242.8kJ/mol[1]。

图 2-13　Broido-Shafizadeh 纤维素热裂解机理模型

Milosavljevic 和 Suuberg[45] 对大量数据进行分析,总结出纤维素热裂解表观动力学参数在330℃左右发生了分界,$T \geqslant 330℃$时,纤维素的表观活化能在140～155kJ/mol范围内,而$T < 330℃$时,表观活化能为218kJ/mol。他们将其解释为在高温段生物质生成了另一类型的生物油,且该过程具有较低的活化能,但没有给出具体证明,而只是将其作为动力学变化的一种可能假设。Antal等[46]提出了不同的看法,认为造成这一现象的原因在于随着温度的升高,纤维素颗粒之间以及颗粒与反应器之间存在的传热传质阻力增加,从而影响表观活化能。针对纤维素热裂解失重曲线的分段模拟,我们也发现在330℃附近活化能发生了较为明显的下降,即整个热裂解反应动力学可以此温度为界分为两个阶段,另外热重实验中,通过选取小颗粒物料、低升温速率和一定的载气流速,避免了传热传质对热裂解动力学参数的影响。利用B-S模型则可以较好地解释这一现象,纤维素失重过程主要发生在280～400℃,在此阶段,纤维素热裂解过程主要体现为活性纤维素的生成以及活性纤维素的消耗两段式反应:$T < 330℃$时,由于生成活性纤维素的活化能高,生成反应速率低于消耗反应;$T \geqslant 330℃$,活性纤维素生成反应比其后续的消耗反应速率高得多。这样从表观上来看,$T < 330℃$时,体现了生成活性纤维素的动力学,$T \geqslant 330℃$后,体现了焦油生成反应的动力学,这与Shafizadeh等得出的纤维热裂解动力学研究结果相符合[1]。

B-S模型提出后,相继有众多研究者通过不同的方法观测到这种反应机理的存在,焦炭与焦油的生成反应的确存在平行的竞争关系,因此后来该模型被广泛接受,并成为纤维素热裂解机理研究的基础模型[47]。也有人在原始B-S模型的基础上对该模型提出了修改,例如Bradbury等提出的包含了焦油进一步分解为气体的模型[1]。模型中的活性纤维素被认为是一种具有熔融特性的物质,通过实验也确定纤维素在低温热裂解时生成的熔融状态物质主要为碳原子数在2～7的糖酐[48]。

纤维素热裂解焦油的典型成分乙醇醛与焦炭的生成也存在着竞争关系,当乙醇醛产量较高时,焦炭的产量则较低[49]。根据这一结果,Piskorz等[50]对Bradbury模型进行了改进,认为纤维素在低温慢速热裂解时的主要产物是焦炭,并伴随着CO_2和水的生成。当纤维素进行中温或高温快速热裂解时,纤维素首先解聚生成活性纤维素并进而分解生成其他产物,一种可能是活性纤维素的六碳环结构断裂较为彻底,通过脱羰反应和脱水反应生成分子量较小的物质,如乙醇醛、乙酸、甲酸、乙二醛、丙酮醛等,高温有利于这类反应的进行;另一种可能是活性纤维素不发生开环反应,仅通过侧链的断裂方式生成左旋葡聚糖、纤维二糖、葡萄糖和果糖等,低温有利于这类反应的进行。我们在对活性纤维素进行收集及测定的基础上,提出了改进的B-S热裂解机理模型,如图2-14所示。该机理模型与Piskorz等[15]提出的机理模型较为类似。在热裂解过程中,纤维素长链首先发生热裂解,生成聚合度较低的大分子,后续发生两个平行竞争反应:其中一个反应是因脱羰或脱水反应而发生环断裂,生成丙酮醛等物质,高温有利于此反应的发生[51];另一个反应则在较低温度下易于进行,即在转糖苷作用下进一步发生解聚反应生成纤维二糖、纤维三糖、葡萄糖、果糖等糖类物质,进而分解生成左旋葡聚糖等,最终由于糖苷键和一些碳碳键的断裂生成焦炭、气体及可冷凝挥发分产物。

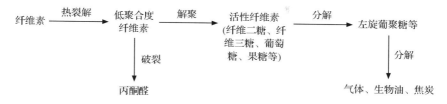

图 2-14　基于活性纤维素生成和消耗的纤维素热裂解机理模型

2.3.3　多步综合反应模型

多步综合反应模型是目前发展最为全面的模型,涉及的理论和计算也较为复杂,例如 Miller 等[52]和 Janse 等[53]提出的热裂解动力学模型。Miller 和 Bellan 以木质纤维素类生物质的三种主要成分纤维素、半纤维素和木质素为基础提出了独立反应动力学模型[52]。三大组分中的任何一种在高温下首先被活化生成中间产物,然后发生平行竞争反应分别生成焦油、焦炭、小分子气体。在高温时主要发生生成焦油的反应,在低温时以生成焦炭和不可凝气体为主。另外,如不能及时冷凝,焦油在高温下会进一步发生二次裂解生成不可凝气体。该模型假设所有热裂解反应都是一级的 Arrhenius 反应,并给出了所有反应步骤的动力学参数及其热效应。

分布活化能模型(distributed activation energy model,DAEM)是近年来发展的应对复杂反应动力学的研究手段,目前已广泛应用于化石燃料的热裂解和活性炭的热再生等领域[54,55]。DAEM 的建立基于两点假设:一是无限平行反应假设,反应体系由无数相互独立的一级反应构成,这些反应有各不相同的活化能;二是活化能分布假设,各反应的活化能呈现连续分布的函数形式。复杂体系的反应可看做各个基元反应的总和,因此上述假设能很好地简化和发展理论模型。模型的动力学参数计算可借助热失重数据完成,在用热重法进行动力学研究时可采用多种处理方法,如阶跃近似法、拐点切线法、Miura 微分法和 Miura 积分法等[44,55,56]。前两种方法是针对单一失重曲线进行讨论的,后两种方法则是将不同升温速率下的失重曲线联系起来进行处理。DAEM 还适用于生物油和焦炭生成过程中发生的解聚和交联反应等,但其不能较好的对气相产物的析出规律进行预测[58]。Wang 等[59]采用 DAEM 对纤维素热裂解进行动力学计算,得到不同失重率下的活化能在 142.6～167.7kJ/mol。

2.4　活性纤维素

如前所述,在目前被广泛接受的纤维素热裂解模型中,均认为纤维素在受热时发生一系列复杂的初始反应,生成一种组分相对简单和聚合度较低的物质——活性纤维素。活性纤维素是纤维素热裂解生成的重要中间产物,其极易分解,因此,在常规的热裂解装置中很难收集到,所以长期以来,对于活性纤维素是否真实存在一直存在争议[60]。Varhegyi 等[42]认为纤维素热裂解过程并未经过活性纤维素,而是直接生成焦油、焦炭和小分子气体。在后来的研究中,许多学者在热裂解初始阶段观察到一种"可疑"的中间产物,Boutin 等[61, 62]通过闪速热裂解和急速降温收集到了一种性状介于纤维素和生物油之间的中间化合物,该物质呈现熔融状,他们认为该种物质可能就是活性纤维素。类似的现象在 Piskorz 等[48]的实验中也被发现,同时他们进一步证实该中间物并不限于表面层,而是整个颗粒都处于熔融状态。总之,越来越多的学者已经接受活性纤维素真实存在,并在整个纤维素热裂解过程中起到重要的枢纽作用这一观点。

2.4.1　活性纤维素的获取与表征

活性纤维素的获取难度较大,需要闪速热裂解和快速冷凝,为此搭建了氙灯辐射加热闪速热裂解实验台,如图 2-15 所示。采用一个功率范围在 $1.8\sim3kW$ 的球形高压短弧氙灯作为辐射源,并通过光路转变实现对纤维素样品的辐射加热。焦点处热流强度的大小可以通过改变氙灯的输入功率来调节,样品的加热时间通过快门来控制。本装置采用的快门为钢制的旋转式快门,其响应时间为 0.01s。同时在焦点处设置一个灵敏度为 0.01s 的光电池,准确测定焦点处的通光时间。由于活性纤维素在高温下极不稳定,在加热结束的瞬间,需将其迅速冷却至室温。本实验装置利用液氮汽化吸热的原理对其进行快速冷却,如图 2-15(b)所示,在液氮瓶中布置三根功率为 1kW 的电加热棒,液氮受热汽化使液氮瓶内产生一定压力,当阀门开启时,液氮便可喷出用于冷却样品。

利用氙灯的强光聚焦实现纤维素的闪速热裂解,在极短的时间内,样品表面就开始有少量浅黄色物质产生。随着光照时间的增加,浅黄色物质逐渐增多,颜色逐渐加深并变为褐色,直至最后生成黑色焦炭。将加热过的实验样品溶于水,过滤并蒸干,最后得到浅黄色的胶状物质。该物质的扫描电镜照片如图 2-16 所示,微晶纤维素呈大小不同的颗粒状,且表面轮廓清晰。受到闪速加热后,颗粒颜色由白色变为浅黄色,且随着轮廓的消失,表面呈现熔融状态,纤维素颗粒的形状也发生改变。各微粒虽然仍保持一定的独立性,但已经开始相互黏结,熔化的微粒开始结块。由此推测在闪速加热过程中微晶纤维素发生了一系列的化学反应,生成了不

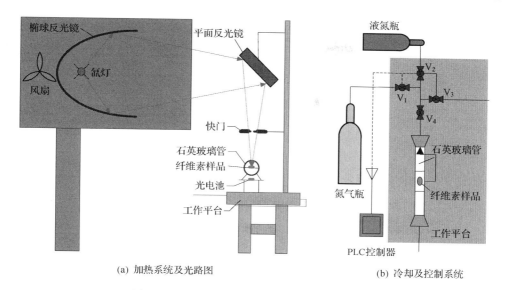

(a) 加热系统及光路图　　　　　　　(b) 冷却及控制系统

图 2-15　氙灯辐射加热闪速热裂解机理实验台

图 2-16　微晶纤维素样品及黄色胶状物质的 SEM 图片

同于纤维素和焦油的一种中间产物。

　　进一步对该浅黄色胶状物质进行结构分析发现其红外谱图与微晶纤维素原样非常相似，具有相同的特征吸收峰，只是在一些特征吸收峰的强度上存在一定的差异，故两种物质应该具有相似的分子结构。中间产物 C＝O 官能团的吸收峰显著增强，可能与纤维素发生脱水反应和分子重排有关，或者是在纤维素的葡萄糖基单元 C_6 位上生成醛基，也可能是在 C_2、C_3 位上生成酮基。对该浅黄色物质进行高效液相色谱分析得到如图 2-17 所示的结果。1 号峰对应一种未知物，平均分子量在 2200 左右，结合 β-D-葡萄糖聚合单元的分子量为 162，可以推断该处对应平均聚合度在 14 左右的低聚糖。2 号和 3 号峰分别对应纤维二糖和葡萄糖，这两种物质是上述低聚糖进一步降解的产物。根据解聚反应中糖苷键断裂的随机性，产物中必定含有纤维三糖、纤维四糖等一系列的低聚糖,而产物中含量较多的丙酮醛是单糖进一步降解的产物。因此,可将纤维素热裂解过程生成的黄色胶状中间产物中的在高温下易分解而室温下稳定存在的纤维二糖、纤维三糖等一系列低聚糖,以及葡萄糖等单糖的混合物归为活性纤维素。

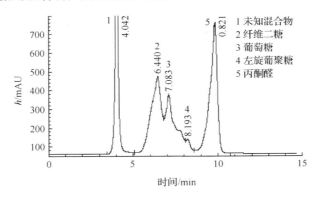

图 2-17　黄色中间产物的高效液相色谱分析

2.4.2　不同因素对活性纤维素性质的影响

通过实验研究发现,影响黄色物质性质的主要因素为加热时间和热流强度。黄色物质产量在两种辐射热流下随光照时间的变化如图 2-18 所示。在高热流下,加热 0.09s 时样品表面略微变黄,此时收集到的黄色物质的产量仅 0.001g。随着加热时间的延长,样品反应范围逐渐扩大,反应程度不断加深,黄色物质的产量明显增加。加热时间为 0.53s 时,其产量增加到 0.014g,随后趋于平衡,直至反应进行到 0.86s,产量又持续增加。在低热流下,随着光照时间的增加,黄色物质的产

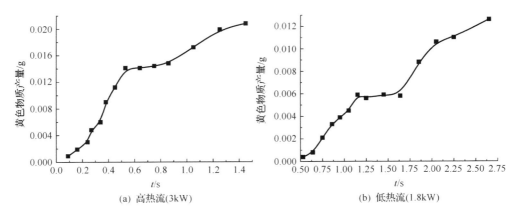

(a) 高热流(3kW)　　　　　　　　　(b) 低热流(1.8kW)

图 2-18　黄色物质产量随光照时间的变化

量变化具有一致的趋势,但是相对平缓。在加热时间为 1.15s 时,其产量仅为0.006g,远远低于高热流下同期的产量。反应进行到 1.64s 以后,产量再次稳定增加。图 2-19 为在低热流下经历不同光照时间获取的产物图片。

图 2-19　低热流不同光照时间下的黄色固体产物(文后附彩图)

典型反应条件下获取的黄色物质成分的变化如图 2-20 所示。在高热流强度(3kW)时,当加热 0.09s 时,产物主要包括纤维素热裂解初期的未知物(1 号峰)和少量的丙酮醛。当反应时间延长到 0.53s 时,开始有大量糖类物质生成。其中 3、4、5 号峰分别对应于纤维二糖、葡萄糖和左旋葡聚糖,另外可能有少量的果糖作为葡萄糖的同分异构体存在。根据糖苷键断裂的随机性,2 号峰实际上是纤维三糖、纤维四糖、纤维五糖等低聚糖的杂合峰。当反应进行到 1.45s 时,产物种类未发生明显改变,但是纤维二糖、纤维三糖、葡萄糖等对应峰的强度明显降低,说明其在高温下不稳定,迅速分解。相反地,丙酮醛对应的 6 号峰的强度大大增强,说明低聚糖与丙酮醛的生成可能存在竞争或者连续反应关系。图 2-20(d)为低热流(1.8kW)下加热 1.45s 时的产物成分分布。其中 2 号峰跨度较宽,将其归为纤维二糖、纤维三糖等低聚糖的杂合峰。停留时间 6.5min 左右没有峰出现,说明此时生成的低聚糖聚合度相对较低。

根据不同热流强度下对可溶性物质的分析,可以得出高、低热流强度下活性纤维素生成量的对比(图 2-21)。在高热流强度(3kW)下,活性纤维素的生成始于约0.09s,随后活性纤维素的产量迅速增加,在可溶性产物中的含量可高达 68%。在此之前生成活性纤维素的反应速率大大快于其消耗反应的速率,而之后消耗反应成为主导,使活性纤维素的含量持续降低。另外,葡萄糖等单糖在可溶性产物中仅占 10%左右,在整个反应进程中产量几乎保持不变,纤维二糖、纤维三糖等低聚糖,尤其是占主导地位的聚合度较高的低聚糖,其生成和演变可以反映出活性纤维素整体的变化规律。在低热流强度(1.8kW)下,活性纤维素的相对产量也呈现先升后降的趋势,在约 1.8s 后,整个反应趋于平衡,降低的趋势趋于缓和。与高热流强度下相对比,活性纤维素产量相对较低,最高约 57%。糖类成分分布的不同说明在高辐射热流及瞬时冷却的过程中,一定程度上抑制了低聚糖的二次裂解,获取了较高含量的低聚糖产物。在低辐射热流下,反应持续时间相对较长,低聚糖在生

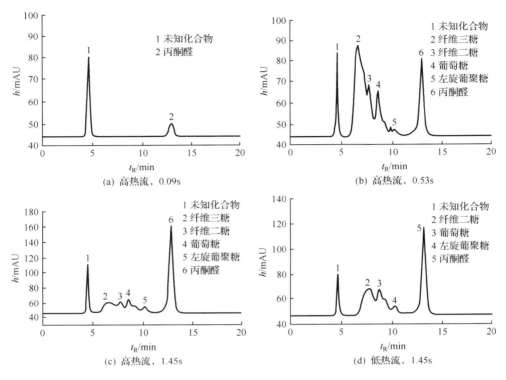

图 2-20　不同反应条件下黄色物质的组成分布

成后不能立即得到冷却，在高温下进一步降解生成聚合度更低的糖类，甚至小分子的挥发分和焦炭。这也证实了活性纤维素在高温下的不稳定性，体现了其生成和进一步演变的规律。

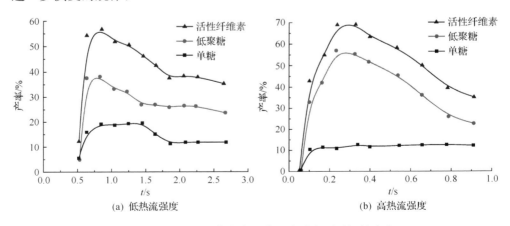

图 2-21　活性纤维素产率及其组成随光照时间的变化

2.5　基于产物生成的纤维素热裂解机理

为了明晰纤维素热裂解机理,从产物形成与演变的角度出发开展相关研究,是构建纤维素热裂解机理的重要途径。根据纤维素热裂解挥发分的成分分析,可以确定在中、高温快速热裂解的情况下,挥发分主要由以左旋葡聚糖、左旋葡聚糖酮为代表的吡喃类物质,以 5-羟甲基糠醛和糠醛为代表的呋喃类物质,以乙醇醛和1-羟基-2-丙酮为代表的小分子直链产物组成。除此之外,还包括一些小分子气体产物,例如 CO_2、CO、CH_4 等。

按照化学结构将产物进行分类,便于开展基于纤维素分子结构的热裂解机理研究,结合实验研究和已有的研究结论推导出可能的纤维素热裂解机理,如图 2-22所示。在纤维素的热裂解初期,首先发生解聚反应生成低聚合度的糖类物质,然后通过 β-1,4-糖苷键的断裂进一步分解生成吡喃型葡萄糖单元,或生成其他产物。通常存在三个竞争反应路径,即吡喃类物质、呋喃类物质和小分子直链产物的竞争生成。当 C_6 上的羟基与 C_1 上的氧自由基发生缩合反应时,生成左旋葡聚糖(LG),而后进一步通过 C_3 和 C_4 羟基的脱水作用生成左旋葡聚糖酮(LGO)。当吡喃型葡萄糖单元发生 C_1、C_4 和 C_3、C_6 双脱水时则会生成双脱水吡喃糖(DGP)。在生成吡喃类产物的过程中,主要以生成的左旋葡聚糖发生脱水反应生成左旋葡聚糖酮的路线为主。乙醛和 1-羟基-2-丙酮的生成与左旋葡聚糖的形成相互竞争,随着吡喃类物质含量的减少,小分子直链产物的含量明显增加。呋喃类物质糠醛(FF)和 5-羟甲基糠醛(HMF)则更倾向于由吡喃型葡萄糖单元分解而成。5-羟甲基糠醛是吡喃型葡萄糖单元通过 C_1 和 O_7 键断裂和随后的分子内羟基脱水生成对应的己糖直链结构,然后 C_2 和 C_5 上的羟基经脱水环化作用生成。糠醛则可以通过 5-羟甲基糠醛二次裂解脱除羟甲基生成。

在纤维素热裂解机理研究中,常用的纤维素模化物还有纤维二糖和葡萄糖,纤维二糖是纤维素的基本聚合单元,而葡萄糖是基本结构单元。相比于纤维素和纤维二糖的聚合结构,葡萄糖的热失重量稍低,这是因为葡萄糖中不存在分子间糖苷键结构,使得其结构活性降低,化学键断裂比较困难,需要在更高的反应条件下才能达到相同的失重量[9,63]。但葡萄糖的热裂解产物与纤维二糖和纤维素基本保持一致,只是在相对含量上有所差别。在纤维素热裂解产物中,小分子直链物质和以左旋葡聚糖为主的吡喃类物质的产量最高,纤维二糖和葡萄糖热裂解产物中,呋喃类物质的含量较高。Patwardhan 等[8]进一步指出,左旋葡聚糖等吡喃类产物的生成与样品的聚合度直接相关,聚合度越高,其在产物中的含量也越高。通过将蔗糖(D-葡萄糖和 D-果糖的二聚体)和纤维素的热裂解产物进行对比发现,蔗糖产物中糠醛含量高达 67.1%,而纤维素产物中仅为 21%;另外,当蔗糖在 350～850℃ 范

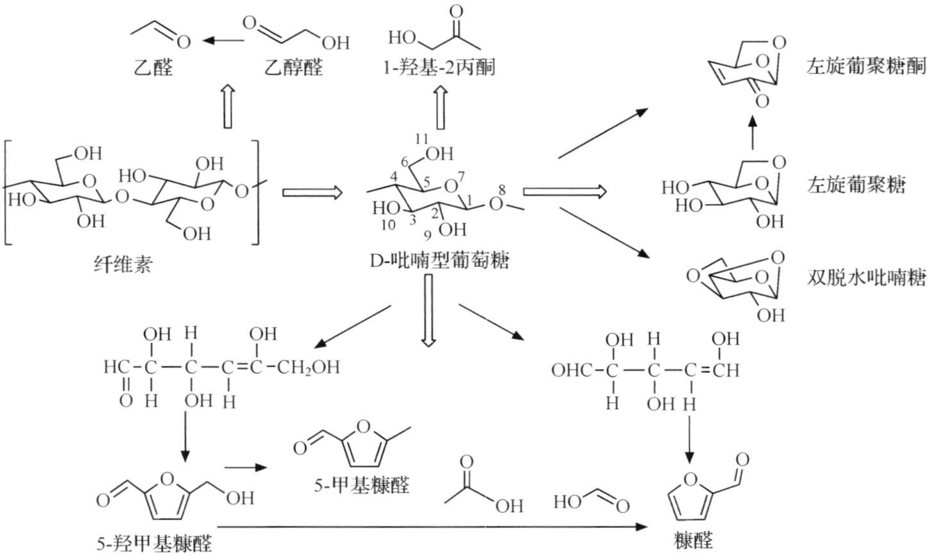

图 2-22　纤维素热裂解产物生成路径

围内热裂解时主要产物是 5-羟甲基糠醛和糠醛[64]。通过纤维二糖和葡萄糖与纤维素热裂解过程的对比,可以明确 D-吡喃型葡萄糖基本结构与纤维素聚合体在产物生成方面的区别,从而可在后续机理研究中利用对纤维素结构的简化来推导整体纤维素热裂解产物的生成规律。

2.5.1　左旋葡聚糖的生成机理

　　左旋葡聚糖是纤维素热裂解的典型产物,同时也是生成其他挥发性化合物的重要中间体。在纤维素热裂解过程中,它的生成和演变具有重要地位。左旋葡聚糖的产率在文献中的报导最高可达 70%[65]。早期认为左旋葡聚糖是由纤维素水解后生成的葡萄糖单元进一步反应生成的。Ivanov 等[66]采用葡萄糖溶液浸渍的纤维素进行热裂解实验发现,相比于未做处理的纤维素,其左旋葡聚糖的产量提高了 50%。然而,后来的实验发现,葡萄糖热裂解生成的左旋葡聚糖产量要远低于纤维素[8]。这说明葡萄糖热裂解的确可以生成左旋葡聚糖,但纤维素热裂解生成左旋葡聚糖的主要过程并不是以葡萄糖单元为主,而是与纤维素中糖苷键的断裂有关。针对糖苷键的断裂方式,研究者提出了多种机理。其中 Kislitsyn 等[67]提出了一条较为明确的自由基机理,从每个原子的移动和变化角度,通过均裂、重排和脱水三个步骤分阶段描述了左旋葡聚糖的生成路径。Ponder 等[68]提出两步反应机理模型:纤维素首先发生糖苷键断裂生成离子中间体,进而 1,6 位脱水缩合生成左旋葡聚糖。Mamleev 等[69]进一步提出,在纤维素热裂解过程中,羟甲基上的羟基先和糖苷键生成一个四元环结构的过渡态,而后糖苷键通过协同反应断裂生成左旋葡聚糖。综合来说,左旋葡萄糖的生成主要包含两个步骤,糖苷键的断裂得到吡喃葡萄糖自由基,以及 C_6 上的羟基与 C_1 上的氧自由基发生缩合,生成左旋葡聚糖。

值得注意的是,纤维素脱水生成左旋葡聚糖的过程与脱水纤维素的生成过程是不一样的,脱水纤维素生成过程中的脱水主要是指纤维素链中氢键的断裂,其所需的能量很低,而左旋葡聚糖是分子内化学键的断裂与重排生成的,需要吸收很高的热量,故左旋葡聚糖是较高温度下纤维素热裂解的产物[27]。此外,左旋葡聚糖在 $250\sim400℃$ 下热裂解还可进一步脱水生成左旋葡聚糖酮[70]。

2.5.2 5-羟甲基糠醛和糠醛的生成机理

呋喃类化合物是纤维素热裂解的另一类重要产物,主要以糠醛和 5-羟甲基糠醛为主。它们比吡喃类物质更稳定,不易发生再分解,可看做是纤维素热裂解的最终产物[71]。5-羟甲基糠醛是一种易溶于水的物质,主要来自于葡萄糖单体的热裂解,如图 2-23 所示。吡喃型葡萄糖首先通过 C_1—O 键断裂生成开环的葡萄糖链,然后通过 C_2 和 C_5 键上的羟基脱水环化生成中间体,继而再发生两次羟基脱水反应生成最终产物 5-羟甲基糠醛。也有其他学者认为,5-羟甲基糠醛的生成是由开环后的葡萄糖链先发生两次脱水形成两个双键,而后再发生成环反应[72]。应该说这两条路径都有可能发生,目前尚无定论。近年来,也有学者提出呋喃类产物并非由纤维素一次裂解后的吡喃环单元经二次裂解而来,而是直接来自于纤维素大分子的分解[73]。糠醛则是通过 5-羟甲基糠醛进一步脱去羟甲基生成。Shin 等[74] 从化学键的键能角度分析,发现 5-羟甲基糠醛内最弱的两个键都位于羟甲基上,因而发生羟甲基整体断裂的可能性要远大于醛基侧链,导致 5-羟甲基糠醛进一步分解的产物中糠醛占绝对优势。糠醛的稳定性极高,在一般情况下很难再分解。

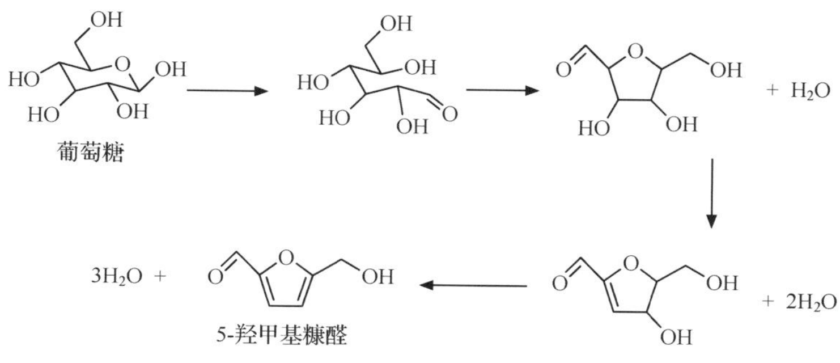

图 2-23 5-羟甲基糠醛的生成路径

2.5.3　乙醇醛和1-羟基-2-丙酮的生成机理

乙醇醛和1-羟基-2-丙酮是纤维素热裂解中产量较高的小分子直链产物,关于左旋葡聚糖和乙醇醛之间的竞争或者继承关系使得对于乙醇醛的研究一直是该领域的热点[75, 76]。目前,关于乙醇醛的生成途径主要有三种推论:第一种是葡萄糖单体或者左旋葡聚糖单体发生分子内脱水,通过碳骨架上碳碳键的断裂和半缩醛基团的开环生成乙烯二醇并重组为乙醇醛,随后乙醇醛可能通过羟基与相邻氢原子的脱水反应生成乙二醛,继而受热释放出CO和甲醇;第二种是开环后的葡萄糖单体分解为一个甲醛和一个五碳碎片分子,碎片分子进而发生断键和脱水反应生成乙醇醛;第三种是五碳碎片分子直接断裂生成乙醇醛(图2-24)。

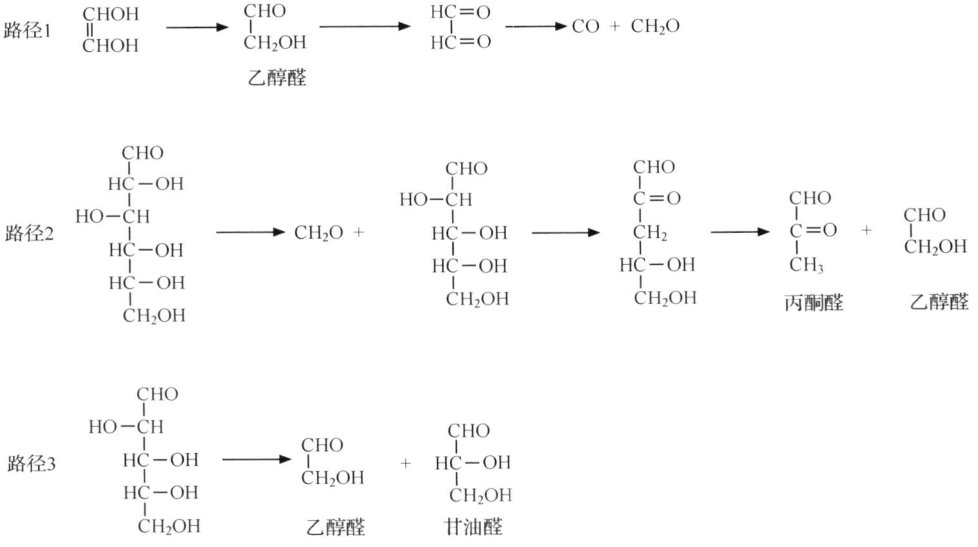

图 2-24　乙醇醛的生成路径

1-羟基-2-丙酮的生成可以从键能的角度进行分析[77]。纤维素单体 D-吡喃型葡萄糖内各碳碳键之间的键长并不相同,其中 C_2—C_3 化学键的键长比其他相同形式的化学键要长,同时纤维素单体内半缩醛的 C_1—O 键相对于其他 C—O 键要活泼,因而热裂解过程中,纤维素单体环的断裂可能在这两处发生,从而生成含有两个碳原子和四个碳原子的分子碎片。如图 2-25 所示,含有四个碳原子的物质将接连发生脱水反应和转羰基作用形成 1-羟基-2-丙酮,随着反应条件的加强,1-羟基-2-丙酮也容易发生分解反应生成甲醛、乙醛等小分子产物。Paine 等[78]通过对同位素标记过的 D-葡萄糖进行热裂解发现,1-羟基-2-丙酮的三个碳原子主要来自葡萄糖的 C_4、C_5 和 C_6,提出葡萄糖脱水后 C_3—C_4 键断裂随后再反应生成 1-羟基-

2 丙酮。

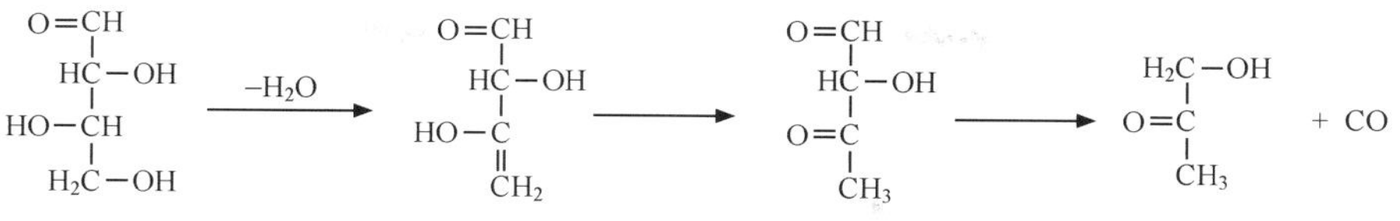

图 2-25　1-羟基-2-丙酮可能的形成路径

2.5.4　小分子气体产物的生成机理

纤维素热裂解产物中的小分子气体产物主要是 CO 和 CO_2。纤维素热裂解过程中大量羟基的存在和热裂解过程中普遍发生的脱水反应为羰基的形成提供了条件,当不稳定羰基在较高温度或较长气相停留时间作用下便会通过重整和异构化反应断裂生成 CO,例如在较高温度下乙醇醛可以发生二次分解生成甲醛和 CO(图 2-24)。作为永久性的小分子产物,CO 在热裂解初期的生成较弱,随着反应强度的增加,CO 的产量出现明显的增加,因此常认为 CO 是一次产物发生二次裂解后所生成的产物。

与 CO 的生成不同,CO_2 的形成主要发生在低温段,产量稳定,高温段的二次反应对其贡献不明显[79]。通常认为,CO_2 可以在纤维素低温焦炭化期间通过脱水纤维素的二次反应生成,或一次挥发分的二次裂解期间通过烯酮或者烯醛结构的异构化生成羧基,并进而分解成 CO_2,前者发生的可能性要高于后者。CO 和 CO_2 生成机理的不同直接造成产物中 CO 的产量要高于 CO_2 这一现象。另外,CO_2 的生成通常伴随着多种小分子产物的生成,如丙醛、丙酮以及 3-羟基-2-丁酮等化合物。Patwardhan 等[19]分别利用热裂解仪和流化床反应器开展纤维素热裂解的一次反应和二次反应研究,当仅发生一次反应时,产物中 CO 和 CO_2 的含量分别为 0.7% 和 3.3%,当发生二次反应后,CO 和 CO_2 的产量出现不同程度的增加,分别为 4.3% 和 3.9%。这也从实验结果上证明 CO 主要来自于二次反应,而 CO_2 则主要在一次反应阶段生成。

除了 CO_2 和 CO,纤维素热裂解产生的气体小分子一般还有少量的 H_2、CH_4 和 C_{2+} 烃类,Yang 等[80]和 Qu 等[7]都在较高温度下检测到它们的生成,且随温度的升高而增加,H_2 一般是来自 C=C 和 C—H 基团的裂解和变形,而 CH_4 则主要来自甲氧基的裂解,C_{2+} 烃类则是源于高温下的二次裂解反应。

2.6　计算化学在纤维素热裂解机理中的应用

计算化学是理论化学的一个重要分支,主要是以量子化学为理论基础,通过计算机软件模拟得到分子结构和化学反应的一些性质,例如结合能、键能、分子稳定态、反应能垒、振动频率、反应活性等,并用以解释一些具体的化学问题。随着计算机软、硬件的发展,一系列成熟的商用计算化学软件(Gaussian,VASP,Materials Studio 等)已经可以实现较为精确的分子层面模拟计算。在对反应条件和分子结构进行一定简化后,可根据前期的实验研究开展热裂解过程的理论模拟,从反应热力学和动力学角度判断热裂解机理假设的正确性。相关的计算理论读者可自行参阅相关文献[81]。目前广泛应用的密度泛函理论(DFT)是近几年发展非常迅速的一种精确的量子化学计算方法,在分子结构预测方面比较成功。DFT 方法考虑了体系中的电子相关效应,直接确定基态能量和电子密度,而不需要通过多电子波函数的中间步骤,因此 DFT 方法可以大大简化电子结构的计算量。目前 DFT 方法的使用已经扩展到激发态以及与时间相关的基态研究中。

　　葡萄糖单体或者纤维二糖的转化路径可以用 DFT 计算。对于原子数成千上万的纤维素大分子,DFT 方法的计算量相当惊人,目前的计算机水平仍然难以模拟。所以对于具有周期性晶体结构的纤维素大分子,通常可采用分子动力学进行模拟。分子动力学不考虑电子相关效应,转而依靠牛顿力学,即通过原子和分子间的作用力来模拟分子体系的结构,使得计算量大为降低,并以力学最优结构为基础进一步计算体系的热力学参数和其他宏观性质。

　　计算化学在机理研究中最主要的作用是计算出反应的活化能(反应能垒),以此判断反应路径的可行性,从而在预先假设的若干条反应途径中找到最有可能发生的途径。活化能定义为过渡态与反应物之间的能量差。在纤维素反应机理模拟中,按照模型复杂度和计算方法的不同,通常选用三种模拟对象,分别为葡萄糖单体、纤维二糖、纤维三糖以及具有周期性结构的纤维素晶体。模拟计算的重点在于两个方面:一是吡喃环的开环行为;二是糖苷键的断裂行为。

2.6.1　纤维素单体热裂解的模拟

　　从实验研究方面来看,纤维素在磷酸作用下在微波反应器内进行稀酸水解时,可获得 90%以上的葡萄糖产率,说明在一定水解条件下纤维素结构可以优先发生糖苷键断裂生成大量的葡萄糖单体[82]。在热化学转化条件下,D-吡喃型葡萄糖仍是纤维素分解过程中最为重要的中间体。Dobele 等[24]对纤维素慢速热裂解残渣进行水解实验,通过葡萄糖产量变化判断纤维素中未改变的 D-吡喃型葡萄糖结构随反应温度的变化规律,发现 D-吡喃型葡萄糖结构的热稳定性较好,在 280℃以内的温度区间都大量存在于纤维素结构中。随着反应温度的升高,吡喃型葡萄糖结构逐渐减少,直至 400℃左右含量变为零。纤维素的热裂解主要发生在 300~400℃这一较窄的温度区间,且初始阶段和反应后期的失重都非常小[80]。因此可以用 D-吡喃型葡萄糖结构的分解反应近似代表纤维素热裂解过程。相比于纯纤维素,D-吡喃型葡萄糖热裂解生成了较多的呋喃类物质和较少的吡喃类物质及小分子物质,但纤维素热裂解的主要产物都存在于 D-吡喃型葡萄糖热裂解产物中[83]。因此,采用 D-吡喃型葡萄糖作为前驱体来计算模拟纤维素热裂解产物的生成过程是一种行之有效的研究方法。Huang 等[84, 85] 通过 Gaussian 03 软件针对 D-吡喃型葡萄糖采用 DFT 方法与 B3LYP/6-31++G(d,p)基组,对其热裂解反应过程进行热力学和动力学模拟。

我们根据 Py-GC/MS 的实验结果对纤维素基本结构单元 D-吡喃型葡萄糖单体的热裂解产物生成过程进行了推导,如图 2-26 所示。路径 1 为 D-吡喃型葡萄糖单体发生 C_6 和 C_1 上的羟基脱水反应生成左旋葡聚糖(P1);路径 2 是 C_3 和 C_4 上的羟基间发生脱水反应并进一步异构化生成 3,4-脱水阿卓糖(P2);路径 3 是发生 O_7—C_1 键断裂开环生成碳—碳直链并通过脱水环化生成呋喃环基本结构单元,然后再发生两次脱水反应生成 5-羟甲基糠醛(P3);路径 4 是根据实验分析结果设计的糠醛(P4)生成过程,认为糠醛是由 5-羟甲基糠醛直接通过脱羟甲基作用生成的,同时生成甲醛(P5)。图中 IM 为中间产物,TS 为过渡态。所有计算均在 Gaussian 03 和 B3LYP/6-31++G(d,p)基组下完成。

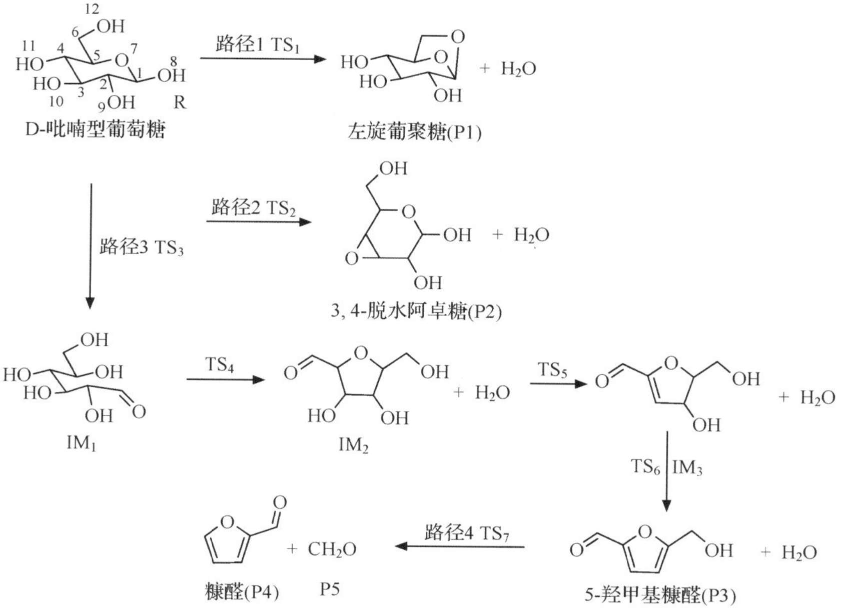

图 2-26　基于 D-吡喃型葡萄糖单体的热裂解反应路径

首先对 D-吡喃型葡萄糖进行键强度的评估,以找出最容易开环的部分。此处我们选用化学键的 Mulliken 重叠布居数作为化学键强弱的判断依据[86]。如表 2-2 所示,化学键的重叠布居数越大,化学键就越稳定,其中 C—H 键的布居数最大,在

0.34～0.36,说明其不易发生断裂;其次是 O—H 键,在 0.23～0.24。C—C 键和 C—O 键的布居数变化较大,C_5—C_6 键的布居数最大,说明该键最难断裂;C_1—O_7 键的布居数最小,说明它最容易断裂,从而使得吡喃环发生开环反应;另外 C_2 和 C_4 原子上的羟基相比于其他碳原子上的羟基更活跃。

表 2-2　吡喃型葡萄糖各键的 Mulliken 重叠布居数

化学键	布居数	化学键	布居数	化学键	布居数
C_1—C_2	0.17	C_2—O_9	0.18	C_5—H_{17}	0.35
C_2—C_3	0.20	C_3—O_{10}	0.21	C_6—H_{18}	0.34
C_3—C_4	0.17	C_4—O_{11}	0.18	C_6—H_{19}	0.36
C_4—C_5	0.17	C_6—O_{12}	0.22	O_8—H_{20}	0.24
C_5—C_6	0.26	C_1—H_{13}	0.36	O_9—H_{21}	0.24
C_5—O_7	0.17	C_2—H_{14}	0.34	O_{10}—H_{22}	0.24
C_1—O_7	0.15	C_3—H_{15}	0.35	O_{11}—H_{23}	0.24
C_1—O_8	0.21	C_4—H_{16}	0.35	O_{12}—H_{24}	0.23

对四条设计的路径进行动力学的计算分析,得到如图 2-27 所示的各个路径的势能剖面图。比较路径 1 和路径 2 发现,同样是脱水反应,生成 3,4-脱水阿卓糖的能垒(336kJ/mol)要明显高于生成左旋葡聚糖的能垒(243kJ/mol)。因此,D-吡喃葡萄糖初始脱水更易于生成左旋葡聚糖。这与实验结果完全一致。Lu 等[87]通过 Py-GC/MS 联用分析发现纤维素热裂解产物中左旋葡聚糖的含量要远高于 3,4-脱水阿卓糖,事实上,后者含量一般极少。路径 3 中,D-吡喃型葡萄糖经历了四次过渡态,生成了三种中间体结构,最后生成 5-羟甲基糠醛。在四个过渡态中,TS_4 需要的能量最高,对应于葡萄糖直链的环化作用,而 TS_3 的能量最低,说明在 5-羟甲基糠醛生成的过程中葡萄糖环的开裂最为容易。在路径 4 中,5-羟甲基糠醛直接发生脱羟甲基作用,经过 TS_7 生成糠醛和甲醛,反应的能垒为 313kJ/mol。5-羟甲基糠醛中 C—H 键的布居数都比较大,在反应过程中较难断裂,但醛基对应的 2 个化学键的布居数较小,相对而言易发生脱羟甲基作用形成糠醛。C_1 上连接的醛基的布居数最高,不易发生断裂。所以 5-羟甲基糠醛在热分解过程中最容易发生脱羟甲基作用生成糠醛。除了以葡萄糖作为纤维素单体外,也有研究者采用脱水葡萄糖作为纤维素的单体模化物进行热裂解模拟计算,Zhang 等[88]以此讨论了左旋葡聚糖和甲醛的生成路径,通过路径能垒的比较确定在低温阶段左旋葡聚糖的形成要易于甲醛的生成。随后 Zhang 等[89]又对左旋葡聚糖的热裂解机理进行了模拟计算,结果表明左旋葡聚糖可以通过 C—O 键断裂生成 1-戊烯-3,4-二酮、乙醛、丙二醛、2,3-二羟基丙醛,而通过 C—C 键断裂则可以生成 1,2-二羟基乙烯和二丙醛,其中 C—O 键断裂的路径反应能垒较低。

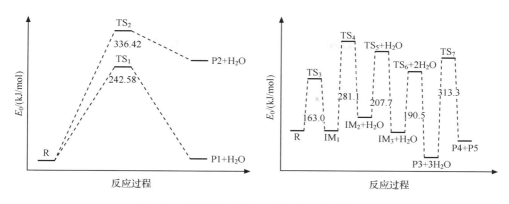

图 2-27　葡萄糖热裂解反应路径的势能剖面图

2.6.2　纤维二糖、纤维三糖热裂解的模拟

纤维二糖是由两分子 β-D-葡萄糖通过 β-1,4-糖苷键连接而成的二糖,是纤维素大分子的基本重复单元。相比于吡喃葡萄糖单体,纤维二糖分子含有分子间的一个糖苷键,因此对其进行热裂解模拟计算可以额外获得分子间的断键信息。黄金保等[90]采用 DFT 理论中的 UB3LYP/6-31G(d)方法,对纤维二糖热裂解反应进行研究。发现两个葡萄糖单元之间连接的糖苷键 Mulliken 重叠布居数最小,最可能发生断裂。进一步对三种可能的反应路径进行动力学模拟计算后发现,纤维二糖最有可能通过协同反应经一个四元环结构的过渡态直接生成一个左旋葡聚糖和一个吡喃葡萄糖,此步反应的能垒为 378kJ/mol。

天然纤维素中,纤维二糖是一个聚合单元,其末端仍连接着其他分子基团,且这个位置活性很强,极易形成氢键,因此在计算中也常采用甲基-纤维二糖代替纤维二糖开展模拟计算[91]。为了更好地研究葡萄糖单元分子间糖苷键的断裂行为,近年来许多学者以纤维三糖或者更多单元的低聚糖为模型化合物进行模拟计算。Zhang 等[92]以纤维三糖为模型进行热裂解的 DFT 计算,发现不同位置的羟基脱水行为存在显著的差别,其中 C_2 位上的羟基最容易发生脱水。

2.6.3　具有周期性结构的纤维素晶体热裂解的模拟

Atalla 和 Vanderhart[93]通过[13]C CP/MAS 固态 NMR 对纤维素晶体进行研究发现,自然界中的纤维素存在 I_α 和 I_β 两种不同的结晶相,分别对应于一个链的三斜单元晶胞和两个链的单斜单元晶胞[94]。斛果的壳子和细菌纤维素中富含 I_α 晶体,在被子植物纤维素中,I_β 晶体占主导地位。近年来,随着量子化学理论的发展和计算机软、硬件的进步,对于原子数目巨大但呈现周期性结构的体系已可以做出较好的模拟。相对于纤维素单体或有限单元聚糖,纤维素大分子晶体模型更具有代表性。

最新的研究成果显示,运用 CPMD(car-parrinello molecular dynamics, CPMD)方法[95]对纤维素晶体的热裂解行为进行模拟具有良好的效果。Mettler 等[73]以 α-环糊精(一种由吡喃葡萄糖分子构成的、具有二维周期性结构的环状低聚糖,可近似认为是片状结构的纤维素分子)为模型,通过 CPMD 软件模拟其热裂解行为,提出了与此前不同的看法,呋喃类产物不是由纤维素热裂解后的吡喃葡萄糖或脱水糖的进一步开环裂解而生成,而是直接来自于纤维素整体的分解,其中糖苷键的均裂和吡喃单元内部的脱水之间的联合作用是整个过程的关键。Agarwal 等[96]同样采用 CPMD 方法,不同的是选取了具有三维周期结构的 I_β 纤维素晶体作为研究对象。重点研究了纤维素裂解初始阶段的解聚、破碎、开环以及环缩等反应。发现在 327℃下,纤维素的环缩反应具有最小的反应能垒(84kJ/mol),即吡喃环缩合成呋喃环在此温度下较容易发生,并进一步发生分子间断链生成呋喃类产物。在 600℃下,纤维素晶体膨胀后的构型对生成 pre-LGA(可进一步生成左旋葡聚糖的前驱体)具有关键作用。

参 考 文 献

[1] Bradbury A G, Sakai Y, Shafizadeh F. A kinetic model for pyrolysis of cellulose[J]. Journal of Applied Polymer Science, 1979, 23(11): 3271-3280.

[2] 李余增. 热分析[M]. 北京: 清华大学出版社, 1987.

[3] Maciel A V, Job A E, da Nova Mussel W, et al. Bio-hydrogen production based on catalytic reforming of volatiles generated by cellulose pyrolysis: An integrated process for ZnO reduction and zinc nanostructures fabrication[J]. Biomass and Bioenergy, 2011, 35(3): 1121-1129.

[4] Biagini E, Barontini F, Tognotti L. Devolatilization of biomass fuels and biomass components studied by TG/FTIR technique[J]. Industrial & Engineering Chemistry Research, 2006, 45(13): 4486-4493.

[5] Lu Q, Xiong W, Li W, et al. Catalytic pyrolysis of cellulose with sulfated metal oxides: A promising method for obtaining high yield of light furan compounds[J]. Bioresource Technology, 2009, 100(20): 4871-4876.

[6] Wu S, Shen D, Hu J, et al. TG-FTIR and Py-GC-MS analysis of a model compound of cellulose-glyceraldehyde[J]. Journal of Analytical and Applied Pyrolysis, 2013, 101: 79-85.

[7] Qu T T, Guo W J, Shen L H, et al. Experimental study of biomass pyrolysis based on three major components: Hemicellulose, cellulose, and lignin[J]. Industrial & Engineering Chemistry Research, 2011, 50(18): 10424-10433.

[8] Patwardhan P R, Satrio J A, Brown R C, et al. Product distribution from fast pyrolysis of glucose-based carbohydrates[J]. Journal of Analytical and Applied Pyrolysis, 2009, 86(2): 323-330.

[9] Mettler M S, Paulsen A D, Vlachos D G, et al. The chain length effect in pyrolysis: Bridging the gap between glucose and cellulose[J]. Green Chemistry, 2012, 14(5): 1284-1288.

[10] Richards G N, Zheng G. Influence of metal ions and of salts on products from pyrolysis of wood: Applications to thermochemical processing of newsprint and biomass[J]. Journal of Analytical and Applied

Pyrolysis, 1991,21(1):133-146.

[11] Mok W S, Antal M J. Effects of pressure on biomass pyrolysis. II. Heats of reaction of cellulose pyrolysis[J]. Thermochimica Acta, 1983,68(2):165-186.

[12] Luo Y, Yu F W, Nie Y, et al. Study on the pyrolysis of cellulose[J]. Kezaisheng Nengyuan/Renewable Energy Resources, 2010,28(1):40-43.

[13] Kojima E, Miao Y, Yoshizaki S. Pyrolysis of cellulose particles in a fluidized bed[J]. Journal of Chemical Engineering of Japan, 1991,24(1):8-14.

[14] Rutkowski P. Pyrolytic behavior of cellulose in presence of montmorillonite K10 as catalyst[J]. Journal of Analytical and Applied Pyrolysis, 2012,198:115-122.

[15] Piskorz J, Radlein D, Scott D S. On the mechanism of the rapid pyrolysis of cellulose[J]. Journal of Analytical and Applied pyrolysis, 1986,9(2):121-137.

[16] Xin S, Yang H, Chen Y, et al. Assessment of pyrolysis polygeneration of biomass based on major components: Product characterization and elucidation of degradation pathways[J]. Fuel, 2013, 113, 266-273.

[17] Lanza R, Dalle Nogare D, Canu P. Gas phase chemistry in cellulose fast pyrolysis[J]. Industrial & Engineering Chemistry Research, 2008,48(3):1391-1399.

[18] Drummond A F, Drummond I W. Pyrolysis of sugar cane bagasse in a wire-mesh reactor[J]. Industrial & Engineering Chemistry Research, 1996,35(4):1263-1268.

[19] Patwardhan P R, Dalluge D L, Shanks B H, et al. Distinguishing primary and secondary reactions of cellulose pyrolysis[J]. Bioresource Technology, 2011,102(8):5265-5269.

[20] Hague R A. Pre-treatment and pyrolysis of biomass for the production of liquids for fuels and speciality chemicals[D]. Birmingham:Aston University, 1998.

[21] 张玉忠, 时东霞. 微晶纤维素超微结构的扫描隧道显微镜研究[J]. 电子显微学报, 1997,16(6): 736-738.

[22] Gravitis J, Vedernikov N, Zandersons J, et al. Furfural and levoglucosan production from deciduous wood and agricultural wastes[C]. ACS Symposium Series. ACS Publications,2001.

[23] Dobele G, Meier D, Faix O, et al. Volatile products of catalytic flash pyrolysis of celluloses[J]. Journal of Analytical and Applied Pyrolysis, 2001,58:453-463.

[24] Dobele G, Rossinskaja G, Telysheva G, et al. Cellulose dehydration and depolymerization reactions during pyrolysis in the presence of phosphoric acid[J]. Journal of Analytical and Applied Pyrolysis, 1999,49(1-2):307-317.

[25] Dobele G, Dizhbite T, Rossinskaja G, et al. Pre-treatment of biomass with phosphoric acid prior to fast pyrolysis:A promising method for obtaining 1, 6-anhydrosaccharides in high yields[J]. Journal of Analytical and Applied Pyrolysis, 2003,68:197-211.

[26] Dobele G, Rossinskaja G, Dizhbite T, et al. Application of catalysts for obtaining 1, 6-anhydrosaccharides from cellulose and wood by fast pyrolysis[J]. Journal of Analytical and Applied Pyrolysis, 2005, 74(1):401-405.

[27] Stiles H N, Kandiyoti R. Secondary reactions of flash pyrolysis tars measured in a fluidized bed pyrolysis reactor with some novel design features[J]. Fuel, 1989,68(3):275-282.

[28] Lanzetta M, Di Blasi C, Buonanno F. An experimental investigation of heat-transfer limitations in the flash pyrolysis of cellulose[J]. Industrial & Engineering Chemistry Research, 1997,36(3):542-552.

[29] Chan W C R, Kelbon M, Krieger-Brockett B. Single-particle biomass pyrolysis: Correlations of reaction products with process conditions[J]. Industrial & Engineering Chemistry Research, 1988,27(12): 2261-2275.

[30] Koufopanos C A, Lucchesi A, Maschio G. Kinetic modelling of the pyrolysis of biomass and biomass components[J]. The Canadian Journal of Chemical Engineering, 1989,67(1):75-84.

[31] Paulsen A D, Mettler M S, Dauenhauer P J. The role of sample dimension and temperature in cellulose pyrolysis[J]. Energy & Fuels, 2013,27(4):2126-2134.

[32] Howard J B. Fundamentals of Coal Pyrolysis and Hydropyrolysis[M]. New York: Wiley, 1981.

[33] Hoekstra E, van Swaaij W P, Kersten S R, et al. Fast pyrolysis in a novel wire-mesh reactor: Decomposition of pine wood and model compounds[J]. Chemical Engineering Journal, 2012,187:172-184.

[34] Pindoria R V, Chatzakis I N, Lim J, et al. Hydropyrolysis of sugar cane bagasse: effect of sample configuration on bio-oil yields and structures from two bench-scale reactors[J]. Fuel, 1999,78(1):55-63.

[35] Fushimi C, Katayama S, Tasaka K, et al. Elucidation of the interaction among cellulose, xylan, and lignin in steam gasification of woody biomass[J]. AIChE Journal, 2009,55(2):529-537.

[36] Fushimi C, Katayama S, Tsutsumi A. Elucidation of interaction among cellulose, lignin and xylan during tar and gas evolution in steam gasification[J]. Journal of Analytical and Applied Pyrolysis, 2009, 86(1):82-89.

[37] Giudicianni P, Cardone G, Ragucci R. Cellulose, hemicellulose and lignin slow steam pyrolysis: Thermal decomposition of biomass components mixtures[J]. Journal of Analytical and Applied Pyrolysis, 2013,100:213-222.

[38] Sagehashi M, Miyasaka N, Shishido H, et al. Superheated steam pyrolysis of biomass elemental components and Sugi (Japanese cedar) for fuels and chemicals[J]. Bioresource Technology, 2006,97(11): 1272-1283.

[39] 刘乃安. 生物质材料热解失重动力学及其分析方法研究[D]. 合肥:中国科学技术大学, 2000.

[40] Reynolds J G, Burnham A K. Pyrolysis decomposition kinetics of cellulose-based materials by constant heating rate micropyrolysis[J]. Energy & Fuels, 1997,11(1):88-97.

[41] Lédé J. Cellulose pyrolysis kinetics: An historical review on the existence and role of intermediate active cellulose[J]. Journal of Analytical and Applied Pyrolysis, 2012,94:17-32.

[42] Varhegyi G, Antal Jr M J, Szekely T, et al. Kinetics of the thermal decomposition of cellulose, hemicellulose, and sugarcane bagasse[J]. Energy & Fuels, 1989,3(3):329-335.

[43] Antal M J J, Varhegyi G. Cellulose pyrolysis kinetics: The current state of knowledge[J]. Industrial & Engineering Chemistry Research, 1995,34(3):703-717.

[44] Broido A, Nelson M A. Char yield on pyrolysis of cellulose[J]. Combustion and Flame, 1975,24:263-268.

[45] Milosavljevic I, Suuberg E M. Cellulose thermal decomposition kinetics: Global mass loss kinetics[J]. Industrial & Engineering Chemistry Research, 1995,34(4):1081-1091.

[46] Antal Jr M J, Friedman H L, Rogers F E. Kinetics of cellulose pyrolysis in nitrogen and steam[J]. Combustion Science and Technology, 1980,21(3-4):141-152.

[47] Mok W S, Antal M J. Effects of pressure on biomass pyrolysis. I. Cellulose pyrolysis products[J]. Thermochimica Acta, 1983,68(2):155-164.

[48] Piskorz J, Majerski P, Radlein D, et al. Flash pyrolysis of cellulose for production of anhydro-oligomers

[J]. Journal of Analytical and Applied Pyrolysis, 2000,56(2):145-166.

[49] Di Blasi C. Modeling chemical and physical processes of wood and biomass pyrolysis[J]. Progress in Energy and Combustion Science, 2008,34(1):47-90.

[50] Piskorz J, Radlein D S A, Scott D S, et al. Liquid Products from the Fast Pyrolysis of Wood and Cellulose[M]. Berlin:Springer, 1988:557-571.

[51] Scott G. Atmospheric Oxidation and Antioxidants[M]. Amsterdam:Elsevier,1965.

[52] Miller R S, Bellan J. A generalized biomass pyrolysis model based on superimposed cellulose, hemicellulose and liqnin kinetics[J]. Combustion Science and Technology, 1997,126(1-6):97-137.

[53] Janse A, Westerhout R, Prins W. Modelling of flash pyrolysis of a single wood particle[J]. Chemical Engineering and Processing: Process Intensification, 2000,39(3):239-252.

[54] Hashimoto K, Miura K, Watanabe T. Kinetics of thermal regeneration reaction of activated carbons used in waste water treatment[J]. AIChE Journal, 1982,28(5):737-746.

[55] Liu X, Li B, Miura K. Analysis of pyrolysis and gasification reactions of hydrothermally and supercritically upgraded low-rank coal by using a new distributed activation energy model[J]. Fuel Processing Technology, 2001,69(1):1-12.

[56] Miura K. A new and simple method to estimate $f(E)$ and $k_0(E)$ in the distributed activation energy model from three sets of experimental data[J]. Energy & Fuels, 1995,9(2):302-307.

[57] Miura K, Maki T. A simple method for estimating $f(E)$ and $k_0(E)$ in the distributed activation energy model[J]. Energy & Fuels, 1998,12(5):864-869.

[58] Solomon P R, Hamblen D G, Carangelo R M, et al. General model of coal devolatilization[J]. Energy & Fuels, 1988, 2(4): 405-422.

[59] Wang G, Li W, Li B, et al. TG study on pyrolysis of biomass and its three components under syngas [J]. Fuel, 2008,87(4):552-558.

[60] Demirbaş A. Mechanisms of liquefaction and pyrolysis reactions of biomass[J]. Energy Conversion and Management, 2000,41(6):633-646.

[61] Boutin O, Ferrer M, Lédé J. Radiant flash pyrolysis of cellulose——Evidence for the formation of short life time intermediate liquid species[J]. Journal of Analytical and Applied Pyrolysis, 1998,47(1): 13-31.

[62] Boutin O, Ferrer M, Lédé J. Flash pyrolysis of cellulose pellets submitted to a concentrated radiation: Experiments and modelling[J]. Chemical Engineering Science, 2002,57(1):15-25.

[63] Fahey P J. Insights from glucose pyrolysis for cellulose pyrolysis[C]. 2012 AIChE Annual Meeting, Pissttsburgh,2012.

[64] Zhu Y, Zajicek J, Serianni A S. Acyclic forms of [1-¹³C] aldohexoses in aqueous solution: Quantitation by ¹³C NMR and deuterium isotope effects on tautomeric equilibria[J]. The Journal of Organic Chemistry, 2001,66(19):6244-6251.

[65] Kwon G J, Kim D Y, Kimura S, et al. Rapid-cooling, continuous-feed pyrolyzer for biomass processing: Preparation of levoglucosan from cellulose and starch[J]. Journal of Analytical and Applied Pyrolysis, 2007, 80(1): 1-5.

[66] Ivanov V I, Golova O P, Pakhomov A M. Main direction of reaction in the thermal decomposition of cellulose in a vacuum[J]. Russian Chemical Bulletin, 1956,5(10):1295-1296.

[67] Kislitsyn A N, Rodionova Z M, Savinykh V I. Thermal decomposition of monophenylglycol ether[J].

Khim Drev，1971,9：131-136.

[68] Ponder G R，Richards G N，Stevenson T T. Influence of linkage position and orientation in pyrolysis of polysaccharides：A study of several glucans[J]. Journal of Analytical and Applied Pyrolysis，1992，22(3)：217-229.

[69] Mamleev V，Bourbigot S，Le Bras M，et al. The facts and hypotheses relating to the phenomenological model of cellulose pyrolysis：Interdependence of the steps[J]. Journal of Analytical and Applied Pyrolysis，2009,84(1)：1-17.

[70] Kawamoto H，Murayama M，Saka S. Pyrolysis behavior of levoglucosan as an intermediate in cellulose pyrolysis：Polymerization into polysaccharide as a key reaction to carbonized product formation[J]. Journal of Wood Science，2003,49(5)：469-473.

[71] Kato K. Pyrolysis of Cellulose Part Ⅲ. Comparative studies of the volatile compounds from pyrolysates of cellulose and its related compounds[J]. Agricultural and Biological Chemistry，1967,31：657-663.

[72] Shen D K，Gu S. The mechanism for thermal decomposition of cellulose and its main products[J]. Bioresource Technology，2009,100(24)：6496-6504.

[73] Mettler M S，Mushrif S H，Paulsen A D，et al. Revealing pyrolysis chemistry for biofuels production：Conversion of cellulose to furans and small oxygenates[J]. Energy & Environmental Science，2012，5(1)：5414-5424.

[74] Shin E，Nimlos M R，Evans R J. Kinetic analysis of the gas-phase pyrolysis of carbohydrates[J]. Fuel，2001,80(12)：1697-1709.

[75] Richards G N. Glycolaldehyde from pyrolysis of cellulose[J]. Journal of Analytical and Applied Pyrolysis，1987,10(3)：251-255.

[76] Shafizadeh F，Lai Y Z. Thermal degradation of 1,6-anhydro-β-D-glucopyranose[J]. Journal of Organic Chemistry，1972,37(2)：278-284.

[77] Piskorz J，Radlein D，Scott D S. On the mechanism of the rapid pyrolysis of cellulose[J]. Journal of Analytical and Applied pyrolysis，1986,9(2)：121-137.

[78] Paine III J B，Pithawalla Y B，Naworal J D. Carbohydrate pyrolysis mechanisms from isotopic labeling：Part 3. The Pyrolysis of d-glucose：Formation of C_3 and C_4 carbonyl compounds and a cyclopentenedione isomer by electrocyclic fragmentation mechanisms[J]. Journal of Analytical and Applied Pyrolysis，2008,82(1)：42-69.

[79] Banyasz J L，Li S，Lyons-Hart J L，et al. Cellulose pyrolysis：The kinetics of hydroxyacetaldehyde evolution[J]. Journal of Analytical and Applied Pyrolysis，2001,57(2)：223-248.

[80] Yang H，Yan R，Chen H，et al. Characteristics of hemicellulose，cellulose and lignin pyrolysis[J]. Fuel，2007,86(12)：1781-1788.

[81] 徐光宪，黎乐民. 量子化学[M]. 北京：科学出版社，2008.

[82] Orozco A，Ahmad M，Rooney D，et al. Dilute acid hydrolysis of cellulose and cellulosic bio-waste using a microwave reactor system[J]. Process Safety and Environmental Protection，2007,85(5)：446-449.

[83] Evans R J，Milne T A，Soltys M N，et al. Mass spectrometric behavior of levoglucosan under different ionization conditions and implications for studies of cellulose pyrolysis[J]. Journal of Analytical and Applied Pyrolysis，1984,6(3)：273-283.

[84] Huang J B，Chao L，Shunan W. Thermodynamic studies of pyrolysis mechanism of cellulose monomer [J]. Acta Chimica Sinica，2009,67(18)：2081-2086.

[85] Huang J B, Liu C, Wei S, et al. Density functional theory studies on pyrolysis mechanism of β-d-gluco-pyranose[J]. Journal of Molecular Structure: Theochem, 2010,958(1):64-70.

[86] Mulliken R S. Electronic population analysis on LCAO [Single Bond] MO molecular wave functions. I [J]. The Journal of Chemical Physics, 1955,23:1833.

[87] Lu Q, Yang X, Dong C, et al. Influence of pyrolysis temperature and time on the cellulose fast pyrolysis products: Analytical Py-GC/MS study[J]. Journal of Analytical and Applied Pyrolysis, 2011, 92(2):430-438.

[88] Zhang X, Li J, Yang W, et al. Formation mechanism of levoglucosan and formaldehyde during cellulose pyrolysis[J]. Energy & Fuels, 2011,25(8):3739-3746.

[89] Zhang X, Yang W, Blasiak W. Thermal decomposition mechanism of levoglucosan during cellulose pyrolysis[J]. Journal of Analytical and Applied Pyrolysis, 2012,96:110-119.

[90] 黄金保,刘朝,魏顺安,等. 纤维素热解形成左旋葡聚糖机理的理论研究[J]. 燃料化学学报,2011, 39(8):590-594.

[91] Mayes H B, Broadbelt L J. Unraveling the reactions that unravel cellulose[J]. The Journal of Physical Chemistry A, 2012,116(26):7098-7106.

[92] Zhang M, Geng Z, Yu Y. Density functional theory (DFT) study on the dehydration of cellulose[J]. Energy & Fuels, 2011,25(6):2664-2670.

[93] Atalla R H, Vanderhart D L. Native cellulose:A composite of two distinct crystalline forms[J]. Science, 1984,223(4633):283-285.

[94] 张克从. 近代晶体学[M]. 北京:科学出版社,2011.

[95] Car R, Parrinello M. Unified approach for molecular dynamics and density-functional theory[J]. Physical Review Letters, 1985,55(22):2471-2474.

[96] Agarwal V, Dauenhauer P J, Huber G W, et al. Ab Initio dynamics of cellulose pyrolysis: Nascent decomposition pathways at 327℃ and 600℃ [J]. Journal of the American Chemical Society, 2012, 134(36):14958-14972.

本 章 附 表

附表 2-1　纤维素在典型工况下的主要热裂解产物

RT/min	化合物	分子式	相对含量/%
1.45	二氧化碳	CO_2	5.52
1.77	乙醛	C_2H_4O	4.19
2.22	呋喃	C_4H_4O	0.57
3.17	3-丁烯-2-酮	C_4H_6O	3.66
3.44	2,3-丁二酮	$C_4H_6O_2$	2.35
6.76	3-甲基呋喃	C_5H_6O	0.39
8.20	1-羟基-2-丙酮	$C_3H_6O_2$	3.60
9.14	2-环戊烯-1-酮	C_5H_6O	0.47
10.23	3-糠醛	$C_5H_4O_2$	1.38
10.55	乙酸	$C_2H_4O_2$	2.12
10.71	丙酸甲酯	$C_4H_6O_3$	0.78
10.84	糠醛(FF)	$C_5H_4O_2$	15.91
10.93	2(5H)-呋喃酮	$C_4H_4O_2$	1.80
11.46	呋喃甲基酮	$C_6H_6O_2$	2.84
11.93	丙酸	$C_3H_6O_2$	1.39
12.51	5-甲基糠醛	$C_6H_6O_2$	1.64
13.75	糠醇	$C_5H_6O_2$	1.28
15.37	1,2-环戊烯二酮	$C_5H_6O_2$	2.86
16.15	2-羟基-3-甲基-2-环戊烯-1-酮	$C_6H_8O_2$	1.09
16.46	二氢-4-羟基-2(3H)-呋喃酮	$C_4H_6O_3$	2.53
18.00	麦芽醇	$C_6H_6O_3$	0.84
18.40	左旋葡聚糖酮(LGO)	$C_6H_6O_3$	8.71
21.71	3,5-二羟基-甲基-4H-吡喃酮(PGO)	$C_6H_8O_4$	3.52
23.17	双脱水吡喃糖(DGP)	$C_6H_8O_4$	2.53
24.23	5-羟甲基糠醛(HMF)	$C_6H_6O_3$	6.41
42.91	左旋葡聚糖(LG)	$C_6H_{10}O_5$	4.52

附表 2-2　纤维二糖在典型工况下的主要热裂解产物

RT/min	化合物	分子式	相对含量/%
1.45	二氧化碳	CO_2	3.19
1.77	乙醛	C_2H_4O	1.96
2.22	呋喃	C_4H_4O	0.93
3.23	2,5-二甲基呋喃	C_6H_8O	1.00
3.44	2,3-丁二酮	$C_4H_6O_2$	0.59
8.20	1-羟基-2-丙酮	$C_3H_6O_2$	1.68
9.14	2-环戊烯-1-酮	C_5H_6O	0.30
10.55	乙酸	$C_2H_4O_2$	2.91
10.71	丙酸甲酯	$C_4H_6O_3$	0.26
10.84	糠醛(FF)	$C_5H_4O_2$	30.97
10.93	2(5H)-呋喃酮	$C_4H_4O_2$	2.06
11.46	呋喃甲基酮	$C_6H_6O_2$	1.56
11.93	丙酸	$C_3H_6O_2$	1.00
12.51	5-甲基糠醛	$C_6H_6O_2$	2.71
13.75	糠醇	$C_5H_6O_2$	1.54
15.37	1,2-环戊烯二酮	$C_5H_6O_2$	2.22
16.15	2-羟基-3-甲基-2-环戊烯-1-酮	$C_6H_8O_2$	0.83
16.46	二氢-4-羟基-2(3H)-呋喃酮	$C_4H_6O_3$	3.02
18.00	麦芽醇	$C_6H_6O_3$	0.51
18.40	左旋葡聚糖酮	$C_6H_6O_3$	2.76
20.82	5-乙酰氧基甲基-2-糠醛	$C_8H_8O_4$	1.51
21.71	3,5-二羟基-甲基-4H-吡喃酮	$C_6H_8O_4$	2.62
23.17	双脱水吡喃糖	$C_6H_8O_4$	1.73
24.23	5-羟甲基糠醛	$C_6H_6O_3$	19.35
42.91	左旋葡聚糖	$C_6H_{10}O_5$	1.32

附表 2-3 葡萄糖在典型工况下的主要热裂解产物

RT/min	化合物	分子式	相对含量/%
1.45	二氧化碳	CO_2	5.08
1.77	乙醛	C_2H_4O	3.99
2.22	呋喃	C_4H_4O	1.74
3.17	3-丁烯-2-酮	C_4H_6O	1.53
3.23	2,5-二甲基呋喃	C_6H_8O	0.59
3.44	2,3-丁二酮	$C_4H_6O_2$	1.19
4.61	乙烯基呋喃	C_6H_6O	0.58
6.76	3-甲基呋喃	C_5H_6O	0.35
8.20	1-羟基-2-丙酮	$C_3H_6O_2$	1.83
9.14	2-环戊烯-1-酮	C_5H_6O	0.72
10.55	乙酸	$C_2H_4O_2$	2.18
10.84	糠醛(FF)	$C_5H_4O_2$	31.73
10.93	2(5H)-呋喃酮	$C_4H_4O_2$	1.64
11.46	呋喃甲基酮	$C_6H_6O_2$	2.08
11.93	丙酸	$C_3H_6O_2$	1.23
12.51	5-甲基糠醛	$C_6H_6O_2$	2.43
13.24	丁酸	$C_4H_8O_2$	0.25
13.75	糠醇	$C_5H_6O_2$	0.92
15.37	1,2-环戊烯二酮	$C_5H_6O_2$	1.37
16.15	2-羟基-3-甲基-2-环戊烯-1-酮	$C_6H_8O_2$	0.76
16.46	二氢-4-羟基-2(3H)-呋喃酮	$C_4H_6O_3$	3.36
18.19	2,5-二酰基呋喃	$C_6H_4O_3$	0.45
18.40	左旋葡聚糖酮	$C_6H_6O_3$	2.80
21.71	3,5-二羟基-甲基-4H-吡喃酮	$C_6H_8O_4$	1.06
23.17	双脱水吡喃糖	$C_6H_8O_4$	2.11
24.23	5-羟甲基糠醛	$C_6H_6O_3$	13.34
42.91	左旋葡聚糖	$C_6H_{10}O_5$	1.22

附表 2-4　TRS 温度对生物油主要成分的影响

RT/min	化合物	相对含量/%		
		610℃ 700L/h	790℃ 700L/h	610℃ 50L/h
2.19	正己烷	0.18	1.10	0.33
2.35	乙醛	0.10	0.56	0.37
2.74	丙酮	4.19	5.13	5.57
5.67	甲苯		0.35	0.32
7.29	2-丙烯醇	0.19	0.14	1.64
10.17	2,5-二乙氧基四氢呋喃	0.38	0.55	1.34
10.56	3-羟基-2-丁酮	0.24	0.43	1.49
10.78	1-羟基-2-丙酮	1.66	3.21	3.13
11.18	丙醛二乙基乙缩醛	0.82	0.77	1.36
13.06	乙醇醛	6.17	10.26	11.71
13.26	糠醛	0.47	0.58	0.81
15.65	2-糠醇	0.24	0.36	0.43
17.05	2-羟基-2-环戊烯-1-酮	0.60	0.98	1.28
17.55	1,3-二丁烯酸	0.20	0.32	0.35
17.7	2-羟基-3-甲基-2-环戊烯-1-酮	0.15	0.58	0.44
17.88	二氢-4-羟基-2(3H)-呋喃酮	0.38	0.42	0.62
18.06	2,5-二甲基-4H-3(2H)-呋喃酮	0.41	0.27	0.44
19.36	2-甲基-3-羟基-γ-吡喃酮	0.22	0.42	0.29
19.52	2,2-二乙氧基丙酸乙酯	0.61	1.16	0.85
19.67	3-糠醛酸甲酯	0.55	0.70	0.49
20.15	甲酚		0.33	0.42
22.05	5-2-丙炔醚-2-戊醇	1.44	1.15	1.01
22.28	2,3-脱水 d-甘露糖	0.33	0.85	1.59
23.28	邻苯二甲酸二甲酯	2.12	0.61	1.26
23.37	双脱水吡喃糖	0.25	0.70	
24.13	脱水 d-甘露糖	2.21	1.38	3.02
24.32	5-羟甲基糠醛	1.81	3.27	1.80
24.73	1,2,5-环戊三醇	0.25		0.18
24.84	1,4-二羟基-2-丁烯酮	0.44	0.41	0.23
25.56	5-羟甲基二氢呋喃-2-酮	0.09		0.10
29.92	1,6 脱水-b-呋喃糖	0.40	0.68	0.23
34.68	3,4-脱水阿卓糖	0.26		
42.07	左旋葡聚糖	71.87	61.17	53.03

第 3 章　半纤维素热裂解

3.1　半纤维素热裂解基本过程

半纤维素的化学结构随生物质种类的不同而不同,支链错综复杂且受热易分解,属于无定形结构。在生物质三大组分之中,由于较低的聚合度,半纤维素的热裂解温度最低,一般在接近 200℃时就开始分解,产生的挥发分在较窄的温度区间 (200～400℃)内快速析出。相比于纤维素,半纤维素生成较多的气体产物,较少的液体产物,且产物种类多样。气体产物主要包括 H_2、CO、CO_2、CH_4 及 C_nH_m 等;液体产物主要为 1-羟基-2-丙酮、乙酸、糠醛、甲酸、丙酸、5-甲基糠醛、左旋葡聚糖酮和少量的环戊烯酮类物质等,其中乙酸和糠醛被认为是半纤维素热裂解的典型产物。不同生物质中半纤维素的结构和含量存在很大的差异,且较难从生物质中完好的提取出来,因此通常采用多种模化物开展半纤维素热裂解机理的研究。

3.1.1　基本糖结构单元的热裂解

木糖、甘露糖、半乳糖和阿拉伯糖是半纤维素的典型基本结构单元,其中甘露糖和半乳糖是六碳糖,而木糖和阿拉伯糖是五碳糖。甘露糖、半乳糖和阿拉伯糖以及富含木糖单元的木聚糖的红外压片分析结果如图 3-1 所示,其中 3600～3200cm^{-1}对应于 O—H 强振动,1320～1210cm^{-1}对应于 C—O 强振动,1725～1705cm^{-1}对应于 C=O 中等伸缩振动,1150～1070cm^{-1}对应于 C—O—C 连接的强伸缩振动;3000～2800cm^{-1}对应环戊烷的不对称收缩。从以上特征峰的归属可以看出,甘露糖和半乳糖谱图中的析出峰相近,而阿拉伯糖与二者差距稍大,其上含有的析出峰的数量较少,强度也较弱。甘露糖和半乳糖属于同分异构体,在谱图上也存在一定的区别。木聚糖区别于其他糖的特征是 2250cm^{-1}处较弱的 O-乙酰基(O-Ac)反对称伸缩振动。

通过对甘露糖、半乳糖和阿拉伯糖三种基本糖结构单元的热重研究,发现其失重规律基本一致,图 3-2 显示出了甘露糖热裂解过程的 TG/DTG 曲线。甘露糖主要在 175～525℃发生热分解,200℃之前发生结晶水的析出,失重量极小;随着温度的升高,在 230℃左右出现一个由分子内部结构脱水而生成的化学水析出。当温度达到约 300℃时失重速率最大,此时甘露糖发生彻底裂解,随糖环上 C—O 键和 C—C 键断裂,生成多种挥发分和小分子气体产物,如 CO、CO_2 和 H_2O 等[1]。

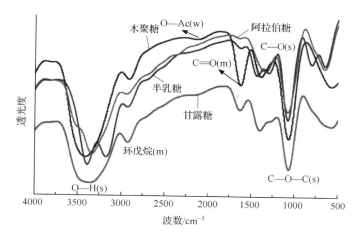

图 3-1 甘露糖、半乳糖、阿拉伯糖和木聚糖的红外谱图（文后附彩图）

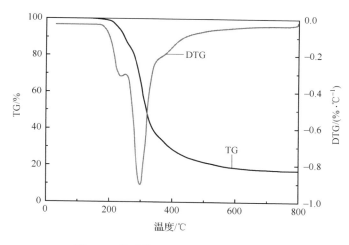

图 3-2 甘露糖热裂解的 TG/DTG 曲线

当温度高于 500℃后,失重缓慢,对应于焦炭的生成,其最终产率约为 20%。

基于 Py-GC/MS 研究发现,甘露糖、半乳糖和阿拉伯糖热裂解生成的挥发分组成也基本相同,均包含酸、醛、酮、醇和糖酐类物质,如附表 3-1 所示。酸类主要包含乙酸、甲酸和丙酸,半乳糖热裂解生成的酸类物质总含量最高;醛类物质主要是糠醛和乙醛,阿拉伯糖热裂解生成的醛类物质总含量最高;酮类物质种类复杂,包括 1-羟基-2-丙酮、呋喃酮、环戊烯酮以及少量的左旋葡聚糖酮等。综合比较发现产物中糠醛和 5-羟甲基糠醛的含量最高,是三种单糖的典型热裂解产物。除此之外,由于这些单糖提取过程中不可避免地引入了纤维素和木质素的交联结构,产物中还存在少量的苯酚和含吡喃环的物质。Shafizadeh[2]等对 D-木糖低聚物进行热裂解研究发现,随温度升高,木糖间糖苷键先发生断裂,随后进一步发生降解反应。Räisänen 等[3]通过 Py-GC/MS 实验对五碳糖(阿拉伯糖、木糖)和六碳糖(甘露糖)等进行研究时也发现这三种单糖的热裂解产物可分为呋喃类、吡喃类、环戊烷类、环己烷类、脱水糖类和饱和脂肪酸类物质,其中甘露糖热裂解时获得的产物种类最丰富,而阿拉伯糖和木糖的热裂解产物种类基本一致且以小分子产物居多,这些小分子产物主要来源于反应中生成的大分子物质的二次分解。Gardiner[4]在真空环境下对甘露糖和半乳糖进行热裂解发现,甘露糖的热裂解产物主要是 1,6-脱水-β-D-吡喃甘露糖和 1,4:3,6-双脱水-D-吡喃甘露糖,半乳糖的热裂解产物主要是 1,6-脱水-β-D-吡喃半乳糖、5-羟甲基糠醛等。

3.1.2　木聚糖等聚糖模化物的热裂解

　　木聚糖的热失重曲线如图 3-3 所示,木聚糖热裂解温度较低且发生在一个较窄的温度区间,DTG 曲线显示出了由初始阶段自由水蒸发引起的小失重峰和主要热裂解阶段的单一失重峰。木聚糖热裂解经历了自由水和化学水脱除、主要结构分解及焦炭生成阶段,析出产物包括水、CO、CO_2、直链烃类、醛、酸、醇、酮等物质,这与基本结构单元分解形成的产物种类基本类似。Yang 等[5,6]也观察到类似的木聚糖热裂解行为,主要热裂解区间为 220~315℃,且表现为单一失重峰,最终残炭约为 20%。Biagini 等[7]的木聚糖 TG-FTIR 实验结果则表明木聚糖的主要热裂解区间在 253~308℃,在这区间析出的挥发分占总挥发分的 76.3%,并且发现这个阶段生成的主要产物为 CO、CO_2、甲醇、甲酸。Šimkovic 等[8]和 Jensen 等[9]则观察到木聚糖在主热解区间存在两个重叠的失重峰,这可能与所使用的木聚糖的结构存在差异有关。Šimkovic 等[8]在第一个失重峰主要检测到甲醇、水、二氧化

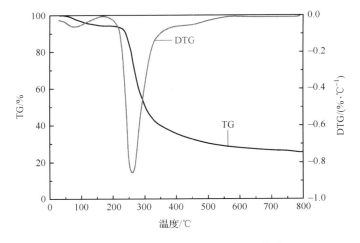

图 3-3　木聚糖热裂解的 TG/DTG 曲线

碳、甲酰基和糠醛,而第二个失重峰则新出现甲酸、甲醛、乙酸、丙酮、丙烯醛、3-羟基-2-戊烯基-1,5-内酯等物质,表明第二个失重峰对应多糖结构的剧烈分解并伴随一系列的脱水、脱羰和脱羧反应。Beaumont 等[10]针对木聚糖的热裂解也发现类似的产物分布,包括醇类、酸类、醛类和酮类等物质。

研究表明,木聚糖热裂解大部分产物的生成都发生在热失重速率最大的区间,说明木聚糖热裂解产物的析出过程单一,其中水分的析出主要发生在热裂解初期,包括自由水蒸发和部分羟基的脱水,而醇、醛、酸、酮四大类含氧有机化合物在木聚糖热失重速率最大时刻析出最强,并伴随 CO 和 CO_2 的大量生成。随着反应温度的升高,醇、醛、酸、酮等有机物会发生二次分解,进一步生成小分子气体产物,如在主分解阶段之后的甲烷生成。另外,CO 的生成主要与木聚糖的一次热裂解和高温下有机大分子物质的二次分解有关。因此,后期甲烷和 CO 的生成可作为判断二次分解进行的依据。

基于 Py-GC/MS 的木聚糖热裂解研究可确定不同产物的分布情况。木聚糖热裂解产物包含了醇、醛、酸、酮和糖酐等几大类物质,具体为 1-羟基-2-丙酮、乙酸、糠醛、甲酸、丙酸、5-甲基糠醛、左旋葡聚糖酮和少量的环戊烯酮类物质等,如附表 3-2 所示。乙酸和糠醛被认为是半纤维素热裂解的典型产物,产物峰面积所占份额分别达到 20.11% 和 20.24%。Nowakowski 等[11,12]在 Py-GC/MS 上开展的木聚糖热裂解研究也发现 1-羟基-2-丁酮、乙酸、糠醛、3-甲基-2-羟基-2-环戊烯-1-酮等为主要产物,其中乙酸和糠醛的含量也都较高。酸类物质主要包括甲酸、乙酸和丙酸,总含量占 29.87%;醛类物质主要是糠醛类物质和少量的乙醇醛,总含量达到了 32.44%。酮类物质则是以 1-羟基-2-丙酮为代表的直链酮类物质,以及呋喃酮和环戊烯酮,其对应的含量分别为 4.91%、4.98% 和 3.04%;此外,还包括少量的带有吡喃环结构的左旋葡聚糖酮和吡喃酮,这部分总含量为 6.20%。

Hosoya 等[13]从日本松木中提取葡甘露聚糖,检测其含有 16.5% 的葡萄糖、68.1% 的甘露糖、4.7% 的半乳糖、6.4% 的木聚糖和少量的阿拉伯糖。随后对其进行热裂解实验,得到 41.3% 的生物油(不含水)。生物油的主要成分包括 C_2—C_3 含羰基物质(如乙醇醛、1-羟基-2-丙酮)、羧酸物质(如甲酸、乙酸、乙二酸)、脱水糖(左旋葡聚糖、1,6-脱水-β-D-吡喃葡萄糖)、呋喃类物质(如糠醛、5-羟甲基糠醛等)。

Aho 等[14]在流化床反应器中对半乳葡甘露聚糖进行热裂解实验,得到了 12.1% 的生物油(不含水)和 31.2% 的焦炭。生物油的主要成分同样包括酸、醇、醛、酮和糖酐等几大类物质,具体有乙酸、糠醇、糠醛、1-羟基-2-丙酮、1-乙酰氧基-2-丙酮、1,2-苯二酚和左旋葡聚糖等,其中乙酸的含量最高,主要来自甘露糖单元上的 O-乙酰基的脱除。CO 和 CO_2 是半乳葡甘露聚糖热裂解的主要气体产物,CO_2 在 200℃ 开始生成,随后逐渐增加到 320℃ 达到最大值,而 CO 在 250℃ 开始析出并快速增加,在 300℃ 达到最大值。

3.1.3　提取半纤维素的热裂解

对采用抽提法获得的全纤维素进行分离可提取半纤维素。Xiao 等[15]对玉米茎、麦秆和稻秆提取的半纤维素进行分析发现,玉米茎和麦秆半纤维素主要含葡萄糖阿拉伯木聚糖,稻秆半纤维素则主要含 α-D-葡聚糖和 L-阿拉伯糖-(4-O-甲基-D-葡萄糖醛酸)-D-木聚糖,这三种提取半纤维素在热重实验上的主要失重区间都在200~300℃。余紫苹等[16]对毛竹中提取的水溶性半纤维素和碱溶性半纤维素进行了热重实验,结果表明碱溶性半纤维素因含较多木质素而热稳定性较好,热裂解残炭较多,说明半纤维素提取工艺对其热裂解特性影响较大。彭云云等[17]对从蔗渣中提取的半纤维素进行成分测定时发现木糖的含量最高,其次为阿拉伯糖和葡萄糖,此外还含有少量的半乳糖、葡萄糖醛酸和半乳糖醛酸。蔗渣半纤维素的热失重过程与木聚糖的热失重过程较为相似,也可分为脱水阶段、热裂解初期、热裂解主体和炭化阶段。随着温度的升高,乙酸、1-羟基-2-丙酮、1-羟基-2-丁酮、糠醛和环戊烯酮类等产物逐渐生成,继而这些大分子物质又可分解为水、CO、CO_2 和 CH_4 等小分子气体。在较低温度时,CO 和 CO_2 的含量较高,当温度上升时,CH_4 和 H_2 的含量则明显增加[18]。最后的炭化阶段发生在 400℃以后,失重趋于平缓,焦炭的产率约为 20%[19]。玉米秆提取半纤维素的热裂解过程也表现出一致的趋势,气体产物除了 H_2、CO、CO_2、CH_4 之外,还有少量的 C_2H_4 和 C_2H_6,液体产物主要含一系列含氧化合物,如酮类、呋喃类、羧酸类和醇类物质[20-22]。

3.1.4　木聚糖与半纤维素基本糖结构单元的热裂解对比

选取木聚糖、甘露糖、半乳糖和阿拉伯糖为模化物,用以对比糖苷键、木聚糖侧链以及六碳糖和五碳糖间的热裂解行为差异。如图 3-4 所示,4 条曲线显示出类似的变化规律。主要的失重过程约从 200℃开始,并在 250~350℃内达到最大失重速率,之后逐渐降低,并在 500℃后趋于平缓。其中木聚糖获得了最高的焦炭产率(26.5%),这可能是由于木聚糖丰富的侧链结构发生断裂生成多种大分子自由基,随后,这些自由基随机聚合生成焦炭。同时,五碳糖的焦炭产率(阿拉伯糖,19.2%)高于六碳糖(甘露糖,17.3%;半乳糖,17.8%),原因可能有两个:一是六碳糖比五碳糖多一个羟甲基,这一官能团容易以小分子甲醛形式析出,使得剩余物百分比降低;二是六碳糖多出的一个自由羟基可以起到稳定大分子自由基的作用,防止它们互相聚合生成焦炭[23]。

在典型产物的析出过程中(图 3-5),水分的析出主要集中在 200~450℃;100℃以下的水分析出主要来自于物理水的蒸发;三种单糖在 250℃析出的水分主要来自于糖单元间的脱水聚合;而主要阶段的水分析出则是来自于丰富的羟基脱水;500℃以后的微弱水分来自于热裂解产物的进一步降解和脱水聚合。

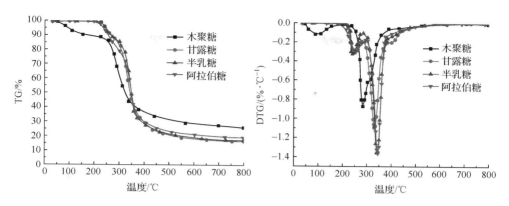

图 3-4　半纤维素不同模化物热裂解的 TG/DTG 曲线

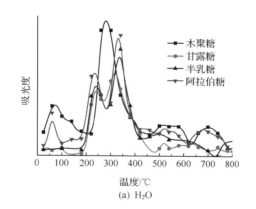

(a) H_2O

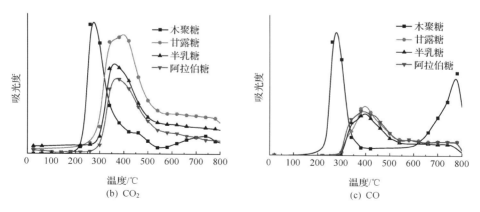

(b) CO_2　　　　　　　　　　　　　(c) CO

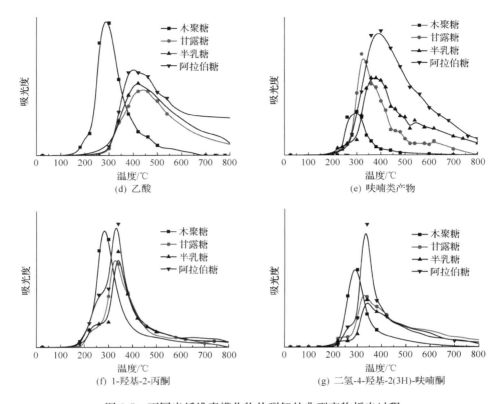

图 3-5　不同半纤维素模化物热裂解的典型产物析出过程

对于木聚糖，CO_2 析出主要起始于 200℃，而单糖则为 300℃。通常认为，木聚糖结构中丰富的醛酸单元上的羧基是 CO_2 的主要来源[23]。而对于单糖，CO_2 则可能来源于高温下开环产物的进一步裂解。对于 CO，单糖的析出规律几乎相同，可能来自于开环产物中 C=O 官能团的断裂。木聚糖有两个 CO 析出峰，第一个析出峰可能与开环产物中 C=O 官能团的断裂有关，第二个析出峰则来自于高温下醛类化合物的进一步裂解[24]。

对于木聚糖，乙酸的生成主要来源于 O-乙酰基侧链的断裂，该过程较容易发生。对于单糖，乙酸的生成则需要经过复杂的开环和断链过程，因此析出温度较高。对于半纤维素的另一主要产物——呋喃类（糠醛和 5-羟甲基糠醛），单糖拥有更高的产量，说明呋喃类产物主要来自于糖单元的裂解。其中五碳糖倾向于生成糠醛，六碳糖倾向于生成 5-羟甲基糠醛[25]。

对于半纤维素热裂解产物中的两种典型酮类，1-羟基-2-丙酮和二氢-4-羟基-2(3H)-呋喃酮，六碳糖（甘露糖和半乳糖）之间的析出曲线非常一致，且产率均低于阿拉伯糖和木聚糖（可视为五碳糖结构），可能的原因在于六碳糖在生成这两种酮类化合物的时候需要经历一个脱羟基的过程,该过程可能需要克服较高的能垒。

3.2　不同因素对半纤维素热裂解行为的影响

3.2.1　反应温度的影响

　　与纤维素热裂解的影响因素类似,温度也是影响半纤维素热裂解行为的关键因素。图 3-6 为木聚糖在红外辐射加热实验装置上不同温度下快速热裂解的产物分布。随着温度的升高,热裂解程度逐渐加强,可冷凝挥发分的析出使焦油产率逐步上升,其最大值约为 44%,之后随着温度的升高,焦油中稳定性相对较差的组分发生进一步分解生成小分子气体,从而导致焦油产率的降低和小分子气体产量的增加。焦炭的产率则随着温度的升高而降低,其中 600~735℃ 焦炭产量降低较明显,之后产率保持在 22% 左右,这个结果也与前述 TG 和 Py 的结果相吻合。通过对收集得到的液体产物进行 GC/MS 分析,发现焦油主要由酸类、醛类、酮类和吡喃类物质组成,其中醛类和酮类物质对温度较为敏感。小分子气体产物中,CO 和 CO_2 的含量占据了气体总量的 90% 以上,且在整个区间内,CO_2 的产量明显高于CO。总的来说,小分子量的产物会随着温度的升高和二次裂解反应的增强而增多,而焦炭则呈现相反的趋势[26]。

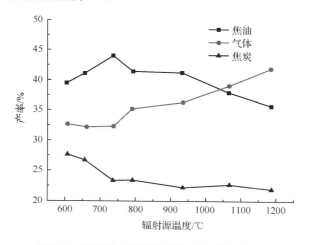

图 3-6　温度对木聚糖热裂解产物分布的影响

　　刘军利等[27]采用 CP-GC/MS(居里点裂解仪-色谱/质谱联用)研究了温度对木聚糖热裂解产物的影响发现,木聚糖热裂解过程可按温度分为两个区域:当热裂解温度小于 300℃ 时,木聚糖发生剧烈的糖苷键断裂,生成糠醛和糖类单体化合物;当热裂解温度大于300℃时,糠醛和糖类单体化合物的含量下降,小分子的醛酮类化合物种类增多,含量大幅度提高。

Qu 等[28]在固定床反应器上对木聚糖的热裂解行为进行了研究,实验结果表明木聚糖热裂解生物油主要成分包括酸、酮、醛、酚类以及碳水化合物,其中酸类作为含量最高的物质,随温度升高先增加后减少。气体产物主要有 CO_2、CO、H_2、CH_4 及少量的 C_2H_6 和 C_3H_8,其中 CO_2 含量最高,且受温度影响明显,在 $500 \sim 550℃$,CO_2 在气体产物中的含量从 60% 骤减至 40%;CO 受温度影响不明显,在 $350 \sim 650℃$ 范围内一直维持在 30% 左右;H_2 和 CH_4 在 500℃ 以后显著增加。赵坤等[29]在管式炉上针对木聚糖的热裂解也观察到了相似的规律。

Branca 等[30]在流化床反应器上针对温度对葡甘露聚糖热裂解产物的影响发现,随着温度的升高,气体产率缓慢上升,焦炭产率则呈下降趋势,生物油产率先增加后减少,在 370℃ 达到最大值 18%。生物油中含量丰富的产物有乙酸、乙醇醛、1-羟基-2-丙酮、甲酸、糠醇。CO_2 是最主要的气体产物,在整个热解温度区间($250 \sim 430℃$)的产率都在 5% 以上,产率随热解温度升高先增加后减少,在 330℃ 达到 10% 以上。

Alén 等[31]在微型裂解仪上研究了温度对葡甘露聚糖和木聚糖热裂解行为的影响。实验结果表明,对于葡甘露聚糖,随温度升高,热裂解产物中小分子挥发分(如甲酸、乙酸、乙醇醛等物质)总产量增加,而较大分子量化合物(主要是脱水糖类和呋喃类物质)总产量则减少。在 400℃ 时,左旋葡聚糖酮是最主要的热裂解产物;400℃ 以后,葡萄糖、甘露糖和半乳糖的脱水衍生物产量明显增加,而左旋葡聚糖酮和呋喃类物质产量则随温度的升高而减少;在高温阶段($800 \sim 1000℃$),检测到脂肪烃类、烷基苯类、酚类以及多环芳香烃的生成。相比葡甘露聚糖,木聚糖的热稳定性较差,热裂解产物也较为简单。随反应温度升高,木聚糖热裂解生成的小分子挥发分总产量明显增加,其他内酯类和呋喃类物质随着温度的升高而显著降低,在高温阶段主要是芳香烃的生成,包括一系列的多环芳香烃,如萘、菲和苊烯。

3.2.2　停留时间的影响

当木聚糖热裂解生成的挥发分进入气相空间后,在高温段停留时间较长的情况下,挥发分会进一步发生分解反应,温度越高且气体停留时间越长,二次分解越明显,从而得到更多的轻质气体产物,而焦油产量则会降低。停留时间的增加对小分子气体产物种类影响不大,却对焦油成分的影响较大。通过在 Py-GC/MS 上对木聚糖在不同停留时间($2 \sim 20s$)进行热裂解研究发现,酸类物质和醛类物质作为木聚糖热裂解的主要产物,随着停留时间的增加,前者含量增加,后者含量下降。

3.2.3　其他因素的影响

由于生物质往往含有较高的水分,烘焙预处理经常被作为去除结晶水的有效方法而使用,但这一过程不可避免地会对生物质的化学结构产生一定影响,尤其是对具有无定形结构的半纤维素。对半纤维素的基本结构单元木糖进行烘焙预处理时发现,木糖在 210℃时就开始分解。对木聚糖分别在 230℃和 260℃下进行烘焙预处理时,样品失重率分别达到了 14.16%和 17.10%,且随着烘焙温度的提高,样品热失重曲线上的最大失重峰向高温区移动[17]。可见相比于纤维素和木质素,半纤维素受烘焙处理影响较大,如需避免烘焙处理对其结构的影响,温度应控制在230℃以下[32]。

反应气氛也是影响半纤维素热裂解产物的主要因素,一般情况下,热裂解反应都是发生在氮气等惰性气氛下,但也有少数热裂解反应在其他气氛中进行。Wang等[33]在合成气气氛下对木聚糖进行热重实验发现,木聚糖的主热裂解区间为196～340℃,相比氮气氛围,合成气使木聚糖的初始热裂解温度降低且使主热裂解区间温度范围有所拓宽。Sagehashi 等[34]研究木聚糖在过热蒸汽环境下的热裂解行为,发现木聚糖在 200～250℃快速热裂解并产生大量可冷凝挥发分(主要是乙醇醛、乙酸和糠醛),随着热裂解温度的升高可冷凝挥发分的产量则没有明显变化[34]。Giudicianni 等[35]对蒸汽环境下木聚糖在 430℃和 600℃时的热裂解行为进行了研究,实验结果发现,随温度升高,液体产物产量没有明显变化,而气体产物产量则明显增加。气体产物中以 CO_2 为主,此外还有一定量 CO 及少量 H_2、CH_4 和C_{2+} 烃类。Fushimi 等[36,37]在 400℃时对木聚糖进行蒸汽热裂解的研究发现,随着反应时间的增加,木聚糖热裂解产生的焦油急剧减少,气体产物仍然以 CO_2 为主,伴有一定量 CO 以及少量 H_2、CH_4 和 C_{2+} 烃类,同时这些气体产物随反应时间的增加出现两个析出峰,推测木聚糖在蒸汽环境下热裂解可能存在两步分解反应机制。

3.3　半纤维素热裂解机理

3.3.1　半纤维素热裂解反应动力学模型

3.3.1.1　一步全局动力学模型

目前,对于半纤维素及其典型代表物木聚糖的动力学研究基本采用两种模型,即一步全局动力学模型和两步分解动力学模型。一步全局动力学模型是最简单的动力学模型,将半纤维素看作一个整体,且通过一步反应直接生成最终产物。各学者通过一步全局动力学模型拟合的结果如表 3-1 所示。针对提取半纤维素进行的动力学参数求解中,因提取原料不同,计算结果差异较大,尤其是指前因子变化明显,活化能基本为 $109\sim126kJ/mol$。针对木聚糖热裂解进行的研究中,不同升温速率和温度区间获得的动力学参数也不同。Bilbao 获得的数值都小于相近条件下Williams 等获得的数值,且随着升温速率的提高,前者的活化能和指前因子都呈增加的趋势,而后者的变化规律则相反。引起这些差别的主要原因在于实验条件的差异以及计算过程处理方法的不同。虽然一步全局动力学模型可以有效地描述半纤维素的热裂解速率,却不能用于化学反应模拟和产物分布预测。

表 3-1　半纤维素(木聚糖)热裂解的一步全局动力学模型

样品	加热速率 /(℃/min)	温度/℃	动力学参数		参考文献
			$E/(kJ/mol)$	A/s^{-1}	
木聚糖	等温	$215\sim250$	$117\sim134$		Ramiah[38]
木聚糖	1.5	$200\sim400$	43	9.8	Bilbao 等[39]
	20		72	2.0×10^4	
	80		86	7.7×10^5	
木聚糖	5	室温~720	259	1.9×10^{22}	Williams 等[40]
	20		257	2.7×10^{22}	
	40		194	2.9×10^{15}	
	80		125	1.6×10^9	
提取半纤维素a	等温	$110\sim220$	112	3.6×10^{10}	Stamm[41]
提取半纤维素b	30	室温~560	124	1.5×10^9	Min[42]

a. 从花旗松中提取。

b. 从冷杉和桦树中提取;动力学参数为这两种提取半纤维素的拟合值。

3.3.1.2　多步分解动力学模型

　　两步分解动力学模型认为半纤维素在热裂解过程中首先生成中间产物,然后再进一步分解生成最终产物。也有一些学者认为半纤维素热裂解经过了多步反应并建立了多步分解动力学模型[43,44]。如表 3-2 所示,Varhegyi 等在 10℃/min 和80℃/min 的升温速率下获得的木聚糖活化能高于 Ramiah 在 4℃/min 下相同温度区间获得的结果,而不同生物质提取的半纤维素活化能存在一定差异。另外,针对相同样品在不同条件下的动力学分析,可以同时采用一步全局动力学模型和多步分解动力学模型。Varhegyi 等[45]利用已知的各种木聚糖分解动力学模型对实验结果进行了模拟,发现两种模型的理论曲线与实验曲线都较接近,其中两步分解动力学模型的偏差更小,与实际热裂解过程更为接近。

表 3-2　半纤维素热裂解的多步分解动力学模型参数

样品	加热速率 /(℃/min)	温度 /℃	动力学参数		参考文献
			E/(kJ/mol)	A/s⁻¹	
木聚糖	4	195~225	54~71		Ramiah[38]
		225~265	105~113		
木聚糖	10	200~350	193	7.9×10^{16}	Varhegyi 等[45]
	80		195	7.9×10^{16}	
橡木提取半纤维素	等温	300	73	3.3×10^{6}	Koufopanos 等[44]
		350	174	1.1×10^{14}	
		400	172	2.5×10^{13}	
野生樱桃树提取半纤维素	1.7	室温~400	187	2.1×10^{16}	Ward 等[43]
	5.1		216	4.95×10^{17}	
	9.1		251	2.0×10^{17}	

根据木聚糖热失重曲线可以发现其具有 215~300℃ 和 300~500℃ 两个主要失重区间，分别对应于中间产物的形成和最终的可冷凝挥发分及焦炭的生成，各阶段的动力学参数如表 3-3 所示。随着升温速率的提高，第一阶段的活化能在 117~119kJ/mol，微小变化，第二阶段的活化能在 63~71kJ/mol，变化较大。引起该现象的主要原因是木聚糖主反应阶段受停留时间的影响较小，发生在主反应后期的二次分解及聚合反应受停留时间的影响较大。根据半纤维素和木聚糖动力学求解所得的大量数据可以发现，不同研究者得到的动力学参数存在一定的差异，但木聚糖和半纤维素的活化能通常小于 200kJ/mol。半纤维素的活化能低于纤维素和木质素，说明半纤维素是生物质三大组分中最容易分解的组分。

表 3-3　木聚糖在不同升温速率下的热裂解动力学常数

升温速率 β/(℃/min)	分段	温度/℃	E/(kJ/mol)	A/s⁻¹
5	1	215~300	117.76	4.791×10^{8}
	2	300~530	63.06	40.06
20	1	215~310	118.17	6.22×10^{8}
	2	310~530	65.25	85.79
60	1	215~310	119.85	1.15×10^{8}
	2	310~540	71.77	348.53

3.3.1.3　半全局动力学模型

Blasi 等[46]在两步分解动力学模型的基础上发展了半全局动力学模型，如

图 3-7 所示,木聚糖首先分解生成中间产物和可冷凝挥发分,然后中间产物进一步分解生成挥发分和残炭。该模型对实验数据的模拟取得很好的模拟效果,在高温阶段与实验结果吻合,在低温阶段偏差也非常小。与两步分解动力学模型相比,半全局动力学模型体现了半纤维素结构的易分解特性。在主反应区间,半全局动力学模型和两步分解动力学模型的拟合曲线相吻合。Branca 等[30]将该模型应用到葡甘露聚糖的热裂解动力学分析中也取得了很好的效果(表 3-4)。

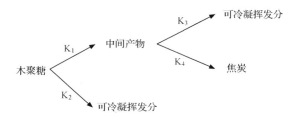

图 3-7　木聚糖热裂解动力学模型

表 3-4　半纤维素热裂解的半全局动力学模型参数

样品	加热速率 /(℃/min)	温度 /℃	动力学参数		参考文献
			$E/(kJ/mol)$	A/s^{-1}	
木聚糖	等温	200～340	$E_1=66.1$	$A_1=1.74\times10^4$	Blasi 等[46]
			$E_2=91.4$	$A_2=3.31\times10^6$	
			$E_3=52.5$	$A_3=58.7\times10^1$	
			$E_4=56.3$	$A_4=3.43\times10^2$	
葡甘露聚糖	300～400	230～320	$E_1=54.5$	$A_1=2.64\times10^3$	Branca 等[30]
			$E_2=98.5$	$A_2=1.57\times10^7$	
			$E_3=48.2$	$A_3=5.21\times10^1$	
			$E_4=70.1$	$A_4=2.10\times10^4$	

3.3.2　基于产物生成的热裂解机理

木聚糖热裂解产物种类主要与其化学结构有关,其与纤维素和木质素之间的交联结构也会影响产物组成,主要表现在产物中有酚类和吡喃类物质生成。如图 3-8 所示,当木聚糖受热分解时,其与纤维素和木质素的交联结构首先从木聚糖主体结构中脱落,分别生成吡喃糖类和酚类。木聚糖五碳糖主体结构的分解生成的产物种类较多,这种无定形结构在较低温度下即可分解,通过解聚生成五碳糖结构的单体,同时发生侧链断裂生成甲酸和乙酸。随着反应的加深,五碳糖环开裂生成 C—C 直链结构,它可以直接分解生成含有 2～3 个碳原子的酸、酮类物质,如丙酸和 1-羟基-2-丙酮,也可以通过再环化作用生成含有呋喃环的糠醛和呋喃酮类物质及含有环戊烯结构的酮类物质,环戊烯酮类物质主要是通过 C=C 双键成环而成,含有呋喃环的糠醛和呋喃酮类物质则主要是通过碳原子($C_1 \sim C_4$)上的羟基脱水生成。

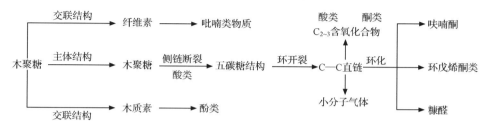

图 3-8 木聚糖热裂解途径

3.3.2.1 乙酸的生成机理

乙酸是半纤维素热裂解的典型产物,通常认为乙酸的生成主要是由初始反应阶段木聚糖主链 C_2 位置上的 O-乙酰基基团的脱除生成的[23,47,48],此外乙酸也可能来自开环后的戊糖或己糖单元和一些醛酸残留物[49,50]。半纤维素结构中的乙酰基脱除反应主要发生在低温段,因此,乙酸一般是在低温阶段生成,且产量随着温度的升高而下降[24],这与 Prins 等[51]在 300℃ 下对半纤维素进行烘焙处理或者干馏时即得到富含乙酸的产物这一结论相一致。实际上,当生物质物料在 300℃ 左右停留较短时间时,部分乙酰基会发生脱除生成大量乙酸,但其他生物质组分并不会受到很大影响[52]。所以可采用两步反应来获得低温阶段的富乙酸产物和中温阶段的生物油。

3.3.2.2 糠醛和甲醇的生成机理

糠醛也是半纤维素热裂解的典型产物,其生成不仅可通过木聚糖支链上的 4-O-甲基-D-葡萄糖醛酸单元经系列反应生成,也可通过木聚糖主链上的 D-木糖单元先开环后再多步脱水反应生成[53]。早期,Šimkovic 等[8]利用 TG/MS 研究 (4-O-甲基-D-葡萄糖醛酸)-D-木聚糖热裂解时就发现甲醇和糠醛是其典型的热裂解产物。随后 Košik 等[54]采用含有 4-O-甲基-D-葡萄糖醛酸单元的木聚糖作为模化物开展热裂解研究,也发现其产物主要为甲醇、CO_2、3-羟基-2-戊烯基-1,5-内酯以及糠醛。其具体分解路径主要是木聚糖支链上的 4-O-甲基-D-葡萄糖醛酸单元发生断裂,反应过程中 C_4 位发生脱甲氧基作用生成甲醇,C_6 位发生脱羧基反应得到 CO_2,而吡喃糖单元发生两个连续脱水反应得到糠醛。Jensen 等[9]采用木聚糖研究时指出甲醇可由甲氧基的分解生成。Antal 等[55]发现木糖单体在酸性环境下会发生木糖吡喃环结构的脱水反应,生成木糖酐,然后再进一步脱水生成糠醛。

3.3.2.3　小分子气体产物的生成机理

半纤维素热裂解产生的小分子气体产物主要有 CO_2、CO、CH_4 和 H_2，且 CO_2 和 CO 的产量远高于 H_2 和 CH_4。CO_2 的生成主要与 O-乙酰基生成的乙酸和 4-O-甲基葡萄糖醛酸的脱羧基反应有关[23,47]。CO 的产量则随温度升高逐渐增加，这是因为在较低温度下 CO 可由 O-乙酰基木聚糖单元的分解和 4-O-甲基葡萄糖醛酸的侧链结构的脱除，以及初始反应后生成碎片（如乙醇醛、乙醛和甲醛）的脱羰作用生成，而随着反应温度的提高，热裂解二次反应中开环反应和一次热裂解产物的脱羰作用加剧，使得 CO 的产量进一步增加。很大程度上，CO 的生成主要来源于挥发分的二次裂解[56,57]。H_2 和 CH_4 主要在 500℃ 以上生成，且随温度升高而增加，H_2 主要是来自 C=C 和 CH 基团的裂解和变形，CH_4 则主要来自甲氧基的裂解[58]。此外，半纤维素热裂解还会释放出极少量的 C_{2+} 烃类气体，它们主要是来自较高温度下挥发分的二次热裂解[5,18]。

3.3.2.4　酮类物质的生成机理

除了乙酸、糠醛、小分子气体产物，半纤维素热裂解过程中也有可能发生脱羰基和脱羧基反应，以及环化缩合等一系列复杂的化学反应生成多种酮类物质，如丙酮、1-羟基-2-丙酮之类的直链酮类物质，还有呋喃酮和环戊烯酮类等环状酮类物质。丙酮的生成过程较为复杂，有多种生成路径，可以通过木糖单元、O-乙酰基木糖单元或者 4-O-甲基葡萄糖-木糖单元生成。在乙酸的生成过程中也会伴随着丙酮的生成，且随着温度的上升，乙酸的产量下降，而丙酮的产量却有略微增加。木聚糖五碳糖的主体结构会发生环的开裂生成 C—C 直链结构，然后再进一步断裂生成含有 2～3 个碳原子的直链酮类物质[59]。呋喃酮和环戊烯酮类物质都是在高温条件下半纤维素热裂解的产物，其主要是由五碳糖环开裂后生成的直链碳结构进一步环化而来，含有呋喃环的呋喃酮类物质主要是通过碳原子上的羟基脱水环化生成，而环戊烯酮类物质则主要通过 C=C 双键成环生成。

3.3.2.5　焦炭的生成机理

纤维素热裂解得到的焦炭仍保留了纤维素的网络结构和完整性，同时出现了由于挥发分的析出而导致的皱缩现象，而木聚糖热裂解得到的焦炭则呈现出熔融或软化的形态。Fisher 也曾指出木聚糖在 200℃ 热裂解时就表现出软化和熔融的迹象[60]。这种现象主要是由其具有无定形结构引起的，熔融的焦炭会黏结其他小分子产物，从而聚合形成大分子产物，该物质之间结合紧密，在高温下仍无法分解，从而以焦炭形式残存。同时也有研究表明，焦炭表面结构随着温度会发生变化，在较低温度时，温度的升高会使聚合物热裂解产生的焦炭更加光滑且多孔[20]。

Ponder 等[23]对无灰分的有机合成木聚糖进行的真空热裂解实验表明,其焦炭产率达到了 50%,如此高的焦炭产率说明化学结构差异是导致木聚糖焦炭产率不同的根本原因。在纤维素热裂解过程中,葡萄糖单元 C_6 位上的羟基使得其容易生成稳定的 1,6-糖酐产物,进而糖苷键断裂得到左旋葡聚糖,然而木聚糖分子相比葡萄糖而言缺少一个自由的羟基,所以木聚糖热裂解过程中生成的吡喃糖分子不能通过分子内羟基的脱除生成糖酐,只能给另外的木聚糖分子提供一个羟基而发生转糖苷反应,或者是直接通过多级脱水反应最终生成焦炭,从而在一定程度上增加了焦炭的产量。Xin 等[61]对木聚糖在不同温度下热裂解得到的焦炭进行分析发现,在 350℃时,焦炭中 C—O—C 吸收峰显著减小,而 C═O 伸缩振动吸收峰明显增强,说明木聚糖糖苷键大部分已经断裂。在 350~550℃时,焦炭的比表面积比木聚糖原料的小,这是由于热裂解断裂产生的大分子碎片积聚在炭孔道中。当温度升至 650℃时,焦炭比表面积转而开始急剧上升至最大值,同时焦炭的平均孔径也明显减小,这是由于残留物的进一步降解并伴随挥发分的快速析出,同时产生大量气体,如 CO 和 CH_4 等,此外炭骨架结构开始发生坍塌融合。当温度升至 750~850℃时,焦炭比表面积明显减小,而平均孔径则有所增大,这可能是由于焦炭表面一些孔发生了堵塞和融合,这与 Yang 等[62]通过 SEM 观察到的高温下焦炭表面孔的数量迅速减少相吻合。

3.3.3　基于分子层面的半纤维素热裂解机理

在半纤维素热裂解机理研究中,多侧重于半纤维素热裂解产物生成过程的推演,而对热裂解过程中产物生成和演变的中间反应过程研究较少。这主要是因为半纤维素热裂解过程发生很快,很难找到一种合适的方法捕获中间反应信息。但随着计算机软、硬件技术的发展,利用量子化学模拟软件可对基于实验分析结果推导的产物生成途径进行模拟计算,尤其是密度泛函理论在纤维素的热裂解机理研究上已取得了一定的进展。鉴于半纤维素结构的复杂性,选取结构相对简单的木糖作为模化物,进而开展基于分子层面的半纤维素热裂解途径计算,可获得较为理想的模拟结果。

木糖是木聚糖的基本结构单体,其热裂解产物与木聚糖基本相似。依据实验结果设计如图 3-9 所示的 D-木糖单体的热裂解反应路径图。首先,D-木糖单体发生分子开环生成直链中间体,然后通过不同的反应产生不同的中间体,继而生成不同种类的产物。路径 1 是中间体(IM_1)经过 C_4—C_5 键的断裂生成甲醛和中间体 IM_2,然后 IM_2 再进行脱水反应并成环生成二氢-4-羟基-2(3H)-呋喃酮;路径 2 则为中间体 IM_2 脱羧基生成 CO 和中间体 IM_4,然后 IM_4 再进一步脱水并异构化生成 1-羟基-2-丙酮;路径 3 为中间体 IM_1 经过多步脱水并成环生成糠醛。

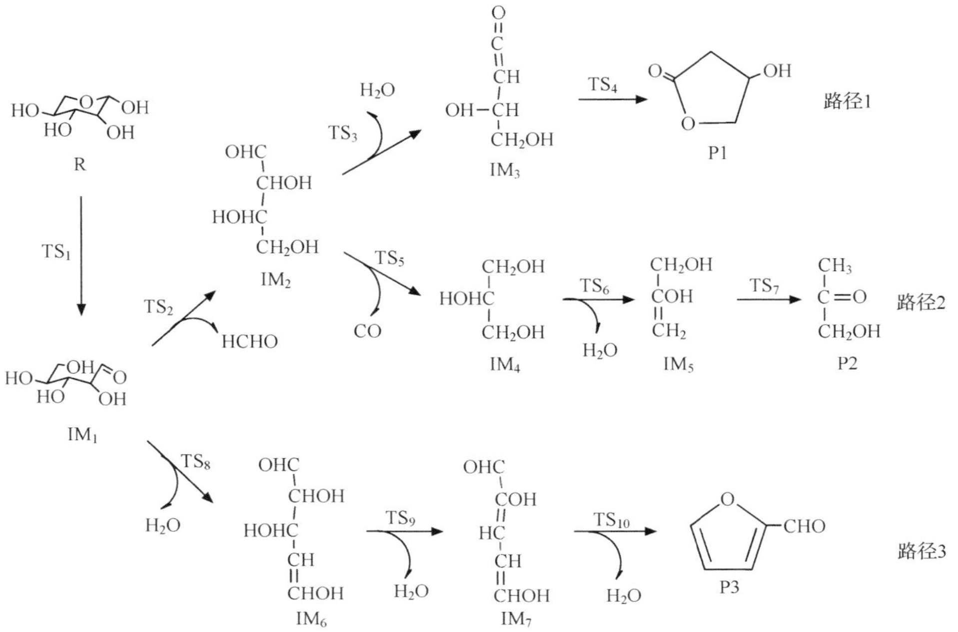

图 3-9　基于 D-木糖单体的热裂解反应路径

利用 Mayer 键级可对木糖结构中的各个键的键级进行评估[63]。键级越大,键能越高,就越不容易断裂,如表 3-5 所示,C_3—O_6键级最小(0.51),因此开环反应最容易在此处发生;同时发现 O_{10}—H_7也相对较弱(0.72),因此整个开环反应的过程为 C_3—O_6键断开,而后 H_7向 O_6移动生成 O_6—H_7羟基,而原先的 C_3—O_{10}转变成一个醛基。

表 3-5　木糖结构的 Mayer 键级评估

木糖结构	键	键级	键	键级	键	键级
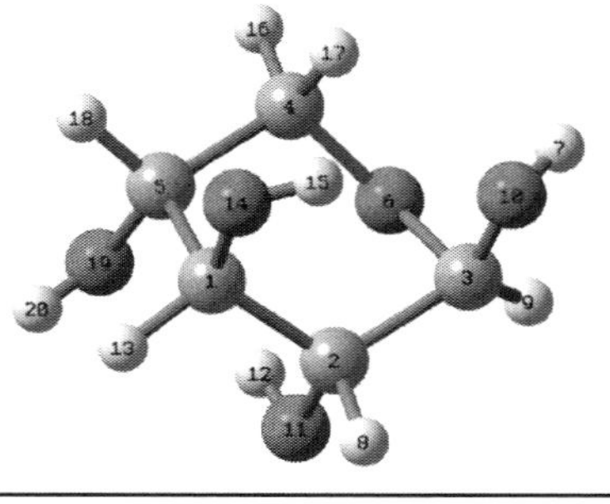	C_3—O_6	0.51	C_2—O_{11}	1.70	C_3—H_9	1.02
	C_4—O_6	0.84	C_1—O_{14}	1.39	C_2—H_8	0.93
	C_3—C_2	0.86	C_5—O_{19}	1.29	C_1—H_{13}	0.96
	C_2—C_1	0.88	O_{10}—H_7	0.72	C_5—H_{18}	0.85
	C_1—C_5	0.97	O_{11}—H_{12}	0.67	C_4—H_{16}	1.00
	C_5—C_4	0.92	O_{14}—H_{15}	0.75	C_4—H_{17}	0.98
	C_3—O_{10}	1.29	O_{19}—H_{20}	0.78		

图 3-10 所示为木糖降解路径的能垒图。从中可以看出生成糠醛的路径 3 能

垒整体处于最低水平,因此该路径最有利。而生成呋喃酮的路径 1 需要克服两个较高的能垒,分别为脱甲醛(364.8kJ/mol)和开环产物末端脱水(279.9kJ/mol),因此最不易生成。

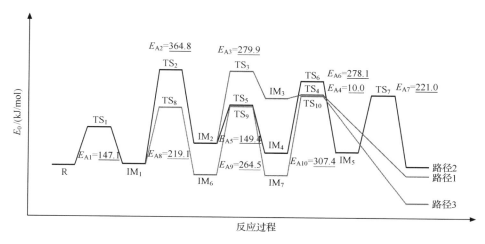

图 3-10　木糖降解路径的能垒示意图(文后附彩图)

张智等[64]利用密度泛函理论对木糖热裂解产物生成路径进行了模拟计算,分别探讨了木糖结构开环后通过不同碳原子上的羟基脱水进而环化形成糠醛,以及形成乙醇醛、丙酮醛和甲醛等小分子化合物的过程。不同温度下各路径的吉布斯自由能变都小于零,说明在热裂解温度反应区间内都可自发进行。其中木糖单元开环后连续脱水进而环化生成糠醛的反应最易发生,达到平衡时,糠醛的产量也最高。在 125～525℃这一反应区间,都以糠醛的生成为主。当温度高于 525℃时,其他反应所需的能量逐渐低于糠醛的形成所需的能量,这说明较高温度下热裂解平衡后,甲醛、乙醇醛等其他小分子化合物的产量将增加。该模拟结果与 Hosoya 等获得的实验结论相一致。Huang 等[65]同样利用密度泛函理论对吡喃木糖热裂解过程进行了模拟计算。吡喃木糖首先经历一个较低的能垒(170.4kJ/mol)开环形成羰基异构体 IM₁,随后 IM₁ 经历不同的反应路径生成小分子化合物,如乙醇醛、乙醛、糠醛、丙酮和 CO 等物质。

随后黄金保等[66]又选择 O-乙酰基-吡喃木糖作为半纤维素模型化合物,采用密度泛函理论对其热裂解反应过程进行了理论计算分析。在热裂解过程中,O-乙酰基-吡喃木糖的 O-乙酰基先脱除并生成乙酸和脱水吡喃木糖,该步反应能垒为 269.4kJ/mol。随后脱水吡喃木糖进一步发生开环反应,开环后的中间体经历不同的反应路径,其中生成乙醛、乙醇醛、丙酮、水和 CO 的路径比较容易发生,而生成 1-羟基-2-丙酮和甲醛的反应路径需克服的能垒较高。

在实际的半纤维素热裂解过程中,原料的化学结构要远比木糖单体复杂得多。

因此在分子模拟的过程中,可以以一定聚合度的木聚糖作为研究对象,在保证计算精确度的情况下,尽量使模拟结果贴近实验分析。

刘朝等[67]采用聚合度为 9 的木聚糖作为半纤维素模化物,开展了木聚糖分子链的热裂解产物生成路径的模拟研究。木聚糖优化后的几何构型具有较长的碳碳键,半缩醛结构和糖苷键中碳氧键都较短。另外,不同碳原子之间的化学键键长也不相同,其中靠近糖苷键碳原子处的化学键相对较短,在反应中较稳定,而远离的则较长,比较活泼,易断裂。木聚糖分子链的热裂解过程主要发生在 $177\sim627℃$。当温度低于 $177℃$ 时,分子所具有的能量较低,不能摆脱自身化学键的束缚,故木聚糖分子链不会发生断裂;随着温度升高,当温度达到 $223℃$ 时,位于链端的吡喃环上的羟基会脱离主链生成水,但随后的化学键断裂尤其是不同木糖基之间的连接糖苷键断裂都发生在 $377℃$ 之后,继而生成聚合度更低的木聚糖分子链,甚至是木糖单元。木聚糖分子链裂解后得到的分子基团包括:—OH、—C—O—、—CH₂—、—CHO、—CHOH—、—O—CH₃等。这些小分子基团经过缩合重整生成水、CO、CO_2、CH_4、乙醇、甲酸、乙酸、乙醇醛等。黄金保等[68]则采用包括 3 个支链、聚合度为 10 的木聚糖(即聚 O-乙酰基-4-O-甲基葡萄糖醛酸基-阿拉伯糖基-β-D-木糖)作为半纤维素模型化合物,运用 Hyperchem 软件对其热裂解过程进行了分子动力学模拟。结果表明,当热裂解温度升至 $180℃$ 时,羟基开始出现断裂,随温度继续上升,$280℃$ 时侧链苷键和主链苷键开始断裂,整个分子结构发生解聚并生成各种糖类单体。在糖苷键断裂的同时,环状单体内部化学键也发生断裂,生成各种分子碎片。中温阶段 $230\sim430℃$ 是热裂解的主要阶段,在这个阶段生成了大量的 CO_2、乙酸、乙醇醛、1-羟基-2-丙酮、糠醛、1-羟基-2-丁酮等化合物。

参 考 文 献

[1] Zamora F, Gonzalez M C, Duenas M T, et al. Thermodegradation and thermal transitions of an exopolysaccharide produced by Pediococcus damnosus 2. 6[J]. Journal of Macromolecular Science, 2002, 41(3): 473-486.

[2] Shafizadeh F, McGinnis G D, Susott R A, et al. Thermal reactions of alpha -D-xylopyranose and beta -D-xylopyranosides[J]. The Journal of Organic Chemistry, 1971, 36(19): 2813-2818.

[3] Räisänen U, Pitkänen I, Halttunen H, et al. Formation of the main degradation compounds from arabinose, xylose, mannose and arabinitol during pyrolysis[J]. Journal of Thermal Analysis and Calorimetry, 2003, 72(2): 481-488.

[4] Gardiner D. The pyrolysis of some hexoses and derived di-, tri-, and poly-saccharides[J]. Journal of the Chemial Society C: Organic, 1966: 1473-1476.

[5] Yang H, Yan R, Chen H, et al. Characteristics of hemicellulose, cellulose and lignin pyrolysis[J]. Fuel, 2007, 86(12-13): 1781-1788.

[6] Yang H, Yan R, Chen H, et al. In-depth investigation of biomass pyrolysis based on three major components: Hemicellulose, cellulose and lignin[J]. Energy & Fuels, 2006, 20(1): 388-393.

[7] Biagini E,Barontini F,Tognotti L. Devolatilization of biomass fuels and biomass components studied by TG/FTIR technique[J]. Industrial & Engineering Chemistry Research,2006,45(13):4486-4493.

[8] Šimkovic I,Varhegyi G,Antal M J,et al. Thermogravimetric/mass spectrometric characterization of the thermal decomposition of (4-O-methyl-D-glucurono)-D-xylan[J]. Journal of Applied Polymer Science, 1988,36(3):721-728.

[9] Jensen A,Dam-Johansen K,Wójtowicz M A,et al. TG-FTIR study of the influence of potassium chloride on wheat straw pyrolysis[J]. Energy & Fuels,1998,12(5):929-938.

[10] Beaumont O. Flash pyrolysis products from beech wood[J]. Wood and Fiber Science,1985,17(2): 228-239.

[11] Nowakowski D J,Woodbridge C R,Jones J M. Phosphorus catalysis in the pyrolysis behaviour of biomass[J]. Journal of Analytical and Applied Pyrolysis,2008,83(2):197-204.

[12] Nowakowski D J,Jones J M. Uncatalysed and potassium-catalysed pyrolysis of the cell-wall constituents of biomass and their model compounds[J]. Journal of Analytical and Applied Pyrolysis,2008,83(1):12-25.

[13] Hosoya T,Kawamoto H,Saka S. Cellulose-hemicellulose and cellulose-lignin interactions in wood pyrolysis at gasification temperature[J]. Journal of Analytical and Applied Pyrolysis,2007,80(1):118-125.

[14] Aho A,Kumar N,Eränen K,et al. Pyrolysis of softwood carbohydrates in a fluidized bed reactor[J]. International Journal of Molecular Sciences,2008,9(9):1665-1675.

[15] Xiao B,Sun X F,Sun R. Chemical,structural,and thermal characterizations of alkali-soluble lignins and hemicelluloses,and cellulose from maize stems,rye straw,and rice straw[J]. Polymer Degradation and Stability,2001,74(2):307-319.

[16] 余紫苹,彭红,林妲,等. 毛竹半纤维素热解特性研究[J]. 中国造纸,2012(11):7-13.

[17] 彭云云,武书彬. TG-FTIR 联用研究半纤维素的热裂解特性[J]. 化工进展,2009,28(8):1478-1484.

[18] Peng Y,Wu S. Fast pyrolysis characteristics of sugarcane bagasse hemicellulose[J]. Cellulose Chemistry and Technology,2011,45(9):605-612.

[19] 彭云云,武书彬. 蔗渣半纤维素的热裂解特性及动力学研究 [J]. 造纸科学与技术,2009,28(3):14-18.

[20] Lv G,Wu S,Lou R. Characteristics of corn stalk hemicellulose pyrolysis in a tubular reactor[J]. BioResources,2010,5(4):2051-2062.

[21] Lv G J,Wu S B,Lou R. Pyrolysis characteristics of corn stalk hemicellulose in a tubular reactor[C]. Research Progress in Paper Industry and Biorefinery (4th Isetpp),Guangzhou,2010,1-3:65-68.

[22] Cheng H L,Zhan H Y,Fu S Y. Pyrolysis characteristics of corn stalk hemicellulose in a tubular reactor [C]. Research Progress in Paper Industry and Biorefinery (4th Isetpp),Guangzhou,2010,1-3:69-72.

[23] Ponder G R,Richards G N. Thermal synthesis and pyrolysis of a xylan[J]. Carbohydrate Research, 1991,218:143-155.

[24] Shen D K,Gu S,Bridgwater A V. Study on the pyrolytic behaviour of xylan-based hemicellulose using TG-FTIR and Py-GC-FTIR[J]. Journal of Analytical and Applied Pyrolysis,2010,87(2):199-206.

[25] van Putten R,van der Waal J C,de Jong E,et al. Hydroxymethylfurfural,a versatile platform chemical made from renewable resources[J]. Chemical Reviews,2013,113(3):1499-1597.

[26] Patwardhan P R,Brown R C,Shanks B H. Product distribution from the fast pyrolysis of hemicellulose [J]. ChemSusChem,2011,4(5):636-643.

[27] 刘军利,蒋剑春,黄海涛. 木聚糖 CP-GC-MS 法裂解行为研究[J]. 林产化学与工业,2010(1):5-10.

[28] Qu T,Guo W,Shen L,et al. Experimental study of biomass pyrolysis based on three major components:

Hemicellulose,cellulose,and lignin[J]. Industrial & Engineering Chemistry Research,2011,50(18):10424-10433.

[29] 赵坤,肖军,沈来宏,等. 基于三组分的生物质快速热解实验研究[J]. 太阳能学报,2011(5):710-717.

[30] Branca C,Di Blasi C,Mango C,et al. Products and kinetics of glucomannan pyrolysis[J]. Industrial & Engineering Chemistry Research,2013,52(14):5030-5039.

[31] Alén R,Kuoppala E,Oesch P. Formation of the main degradation compound groups from wood and its components during pyrolysis[J]. Journal of Analytical and Applied Pyrolysis,1996,36(2):137-148.

[32] Chen W,Kuo P. Isothermal torrefaction kinetics of hemicellulose,cellulose,lignin and xylan using thermogravimetric analysis[J]. Energy,2011,36(11):6451-6460.

[33] Wang G,Li W,Li B,et al. TG study on pyrolysis of biomass and its three components under syngas[J]. Fuel,2008,87(4):552-558.

[34] Sagehashi M,Miyasaka N,Shishido H,et al. Superheated steam pyrolysis of biomass elemental components and sugi (Japanese cedar) for fuels and chemicals[J]. Bioresource Technology,2006,97(11):1272-1283.

[35] Giudicianni P,Cardone G,Ragucci R. Cellulose,hemicellulose and lignin slow steam pyrolysis: Thermal decomposition of biomass components mixtures[J]. Journal of Analytical and Applied Pyrolysis,2013,100:213-222.

[36] Fushimi C,Katayama S,Tasaka K,et al. Elucidation of the interaction among cellulose,xylan,and lignin in steam gasification of woody biomass[J]. AIChE Journal,2009,55(2):529-537.

[37] Fushimi C,Katayama S,Tsutsumi A. Elucidation of interaction among cellulose,lignin and xylan during tar and gas evolution in steam gasification[J]. Journal of Analytical and Applied Pyrolysis,2009,86(1):82-89.

[38] Ramiah M V. Thermogravimetric and differential thermal analysis of cellulose,hemicellulose,and lignin [J]. Journal of Applied Polymer Science,1970,14(5):1323-1337.

[39] Bilbao R,Millera A,Arauzo J. Kinetics of weight loss by thermal decomposition of xylan and lignin. Influence of experimental conditions[J]. Thermochimica Acta,1989,143:137-148.

[40] Williams P T,Besler S. The pyrolysis of rice husks in a thermogravimetric analyser and static batch reactor[J]. Fuel,1993,72(2):151-159.

[41] Stamm A J. Thermal degradation of wood and cellulose[J]. Industrial & Engineering Chemistry,1956,48(3):413-417.

[42] Min K. Vapor-phase thermal analysis of pyrolysis products from cellulosic materials[J]. Combustion and Flame,1977,30:285-294.

[43] Ward S M,Braslaw J. Experimental weight loss kinetics of wood pyrolysis under vacuum[J]. Combustion and Flame,1985,61(3):261-269.

[44] Koufopanos C A,Lucchesi A,Maschio G. Kinetic modelling of the pyrolysis of biomass and biomass components[J]. The Canadian Journal of Chemical Engineering,1989,67(1):75-84.

[45] Varhegyi G,Antal Jr M J,Szekely T,et al. Kinetics of the thermal decomposition of cellulose,hemicellulose,and sugarcane bagasse[J]. Energy & Fuels,1989,3(3):329-335.

[46] Blasi C D, Lanzetta M. Lntrinsic kinetics of isothermal xylan degradation in inert atmosphere[J]. Journal of Analytical and Applied Pyrolysis, 1997,40:287-303.

[47] Shafizadeh F,McGinnis G D,Philpot C W. Thermal degradation of xylan and related model compounds

　　　　［J］. Carbohydrate Research,1972,25(1):23-33.

［48］Demirbaş A. Analysis of liquid products from biomass via flash pyrolysis［J］. Energy Sources,2002,
　　　24(4):337-345.

［49］Beall F C. Thermogravimetric analysis of wood lignin and hemicelluloses［J］. Wood and Fiber Science,
　　　1969,1(3):215-226.

［50］Paine Ⅲ J B,Pithawalla Y B,Nawaral J D. Carbohydrate pyrolysis mechanisms from isotopic labeling:
　　　Part 2. The pyrolysis of d-glucose: General disconnective analysis and the formation of C_1 and C_2 car-
　　　bonyl compounds by electrocyclic fragmentation mechanisms［J］. Journal of Analytical and Applied Py-
　　　rolysis,2008,82(1):10-41.

［51］Prins M J,Ptasinski K J,Janssen F J. Torrefaction of wood: Part 2. analysis of products［J］. Journal of
　　　Analytical and Applied Pyrolysis,2006,77(1):35-40.

［52］Wu Y,Zhao Z,Li H,et al. Low temperature pyrolysis characteristics of major components of biomass
　　　［J］. Journal of Fuel Chemistry and Technology,2009,37(4):427-432.

［53］Shen D K,Gu S,Bridgwater A V. The thermal performance of the polysaccharides extracted from hard-
　　　wood: Cellulose and hemicellulose［J］. Carbohydrate Polymers,2010,82(1):39-45.

［54］Košík M,Reiser V,Kováč P. Thermal decomposition of model compounds related to branched 4-O-meth-
　　　ylglucuronoxylans［J］. Carbohydrate Research,1979,70(2):199-207.

［55］Antal M J,Leesomboon T,Mok W S,et al. Mechanism of formation of 2-furaldehyde from D-xylose［J］.
　　　Carbohydrate Research,1991,217:71-85.

［56］Boroson M L,Howard J B,Longwell J P,et al. Product yields and kinetics from the vapor phase cracking
　　　of wood pyrolysis tars［J］. AIChE Journal,1989,35(1):120-128.

［57］Li S,Lyons-Hart J,Banyasz J,et al. Real-time evolved gas analysis by FTIR method: An experimental
　　　study of cellulose pyrolysis［J］. Fuel,2001,80(12):1809-1817.

［58］Qu T,Guo W,Shen L,et al. Experimental study of biomass pyrolysis based on three major components:
　　　Hemicellulose,cellulose,and lignin［J］. Industrial & Engineering Chemistry Research,2011,50(18):
　　　10424-10433.

［59］Paine Ⅲ J B,Pithawalla Y B,Nawaral J D. Carbohydrate pyrolysis mechanisms from isotopic labeling:
　　　Part 3. The pyrolysis of d-glucose: Formation of C_3 and C_4 carbonyl compounds and a cyclopentenedione
　　　isomer by electrocyclic fragmentation mechanisms［J］. Journal of Analytical and Applied Pyrolysis,
　　　2008,82(1):42-69.

［60］Fisher T,Hajaligol M,Waymack B,et al. Pyrolysis behavior and kinetics of biomass derived materials
　　　［J］. Journal of Analytical and Applied Pyrolysis,2002,62(2):331-349.

［61］Xin S,Yang H,Chen Y,et al. Assessment of pyrolysis polygeneration of biomass based on major compo-
　　　nents: Product characterization and elucidation of degradation pathways［J］. Fuel,2013,113:266-273.

［62］Yang H,Yan R,Chen H,et al. Mechanism of palm oil waste pyrolysis in a packed bed［J］. Energy & Fu-
　　　els,2006,20(3):1321-1328.

［63］Mayer I. Charge,bond order and valence in the ab initio SCF theory［J］. Chemical Physics Letters,1983,
　　　97(3):270-274.

［64］张智,刘朝,李豪杰,等. 木聚糖单体热解机理的理论研究［J］. 化学学报,2011,69(18):2099-2107.

［65］Huang J,Liu C,Tong H,et al. Theoretical studies on pyrolysis mechanism of xylopyranose［J］. Compu-
　　　tational and Theoretical Chemistry,2012,1001:44-50.

[66] 黄金保,刘朝,童红,等.O-乙酰基-吡喃木糖热解反应机理的理论研究[J].燃料化学学报,2013,(3)：285-293.

[67] 刘朝,李豪杰,黄金保.木聚糖热解过程的分子动力学模拟[J].功能高分子学报,2010,23(3)：291-296.

[68] 黄金保,童红,李伟民,等.基于分子动力学模拟的半纤维素热解机理研究[J].热力发电,2013,(3)：25-30.

本　章　附　表

附表 3-1　甘露糖、半乳糖和阿拉伯糖热裂解主要产物相对含量　（单位：%）

RT/min	化合物	分子式	甘露糖	半乳糖	阿拉伯糖
1.75	3-戊烯-1-醇	C_5H_8O	1.53	2.4	1.98
1.96	乙醛	C_2H_4O	4.21	4	5.35
2.22	呋喃	C_4H_4O	4.17	2.69	
2.26	丙酮	C_3H_6O		1.64	1.91
2.47	丙烯醛	C_3H_4O	0.85	0.76	1.04
2.59	3-甲基呋喃	C_5H_6O	0.48		0.66
3.14	苯	C_6H_6		4.2	3.74
8.21	1-羟基-2-丙酮	$C_3H_6O_2$	4.20	6.00	7.04
9.21	2-环戊烯-1-酮	C_5H_6O	0.62		1.67
10.42	乙酸	$C_2H_4O_2$	2.79	3.46	3.37
10.88	糠醛	$C_5H_4O_2$	24.36	20.78	35.51
10.96	2(5H)呋喃酮	$C_4H_4O_2$	6.63	5.04	
11.33	甲酸	CH_2O_2	1.4	2.68	2.05
11.82	丙酸	$C_3H_6O_2$	1.55	2.03	1.72
12.54	5-甲基糠醛	$C_6H_6O_2$	2.2	1.45	
13.73	糠醇	$C_5H_6O_2$	0.98	0.97	2.29
15.33	2-羟基环戊烯酮	$C_5H_6O_2$	2.36	2.74	2.94
16.41	二氢-4-羟基-2(3H)-呋喃酮	$C_4H_6O_3$	2.79	4.54	2.36
18.35	左旋葡聚糖酮	$C_6H_6O_3$	5.03	2.47	
18.43	苯酚	C_6H_6O	2.83	3.32	3.29
18.57	羟甲基呋喃酮	$C_6H_6O_3$	1.2	2.28	2.08
20.39	双脱水吡喃糖	$C_6H_8O_4$	3.29		
21.6	2,3-二氢-3,5-二羟基-6-甲基吡喃酮	$C_6H_8O_4$	2.23	2.39	
23.99	5-羟甲基糠醛	$C_6H_6O_3$	12.61	13.56	5.22

附表 3-2　木聚糖热裂解主要产物相对含量　　　　（单位：％）

RT/min	化合物	分子式	相对含量
8.26	1-羟基-2-丙酮	$C_3H_6O_2$	3.31
8.54	乙醇醛	$C_2H_4O_2$	0.68
9.15	2-环戊烯-1-酮	C_5H_6O	0.65
9.43	乙酰氧基丁酮	$C_6H_{10}O_3$	0.79
10.64	乙酸	$C_2H_4O_2$	20.11
0.88	糠醛	$C_5H_4O_2$	20.24
11.52	呋喃甲基酮	$C_6H_6O_2$	1.42
11.60	甲酸	CH_2O_2	7.60
11.99	丙酸	$C_3H_6O_2$	2.16
12.57	5-甲基糠醛	$C_6H_6O_2$	3.37
13.79	糠醇	$C_5H_6O_2$	1.11
15.40	1,2-环戊二酮	$C_5H_6O_2$	0.86
16.19	3-甲基-2-羟基-2-环戊烯-1-酮	$C_6H_8O_2$	1.53
16.47	二氢-4-羟基-2(3H)-呋喃酮	$C_4H_6O_3$	3.56
18.03	麦芽醇	$C_6H_6O_3$	0.70
18.39	左旋葡聚糖酮	$C_6H_6O_3$	2.12
19.60	1,3-二羟基丙酮	$C_3H_6O_3$	0.81
20.81	5-乙酸甲基糠醛	$C_8H_8O_4$	1.76
21.69	2,3-二氢-3,5-二羟基-6-甲基吡喃酮	$C_6H_8O_4$	1.08
23.13	双脱水吡喃糖	$C_6H_8O_4$	1.23
24.17	5-羟甲基糠醛	$C_6H_6O_3$	6.39
42.56	左旋葡聚糖	$C_6H_{10}O_5$	1.07

第4章 木质素热裂解

4.1 木质素热裂解基本过程

4.1.1 概述

不同于纤维素和半纤维素的聚糖结构,木质素是由三种基本的苯丙烷单元以非线性的、随机的方式连接组成的高度支链化聚合物。木质素虽然只有三种基本结构单元,但每一种结构单元的苯环上都有不同的官能团,具有不同的反应活性,从而造成了木质素结构的复杂性。相比于纤维素和半纤维素的热裂解过程,木质素热裂解的温度范围较宽,一般发生在 $200\sim500℃$;热裂解过程较为缓慢,先后经历水分的析出、主要产物的生成和小分子气体产物释放三个阶段。也有研究认为木质素在 $200\sim275℃$ 发生分解,在 $400℃$ 左右生成大量的酚类物质,且在 $500℃$ 以后初始热裂解产物中的芳香环结构分解并缩合生成小分子物质[1]。木质素热裂解产物也主要可分为焦油、小分子气体产物和焦炭三大部分,对应的产率分别为 $20\%\sim30\%$、$30\%\sim40\%$ 和 $30\%\sim45\%$。

木质素热裂解生成的焦油主要由酚类物质组成,此外还含有其他的醛类、酸类物质。酚类物质主要包括苯酚类、羟基苯酚类、愈创木基型酚类和紫丁香基型酚类。图 4-1 为典型酚类产物,愈创木基型酚类在 C_2 上含有一个甲氧基,并在 C_4 上含有侧链(碳原子数≤3),愈创木酚、甲基愈创木酚、香草醛、乙烯基愈创木酚都属于愈创木基型酚类;紫丁香基型酚类则是在 C_2 和 C_6 上都含有甲氧基,并在 C_4 上含有一个侧链,紫丁香酚、甲基紫丁香酚、丁香醛、乙烯基紫丁香酚都属于紫丁香基型酚类。苯酚的含量要远低于愈创木基型酚类和紫丁香基型酚类,这说明木质素结构中 H 型单元要远远少于 G 型和 S 型基本单元,且苯丙烷基上的含碳侧链及甲氧基并不容易断裂生成苯酚。酚类产物和木质素结构中的愈创木基、对羟苯基和紫丁香基单元相对应,因此也可以通过产物中酚类产物种类的归属判断确定木质素结构中愈创木基和紫丁香基型结构单元的大致比例。小分子气体成分主要包括 CO、CO_2、CH_4 和 H_2 等,它们的生成主要来源于苯丙烷侧链的断裂和苯环上连接的官能团的脱除。相比于纤维素和半纤维素,木质素热裂解会生成较多的焦炭[2]。

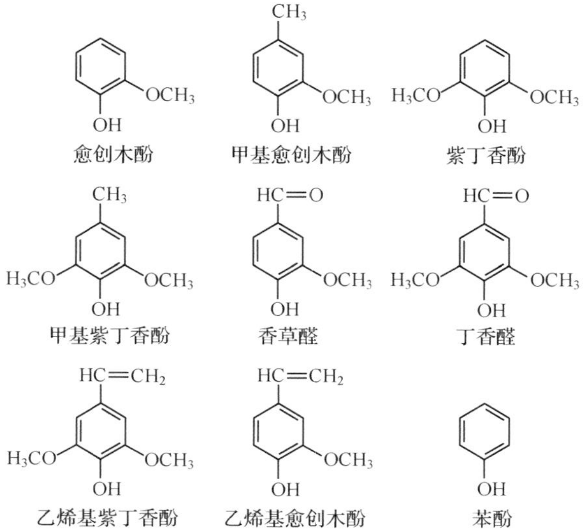

图 4-1　木质素热裂解产物中几种典型的酚类物质

4.1.2　具有木质素典型官能团的模化物热裂解

　　与具有相对固定结构单元的纤维素和半纤维素相比,木质素由于其苯环上取代基以及苯丙烷侧链和结构单元连接形式的多样性,其分子结构非常复杂。从具有木质素典型官能团的模化物出发,能够简化相应的热裂解行为,对于深入研究木质素热裂解过程中的断键和产物生成机理具有重要意义。目前研究的木质素模化物主要有两类,一类是以单酚衍生物为主的单体模化物,另一类是具有典型木质素连接形式的酚类多聚模化物。

　　木质素单体模化物的选取主要是依据其苯丙烷单元的基本结构特性,包括愈创木基型酚类、紫丁香基型酚类和苯酚类等。这些模化物是木质素热裂解的主要初级产物,随着热裂解反应的进行,这些初级产物由于化学性质差异,可能发生分解和缩聚等不同的反应,也可能保持稳定。因此,对这类模化物的热裂解研究能够评估它们在热裂解过程中的热稳定性。Klein[3] 在对愈创木酚的热裂解研究中发现,愈创木酚主要发生脱甲基反应生成甲烷和邻苯二酚,此外还存在部分脱甲氧基反应生成苯酚和 CO 等产物。随后,他又对一系列单酚类衍生物的热裂解行为进行了研究,包括紫丁香酚、异丁子香酚、香草醛、苯甲醚、1,2-二甲氧基苯、苯甲醛、乙酰苯、肉桂醛和肉桂醇。紫丁香酚和异丁香酚的热裂解途径与愈创木酚相似,以发生脱甲基反应为主。苯甲醚的热裂解具有复杂的产物分布,且与愈创木酚相比需要更高的热裂解温度,说明酚羟基的存在有利于提高反应活性。1,2-二甲氧基苯的主要热裂解产物是愈创木酚,随后按照愈创木酚的热裂解机理生成邻苯二酚和苯酚等产物,此外该模化物还能通过相邻取代基的协同反应生成邻甲酚。对于含有羰基官能团的模化物(香草醛、乙酰苯、苯甲醛和肉桂醛),在热裂解过程中主要通过脱羰基作用发生反应。香草醛由于苯环上甲氧基和羟基的电子效应相比苯甲醛具有更高的反应活性。同时,苯甲醛相比乙酰苯更容易热裂解,说明支链末端的 C=O 官能团(醛基)相比 α 和 β 位的 C=O 官能团(酮基)化学性质更为活泼。肉桂醛的热裂解产物主要是苯酚和丙烯基苯酚,同时还能发生 Diels-Alder 反应生成二聚物。在肉桂醇热裂解中,甲基愈创木酚和愈创木酚的产率明显提高,而 2,3-二羟基苯甲醚产率降低。从反应机理来看,甲基愈创木酚可能来自紫丁香酚上其中一个甲氧基的重排,而愈创木酚则可能通过甲氧基 C—O 键的直接断裂并以邻苯二酚作为中间产物生成。

　　Asmadi 等[4]以愈创木酚和紫丁香酚为木质素模化物研究了相应的热裂解行为。对于这两种含甲氧基的酚类,在温度高于 400℃时发生 O—CH$_3$ 键的均裂,生成多羟基酚类,随后还可能发生一系列受热裂解温度影响的反应。在 400℃时,发生自由基引发的重排反应,使苯环上的甲氧基转化为甲基,同时发生缩聚反应生成分子量更大的产物。当热裂解温度达到 450℃时,涉及焦炭生成的反应明显增强。紫丁香酚相比愈创木酚具有更高的气体和焦炭产率,主要是其分子结构中有更多的甲氧基官能团,这不仅促进了小分子气体产物(CH$_4$ 和 CO$_2$)的释放,而且更容易生成苯醌这类生成焦炭的中间产物。随后,Asmadi 等[5]又对愈创木酚和紫丁香酚的主要热裂解产物——邻苯二酚/邻苯三酚(O—CH$_3$ 键均裂后产物)和甲基苯酚/乙基苯酚(O—CH$_3$ 官能团重排后的产物)的二次热裂解进行了研究,发现酚羟基的存在能明显提高化合物的反应活性,邻苯二酚/邻苯三酚的反应活性要明显高于甲基苯酚/乙基苯酚。同时,苯环上的取代基越多,反应活性也越高,邻苯三酚相比邻苯二酚更容易转化。邻苯二酚/邻苯三酚在初始热裂解阶段就能够生成较多的 CO(邻苯三酚还会产生 CO$_2$),而甲基苯酚/乙基苯酚需要在较长时间的热裂解下才能生成 H$_2$ 和 CH$_4$ 等产物。

　　木质素中的苯丙烷结构单元的连接形式主要有两类,即醚键连接(α-O-4,β-O-4 和 4-O-5)和 C—C 键连接(β-1,α-1,β-5 和 5-5)。β-醚键连接是木质素中最常见的结构单元连接形式,Klein 等[6]在具有 β-醚键的最简单模化物(苯乙基苯基醚)的热裂解研究中发现热裂解过程主要发生 β-醚键断裂,生成苯酚和苯乙烯。尽管 β-醚键的解离在具有这类连接形式的二聚物热裂解过程中占优势地位,但是连接部分苯丙烷侧链上的官能团(如脂肪羟基和羰基)乃至苯环上的官能团(如酚羟基和甲氧基)都会对解离反应的活性产生影响。Domburg 等[7]研究了三种分别含有甲氧基、羟基和羰基等官能团的 β-醚键二聚物的热裂解行为,三种模化物(Ⅰ,Ⅱ和Ⅲ)如图 4-2 所示。反应物Ⅰ的反应活性略高于Ⅱ,但明显高于Ⅲ,这说明当 C$_\alpha$—OH(Ⅰ)氧化为 C$_\alpha$=O(Ⅲ)后,C$_\beta$—O 键的断裂过程受到明显抑制。另外,

α-苯基上的取代基变化（Ⅰ中的 C_4—OH 变为Ⅱ中的 C_4—O—Me）也会略微影响这一过程。在热裂解产物方面，Ⅰ和Ⅲ的热裂解产物主要是愈创木酚类物质，说明主要发生的是仍然是 C_β—O 键的断裂。Savinykh 等[8]进一步研究了苯基和甲氧基取代基对 C_β—O 键断裂的影响，发现 α-苯基的移除很大程度上抑制了 C_β—O 键断裂，而甲氧基取代基对这一过程的影响相对较小。

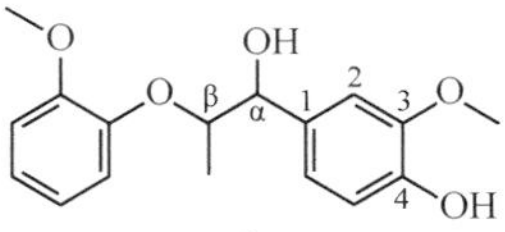

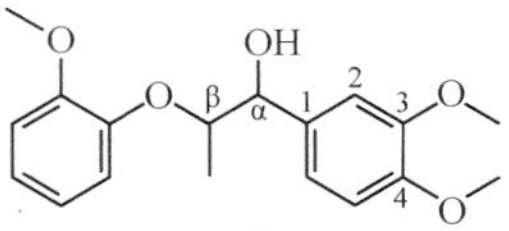

图 4-2　β-醚键二聚物模化物[7]

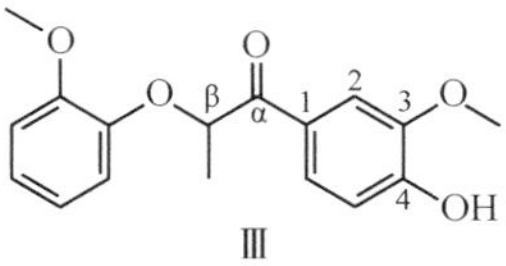

　　除了 β-醚键连接形式外，木质素中还存在其他结构单元间的连接方式，如 α-醚键，5-O-4 醚键和 β-1 等。尽管这几类连接方式在木质素大分子结构中相对 β-醚键较少，但仍然会对木质素的整体热裂解行为产生影响。通常基于醚键（包括 α-醚键，5-O-4 醚键和 β-醚键）的连接形式更容易在热裂解过程中发生解离，生成酚类产物，通过烷基和苯环上碳原子相互连接的结构（如 β-1）反应活性相对较低，而直接通过苯环上的碳原子相互连接的结构则较难发生解聚。Kawamoto 等[9]对多种连接方式（α-O-4，β-O-4，β-1 和 5-5）的二聚物（酚型和甲氧基型）的热裂解研究中发现，不同连接形式的反应物反应活性差别很大，同时苯环上的不同取代基（酚羟基和甲氧基）也会对反应活性产生影响。在二聚结构的解聚反应活性方面：α-O-4（酚型和甲氧基型），β-O-4（酚型）＞ β-O-4（甲氧基型），β-1（酚型和甲氧基型）＞ 5-5（酚型和甲氧基型）；对于同种连接方式的反应物，苯环上取代基为酚羟基的反应活性则高于取代基为甲氧基的反应活性。同时，根据热裂解产物推断，β-O-4 型结构主要发生的是 C_β—O 键断裂生成肉桂醇和愈创木酚以及 C_β—C_γ 键断裂生成乙烯醚。而 β-1 型结构则存在两条竞争的热裂解途径，即发生 C_α—C_β 键断裂生成苯甲醛和苯乙烯以及发生 C_β—C_γ 键断裂生成甲醛和二苯乙烯。此外，这些反应的相对活性也受到苯环上取代基的影响，酚羟基将促进 β-O-4 型结构中 C_β—O 键的断裂和 β-1 型结构中 C_β—C_γ 键的断裂。

　　木质素的三聚体以及聚合度更高的模化物相比二聚物更接近实际木质素的结构，对其进行研究更能反映实际木质素的热裂解行为。Faix 等[10]对两种同时含有 α-醚键和 β-醚键的三聚体模化物进行了热裂解，模化物的结构如图 4-3 所示。三聚物具体的热裂解机理难以得到，但基本与二聚物类似，热裂解产物中的紫丁香酚、愈创木酚和乙酰愈创木基酮等主要来自醚键的断裂,苯甲醛等产物则来自烷基侧链上 C_α—C_β 键的断裂。Liu 等[11] 对聚合度更高的木质素 β-O-4 型结构模化物(图 4-4)开展的热裂解研究发现,由于分子结构更为复杂(平均分子量达到 4832),出现了更多的断键形式,包括 C_α—C_β、C_β—O、Ar—C_α 及 O—4 等。但从主要产物上来看,C_β—O 键的断裂仍然是这类高聚物热裂解过程中的主要解聚过程,反映了这类结构在热裂解断键途径上的相似性。

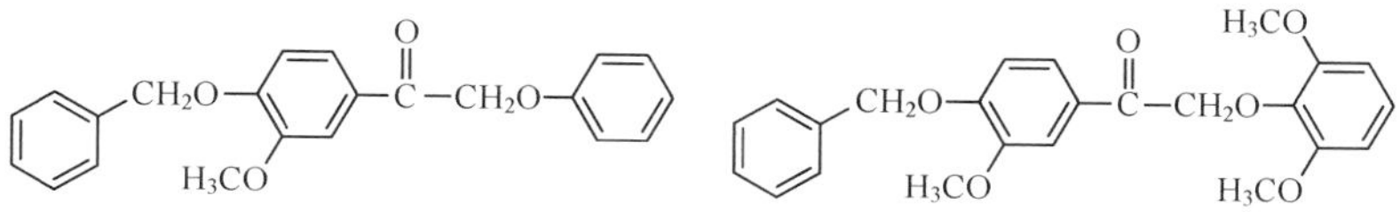

图 4-3　木质素三聚体模化物[10]

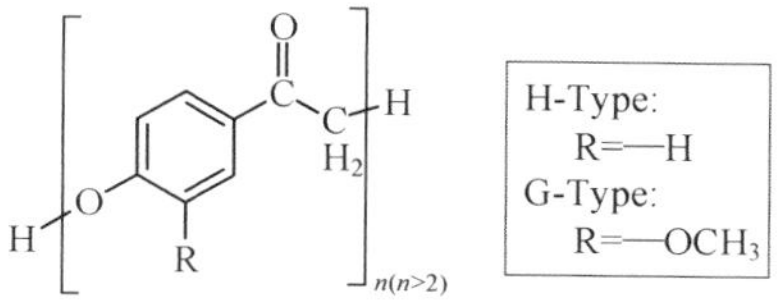

图 4-4　木质素高聚合度 β-O-4 型结构模化物[11]

Chu 等[12] 利用丁氧基羰基甲基香草醛单体合成了具有木质素典型 β-O-4 连接结构的低聚模化物,如图 4-5 所示。对该低聚物的热裂解研究发现,β-O-4 键主要在 250～350℃温度范围内发生断裂。他们根据主要产物的分布,推断了相应的自由基反应机理。香草醛和 4-甲基愈创木酚这两种主要单苯环酚类产物是通过β-O-4 键断裂后自由基发生的质子夺取反应(从一些键能较弱的 C—H 键和 O—H键夺取)生成。同时,C—O 键断裂生成的部分自由基还能发生二次结合,生成 1,4-乙酸丁二酯等产物。一些其他的酚类,如 4-丙烯基愈创木酚和 4-丙基愈创木酚,可能通过 β-O-4 键断裂后生成的自由基,经历复杂的二次反应(包括质子夺取反应、双键形成反应、重排反应、异构化反应和协同反应)生成。此外在热裂解过程中还生成了部分固体产物(热裂解炭),对其元素分析表明其含碳量达到原始木质素模化物样品含碳量的 50% 以上,这些热裂解炭可能是通过小分子自由基(如芳香族类、烷烃类和烯烃类)发生深度聚合生成。

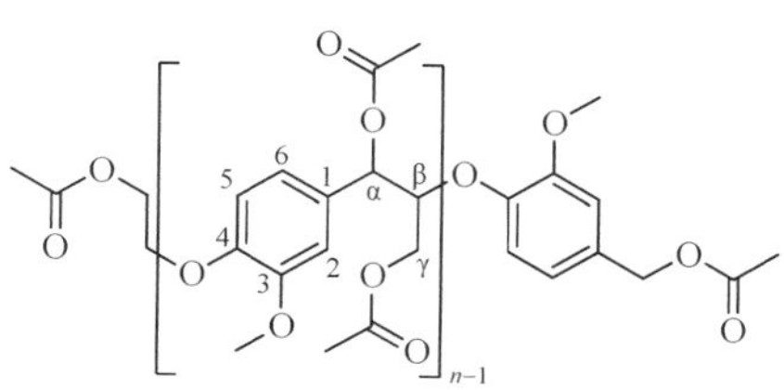

图 4-5　具有木质素典型 β-O-4 连接结构的低聚模化物[12]

4.1.3　不同木质素的热裂解

生物质中的木质素可以通过一定的方法分离得到,但是由于在分离过程中木质素的成分和结构多少会发生一定的改变,从而导致不同方法获得的木质素的性质和结构不尽相同,使得它们所对应的热裂解行为存在一定差异。

4.1.3.1　酸洗木质素热裂解

在生物质的范式组分分析过程中,用72%的硫酸溶液溶去半纤维素和纤维素,可以得到固体残渣(强酸洗涤纤维 SADF),该残渣主要为木质素和少量灰分。图4-6为杉木和黑桦两种生物质的 SADF 的热裂解的 TG/DTG 曲线。两种木质素的热裂解失重都在较宽的温度范围内发生并持续到最后,最终残余物量约为40%。DTG 曲线表明木质素热裂解过程中存在三个主要的失重阶段,并且各阶段的最大失重速率依次增加。其中第一阶段的轻微失重是由于水分的析出引起的,主要的失重发生在第二和第三阶段。第二阶段的热失重主要是木质素聚合体初步解聚和侧链的断裂引起的,并产生大量的挥发分,包括酚类物质以及 H_2O、CO 和 CO_2 等小分子物质。第三阶段则对应木质素的进一步解聚并伴随二次反应,生成 CO、CH_4、甲醇等小分子物质。Xie 等[13]对松木和玉米芯提取的 SADF 进行 TG 实验也有类似的结果,SADF 的热裂解失重都在一个很宽的温度范围内,最终残炭量在40%以上。而 DTG 曲线则出现了多个失重峰,除了120℃前的水分析出引起的失重峰,松木和玉米芯的 SADF 分别还有三个和两个失重峰,其原因可归结为原料结构的差异以及 SADF 中灰分的催化作用。

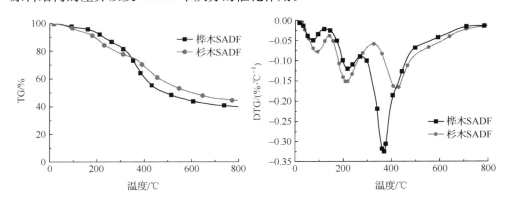

图 4-6　杉木和黑桦 SADF 在 20℃/min 升温速率下热裂解的 TG/DTG 曲线

通过与热天平相连接的在线红外光谱分析可以探讨热裂解产物的析出情况。热裂解初始阶段主要是水分的生成,首先物理水因吸热而蒸发出来,随后侧链上的脂肪羟基官能团断裂也会生成部分水。当热裂解进入到主要阶段,更多的产物释放出来,图 4-7(a)和图 4-7(b)分别为随后的两个主要热裂解阶段挥发分析出量最大时所对应的产物红外谱图。在第一个主要热裂解阶段,$3964 \sim 3500 cm^{-1}$ 和 $1800 \sim 1300 cm^{-1}$ 处对应于水分的析出,$2112 cm^{-1}$ 和 $2180 cm^{-1}$ 处的特征峰表明 CO 的生成,$2391 \sim 2217 cm^{-1}$ 和 $726 \sim 586 cm^{-1}$ 处的特征峰表明 CO_2 的生成。H_2O、CO 和 CO_2 可能通过结构单元中苯丙烷侧链上脂肪羟基和 C—C 键的断裂而产生。甲醛对应于 $2801 cm^{-1}$ 和 $1747 cm^{-1}$ 处的特征峰,主要来自苯丙烷侧链上存在的羟甲基官能团(—CH_2OH)的断裂。最明显的吸收峰在 $1400 \sim 1300 cm^{-1}$,代表 O—H 的振动,主要来自主链中醚键断裂而生成的酚类。在第二个主要热裂解阶段,CO 和 CO_2 析出强度明显增强。同时,$3200 \sim 2850 cm^{-1}$ 处的强吸收峰表明碳氢化合物尤其是甲烷的存在。$1085 \sim 960 cm^{-1}$ 处强烈的特征峰表明在此阶段有甲醇持续生成,甲烷和甲醇等产物可能来自苯环上甲氧基的断裂。

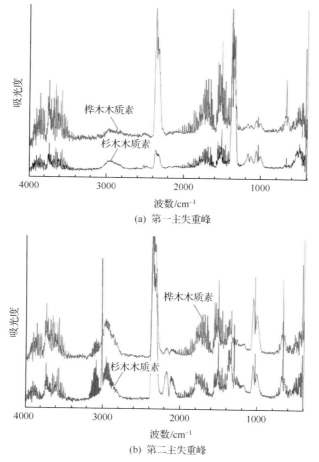

(a) 第一主失重峰

(b) 第二主失重峰

图 4-7　SADF 热裂解挥发分析出速率最大时对应的产物红外谱图(文后附彩图)

　　硫酸法是常用的测定生物质中木质素含量的方法,通过该方法得到的木质素称为硫酸木质素(Klason 木质素)。硫酸木质素与 SADF 在化学性质上有相似的地方,这主要是由于它们都经过 72%的硫酸溶液的处理;但两者也存在一定的差别,因为 SADF 法比硫酸法多了范式组分分析步骤(中性和弱酸性洗涤溶剂的预先处理)。从樟子松和水曲柳提取的 Klason 木质素的 TG 曲线可以发现(图 4-8),两种木质素的热裂解残炭量都在 40%以上,这与杉木和黑桦 SADF 的残炭量较为接近,主要原因是强酸的作用使得木质素发生很大程度的缩合,破坏了木质素的原始结构,导致反应性能下降。Caballero 等[14]的研究也表明,随着硫酸处理时间的增加,得到的木质素热裂解后残炭量也增加。樟子松和水曲柳的 Klason 木质素热裂解过程主要存在两个失重阶段,包括 150℃以下的物理水和部分化学水析出的热裂解初始阶段,以及 150～800℃的涉及大部分热裂解产物生成的主要热裂解阶段,主要的失重峰在 400°左右。在 Haykiri-Acma 等[15]对土耳其榛子树提取的 Klason 木质素热重研究中也观察到了类似的现象,当热裂解温度低于 150℃时,主要发生水分的脱除,在主要的热裂解阶段(150～900℃)最大的失重速率发生在 409℃,但最终的焦炭产率略低,为 36.9%。Jiang 等[16]对榉木、柳木、混合软木、木薯梗和木薯茎提取的 Klason 木质素进行了 TG 实验,这 5 种木质素的热裂解残炭量都在 40%～45%,而 DTG 曲线显示热裂解过程则存在单一强烈的失重峰,热裂解初期没有出现自由水脱除的失重峰与样品预先在 105℃充分干燥有关。

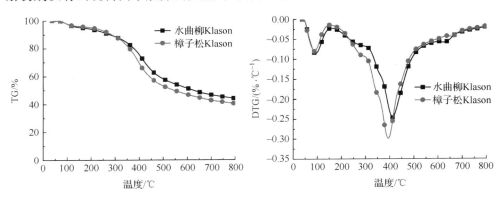

图 4-8　樟子松和水曲柳 Klason 木质素热裂解 TG/DTG 曲线

4.1.3.2　磨木木质素(MWL)热裂解

　　采用 Bjokman 法可从生物质中提取磨木木质素(MWL),与 Klason 木质素相比 MWL 更好地保留了木质素的结构,且具有更高的化学反应活性[17]。樟子松和水曲柳 MWL 热裂解的 TG/DTG 曲线如图 4-9 所示,两种木质素的热裂解残炭量分别为 37%和 26%,低于 SADF 和 Klason 木质素的热裂解生成的残炭量。从两种木质素的 DTG 曲线来看,主要也分为两个失重阶段,在 120℃ 以下的失重主要归属于物理水的蒸发析出,而在 150～650℃ 的主要热裂解阶段呈现一个强烈的单一失重峰,特别是水曲柳 MWL。这反映了 MWL 具有较为活泼的化学结构,更容易在热裂解过程中析出挥发分。Faix 等[18]对杉木、榉木和竹提取的 MWL 的 TG 实验也观察到了相似的现象,在 180～200℃ 开始热裂解失重,热裂解残炭量分别是 38%、27% 和 32%。Jakab 等[19]对 16 种 MWL 的 TG 研究发现,MWL 的热裂解残炭量在 26%～39%,且硬木 MWL 的残炭量比软木的低。同时 DTG 曲线显示软木 MWL 的最大失重速率都位于较高的温度,并在 300℃ 左右会出现一个低强度的肩峰。分析认为,木质素中的甲氧基含量是影响残炭量的重要因素,甲氧基含量越高,则残炭量越低。相比软木,硬木有着更高的甲氧基含量,因而硬木的残炭量都比较低。而且软木中的愈创木基结构比硬木中的紫丁香基结构更倾向于发生缩合反应。

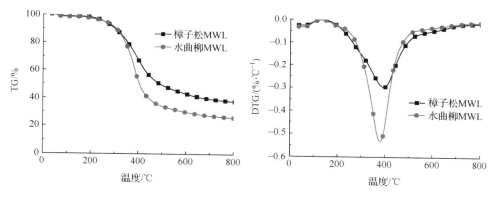

图 4-9　樟子松和水曲柳 MWL 热裂解的 TG/DTG 曲线

　　图 4-10 为水曲柳和樟子松 MWL 在热裂解最大失重速率时的产物析出红外谱图。4000～3500cm^{-1} 的特征波段对应于水的生成;3200～2800cm^{-1} 的吸收峰对应于碳氢化合物的生成,并由 3016cm^{-1} 处的吸收峰判断甲烷是其中最主要的产物;2400～2230cm^{-1} 的吸收峰对应于 CO_2 的生成;2110cm^{-1} 和 2170cm^{-1} 处双峰的出现表明 CO 的存在;1900～900cm^{-1} 的吸收峰表明一些有机物的析出,包括醇、醛、酚和酸。含甲氧基的酚类是木质素热裂解最主要的特征产物,代表性的有愈创木酚(邻甲氧基苯酚)、紫丁香酚(2,6-二甲氧基苯酚)以及它们的衍生物。醇类是木质素热裂解的另外一种重要的特征产物,1057cm^{-1} 处的强吸收峰表明了甲醇的存在。

4.1.3.3　硫酸盐木质素(Kraft 木质素)热裂解

造纸黑液含有丰富的硫酸盐木质素(Kraft 木质素),由某造纸厂造纸黑液提

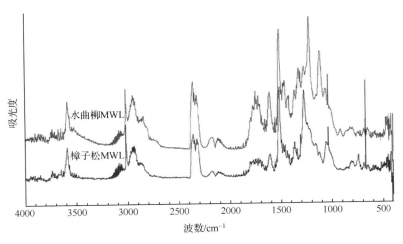

图 4-10　水曲柳和樟子松 MWL 在热裂解最大失重速率时的产物析出红外谱图

取的 Kraft 木质素的热裂解 TG/DTG 曲线如图 4-11 所示。木质素热裂解呈现宽温度区域，残炭量为 40% 左右。从木质素的 DTG 曲线中可以发现在热裂解过程中存在多个失重峰，主要失重发生在 375℃ 左右，同时在 270～300℃ 存在一个微小的肩峰，这可能是由于木质素中一些残留的半纤维素结构的热裂解[20]。在 Alén 等[21] 对 4 种不同的造纸黑液的热重研究中也发现，除了第一个失重阶段的水分脱除（100～150℃），在 150～700℃ 的主要失重阶段也存在多个失重峰，残炭量高达 60% 以上。Kraft 木质素热裂解行为的差异，主要是由于原料和制浆工艺等的差异导致提取得到的 Kraft 木质素的性质有所不同。Fenner 等[22] 对 Kraft 木质素的 TG-FTIR 研究中发现，热裂解存在两个失重区域，一个是 120～300℃，另一个是 300～480℃，其中后者的失重率达到 50% 以上。此外，在第一个失重阶段还检测到了 SO_2 的存在，由于天然木质素热裂解过程中没有 SO_2 生成，因此该木质素中硫元素的引入可能与获得木质素原料的硫酸盐法制浆工艺有关。在 Brodin 等[23] 对不同生物质得到的 Kraft 木质素的热重研究同样观察到两个失重峰，包括 100～200℃ 的小失重峰，以及 300～500℃ 的主要热裂解失重峰。Brebu 等[24] 则在 Kraft 木质素的热裂解研究中没有观察到明显的脱水失重，主要热裂解阶段包括 150～300℃ 的小失重峰和 300～500℃ 的主要失重峰，最大热裂解速率发生在 385℃ 左右，最终残炭量高达 54%。Zhang 等[20] 在 Kraft 木质素的热重实验中发现，除了 35～200℃ 的脱水失重峰和 200～500℃ 的主要失重峰，后续又有两个小的失重峰，最终残炭量在 45% 左右。根据 TG-FTIR 的产物分析，500～700℃ 的失重峰主要是由于 CO_2 和一些芳香族类物质的析出，而 700～900℃ 的失重峰与 CO 和 CO_2 的进一步析出有关，其中 CO 可能是通过一些苯环间醚键的断裂产生。Hu 等[25] 对造纸黑液分别利用苯/乙醇提取的木质素(BEL)和丙酮提取的木质素(AL)的热裂解行为进行研究,发现两种木质素都存在两个主要的热裂解失重阶段,第一个失重阶段(110~180℃)主要对应于萃取溶剂挥发,第二个失重阶段(200~500℃)为主要热裂解阶段,最大失重速率在390~400℃,最终残炭量在35%左右。

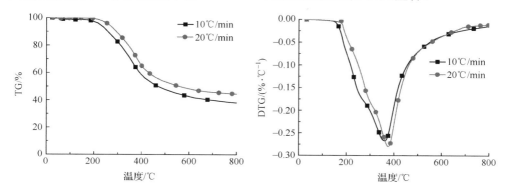

图 4-11　Kraft 木质素热裂解 TG/DTG 曲线

4.1.3.4　有机溶剂木质素(Organosolv 木质素)

用合适的有机溶剂在一定的温度和压力下可以将生物质中的木质素溶解出来,得到 Organosolv 木质素,常用的有机溶剂包括乙醇、甲酸、乙酸和丙酮等。由榉木得到的 Organosolv 木质素的 TG/DTG 曲线如图 4-12 所示。该木质素的热裂解失重从 50℃延续至 800℃,最大失重速率出现在 360℃左右,最终残炭量在40%。DTG 曲线显示 Organosolv 木质素与 MWL 很相似,同样包括 150℃以下的初始阶段自由水蒸发引起的小失重峰,以及主要热裂解阶段的单一失重峰。Jiang等[16]对硬木提取的 Organosolv 木质素也得出相似的热裂解行为,主要热裂解阶段呈现一个较为强烈的单一失重峰,最终的热裂解残炭量约为 35%。但是,由于原料和提取工艺的影响,不同 Organosolv 木质素的热裂解行为也可能存在较大差异。在 Brebu 等[24]对桦木利用乙酸/次磷酸提取得到的 Organosolv 木质素的热重研究中观察到多个失重峰,其中 110℃的第一个失重峰对应自由水的脱除,主要热裂解阶段的失重范围在 150~600℃,除了 380℃时的最大失重峰外,200℃左右还存在小的失重峰,最终在 575℃时的残炭量高达 54%。Wild 等[26]对麦秆利用乙醇提取 Organosolv 木质素,进行热重行为研究并发现具有较高的残炭量(50%~60%),主要热裂解阶段温度范围为 150~500℃,最大失重速率发生在 365℃左右。Domínguez 等[27]对利用甲醇-水从蓝桉树中提取的 Organosolv 木质素的热裂解进行研究,观察到三个主要失重阶段的存在:第一个失重阶段(<200℃),除了自由水的蒸发,还有部分 CO 和 CO_2 等小分子产物的生成;第二个失重阶段为主要热裂解

阶段(200～450℃),主要酚类产物生成;第三个失重阶段(＞450℃)涉及的主要是芳香环的分解和缩聚。Zhao 等[28]分别利用乙酸和甲酸从暹罗草茎提取的 Organosolv 木质素,并对其热裂解失重行为进行了研究,并根据主要失重峰的分布,将该木质素的热裂解分为四个阶段:第一个失重阶段为水分的蒸发,温度为30～130℃;第二个失重阶段(130～200℃),木质素发生玻璃态转变;第三个失重阶段(200～500℃)是主要热裂解阶段,最大失重速率发生在 370℃左右,主要涉及单酚类产物的生成,以及部分苯环的破裂;最后一个失重阶段发生在 500～900℃,可能发生了苯环结构的深度分解和缩聚等反应。

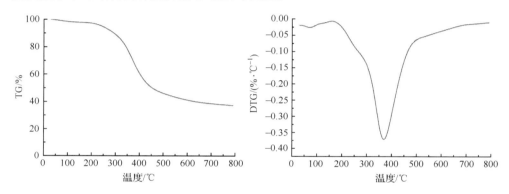

图 4-12　Organosolv 木质素热裂解 TG/DTG 曲线

　　受萃取溶剂和提取条件的限制,经有机溶剂法分离得到的 Organosolv 木质素往往在分子结构的末端还会连接部分糖苷键结构。在裂解仪-色质联用分析仪(Py-GC/MS)上对榉木提取的 Organosolv 木质素的热裂解产物进行研究。热裂解温度为 600℃,停留时间为 10s。木质素在此工况下的失重率为 61.9％,此时其热裂解产物的 GC-MS 分析获得的主要产物组成如附表 4-1 所示,主要包括酚类物质、呋喃类物质和碳原子数大于 16 的直链酸酯等,另外还有少量的乙醇和乙酸生成。Domínguez 等[27]在对蓝桉树提取的 Organosolv 木质素热裂解研究中也观察到了乙酸等典型半纤维素热裂解产物的生成。Zhang 等[20]对不同有机溶剂提取的木质素进行热裂解后也发现类似的产物分布,酚类物质作为最主要的热裂解产物,同时还有少量的呋喃类等其他物质。呋喃类物质主要包括糠醛、5-甲基糠醛和5-羟甲基糠醛这三种物质。

4.2　不同因素对木质素热裂解行为的影响

　　基于前文所述的红外辐射加热实验装置上的相应研究得到了樟子松和水曲柳的 MWL 热裂解产物分布。如图 4-13 所示,水曲柳 MWL 和樟子松 MWL 的生物油产率分别为 25.6% 和 19.1%，焦炭产率分别为 34.3% 和 42.8%。两种木质素热裂解气体产率基本相当，气体产物以 CO 为主，占到 60% 以上，CO_2 占近 20%，CH_4 占 9%。其中，樟子松 MWL 热裂解生成了较多的焦炭和较少的挥发分，这主要是由于樟子松木质素的结构中含有更多的愈创木基单元，更容易在热裂解过程中发生交联反应而生成焦炭。

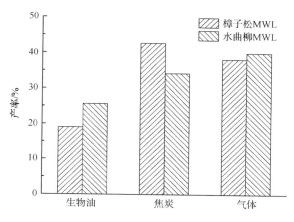

图 4-13　樟子松 MWL 和水曲柳 MWL 热裂解的产物分布

　　樟子松 MWL 和水曲柳 MWL 热裂解生成的生物油的主要成分如附表 4-2 所示。生物油中的主要族类化合物是酚类，除了苯酚、2,4-二甲基苯酚、2-甲基苯酚、邻苯二酚和 3-甲基-邻苯二酚外，许多酚类中含有甲氧基和烷基官能团，表现出了木质素的结构特征。生物油中含甲氧基的酚类主要有：愈创木酚、4-甲基愈创木酚、4-乙基愈创木酚、紫丁香酚、4-丙烯基愈创苯酚。酸类物质仅检测到少量乙酸，醇类物质包括少量苯甲醇和 3,5-二甲基苯甲醇。此外，生物油中还含有一定量的醛类，除了同时具有酚类特性的香草醛及其衍生物外，还有糠醛等常见的半纤维素热裂解产物，这类产物的生成可能与 MWL 的制备过程有关。与使用强酸对纤维素和半纤维素进行完全溶解的 Klason 法制备方法不同，通过碾磨和溶剂抽提获得的 MWL 结构单元中，苯丙烷侧链上可能会残留糖苷键结构，这类结构在热裂解过程中会生成乙酸和糠醛等半纤维素热裂解典型产物。这与 Ucar 等[29] 在提取的磨木木质素中检测到少量多糖物质的结论相吻合。

　　在木质素热裂解过程中，脱挥发分反应与结焦反应相互竞争，同时还有后续二次裂解反应，反应过程中的操作条件，如反应温度、反应气氛、停留时间和升温速率等都将影响这些反应的强度，最终影响热裂解产物的分布。

4.2.1　反应温度的影响

由于木质素中含有许多官能团,相应化学键的解离能也不尽相同,因此反应温度对木质素热裂解产物的分布有较大的影响。从木质素的热重实验就可以明显看出,随着热裂解温度的升高,固体残余物(焦炭)的质量不断降低,挥发分连续生成,其中一部分可以冷凝为液体(焦油),其余为不可凝气体,如 CO、CO_2 和 CH_4 等。

4.2.1.1　反应温度对热裂解产物分布的影响

不同反应温度下木质素热裂解产物分布呈现如下趋势:即随着反应温度的升高,气体产率不断增大,生物油产率则呈现先升高后降低的趋势,焦炭产率不断降低。这主要是由于木质素热裂解过程中挥发性物质的生成需要多种内部结构单元间连接部分的断裂,而这些结构约有 40% 在低于 300℃ 时是相对稳定的。因此当反应温度较低时,木质素中的交联反应占优势地位,更容易生成焦炭。当反应温度升高时,更多木质素结构单元中的苯丙烷侧链和苯环上的 C—C 键和 C—O 键等发生断裂,脱挥发分反应强度增大,有利于生物油和气体产物的生成。当反应温度更高时,生物油由于发生二次分解,产率开始下降,同时气体产率升高。Hosoya 等[30]对木质素的初始热裂解焦油的二次热裂解的研究中发现,焦油(生物油)中的醛类化合物能发生脱羰基反应,得到 CO 等气体产物,同时含侧链和甲氧基的酚类能够发生裂解,得到邻苯二酚类和苯酚类等降解产物,同时释放 CO、甲烷和甲醇等小分子气体。

图 4-14 为 Kraft 木质素在红外辐射加热实验装置上的热裂解产物分布曲线,辐射源温度范围在 450~1150℃。结果表明,在整个温度区域内,焦炭产率随着温度的升高呈下降趋势,并且在 900℃ 以下的下降趋势显著,在 900℃ 以上,下降趋于平缓而最终趋向 26% 的稳定值。气体产率的变化趋势与焦炭正好相反,从 450℃ 时的 26% 持续增大至 1150℃ 时的 57%。焦油产率呈现先升后降的趋势。低温时,热裂解以炭化反应为主,挥发分析出不够充分,随着温度的升高,反应加剧,可凝性挥发分大量析出,使得焦油产量增加,并在 655℃ 左右达到最大值,约 27%,之后随着温度进一步升高,可凝性挥发分中部分组分发生二次裂解,生成小分子气体,从而焦油产率降低,在 1150℃ 时,产率仅为 15% 左右。

在其他针对木质素热裂解的研究中,温度对三相产物产率的影响具有类似的趋势,主要区别是焦油产率到达最大值的温度不同。Nunn 等[31]在氦气气氛以及 1000℃/s 的高升温速率下研究了 325~1125℃ 范围内磨木木质素的热裂解规律。随着温度的升高,磨木木质素的失重量不断增加,直到 775℃ 时到达稳定值 86%,焦油产率在 627℃ 到达最大值 53%,气体产率随着温度升高持续增大,并在 877℃ 达到 36% 左右的稳定值。Ferdous 等[32]在固定床加热装置上研究了 Alcell 木质

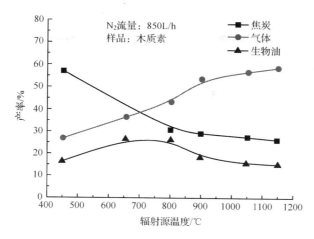

图 4-14　Kraft 木质素热裂解产物分布曲线

素(硬木有机可溶木质素,乙醇/水溶剂蒸煮而得)在 350～800℃的热裂解规律,随着温度增加,其焦炭产率一直下降直到 800℃的 34％左右。在 350～550℃的温度范围内,气体和焦油产率都随温度升高而增加,但气体产率的增幅较小,这是由于该阶段气体产物主要由木质素一次裂解得到,同时这些反应的强度较低。在550～650℃温度范围内,一次裂解进一步深化,以及挥发分的二次裂解使得气体增加最为显著,气体产率由 20％剧增至 40％,650℃以后,气体产率由于焦油二次裂解可能性降低而增幅较为平缓。Lou 等[33]研究了从竹子中提取的 EMAL 木质素(酶温和酸解而得)的热裂解特性,发现随着热裂解温度的增大,木质素的整体失重率由 55％增大至 73％。焦炭产率在 400℃时为 43％,随着温度升高逐渐降低,直到 750℃时基本保持稳定,说明此时脱挥发分反应基本进行完全。气体产率从400℃时的 6％持续增大至 26％。焦油产率呈现先增大后减小的趋势,在 600℃时达到最大值 55％,随后由于在较高温度下可冷凝挥发分发生二次热裂解而逐渐下降。

4.2.1.2　反应温度对气体组成的影响

随着反应温度的升高,木质素热裂解的气体产物产率不断增大,同时气体产物的组成也发生改变,这主要是由于温度的改变影响了不同类型脱挥发分反应和二次裂解反应的强度。总的来说,CO、CO_2、CH_4 和 H_2 是热裂解过程中常见的气体产物。在温度较低时,CO 和 CO_2 在气体产物中占有较高的比例,随温度的升高,CO 和 H_2 的增长趋势最为明显。

在我们对 Kraft 木质素的热裂解的研究中,温度对气体产物产率的影响如表 4-1 所示。CO、CO_2 和 CH_4 为主要气体,占总气体体积的 70％以上。CO_2 基本上

在低温时就生成且含量最高,但随着温度升高逐渐减少,到 1150℃ 时减少至
27.27％;H$_2$ 的浓度变化趋势则与 CO$_2$ 相反,从 450℃ 的 1.99％ 增加至 1150℃ 的
16.90％;CO 浓度随温度升高先增加后降低,800℃ 时达到最大值 35.82％;CH$_4$ 浓
度随着温度的升高而逐步增大,并稳定在 21％ 左右,C$_{2+}$ 气体仅在高温下有少量生
成,且随温度升高也略有增加。

表 4-1　Kraft 木质素热裂解气体产物分布

温度/℃	H$_2$/%	CO/%	CH$_4$/%	CO$_2$/%	C$_2$H$_4$/%	C$_2$H$_6$/%	C$_3$H$_8$/%
450	1.99	18.94	15.54	63.53	0.00	0.00	0.00
656	4.79	32.59	16.34	45.97	0.16	0.15	0.00
800	5.16	35.82	21.56	34.36	1.99	1.06	0.05
900	6.90	34.99	20.19	35.12	1.99	0.77	0.04
1050	9.80	33.26	22.56	30.68	2.73	0.96	0.01
1150	16.90	29.98	20.96	27.27	3.34	1.51	0.05

注:表中数据均为体积分数。

类似的木质素热裂解气体产物分布随温度变化规律也被其他研究者所证实。
Iatridis 等[34]研究了温度对 Kraft 木质素热裂解气体产物产率的影响,发现随着热
裂解温度由 400℃ 增大至 650℃,CO 和 CH$_4$ 产率的增长趋势较为明显,CO$_2$ 产率也
保持缓慢增长。Lou 等[33]对 EMAL 木质素的热裂解研究,得出在 400~900℃ 温
度范围内,H$_2$ 和 CO 产率都随着温度的升高而持续增大,CO$_2$ 和 CH$_4$ 产率则分别在
600℃ 和 700℃ 时达到最大值,C$_2$H$_4$ 和 C$_2$H$_6$ 在 700℃ 才开始生成,并且产率始终很
低。Ferdous 等[32]对 Alcell 木质素和 Kraft 木质素的热裂解气体产物分布也开展
了研究,对于 Alcell 木质素,随着温度从 350℃ 升高至 800℃,H$_2$ 浓度剧增至
31.5％,CO 浓度呈现先减小后增大的趋势,在 550℃ 时最低,CO$_2$ 浓度在 500℃ 时
达到最大值,随后开始降低。温度较高时,CO 浓度的升高可能来自挥发分的二次
裂解。CH$_4$ 浓度也在较高温时降低,C$_{2+}$ 烃类的浓度则一直维持在一个较低值。
对于 Kraft 木质素,各气体的浓度变化趋势与 Alcell 木质素相近,只是 CO$_2$ 浓度随
温度升高下降更为剧烈,相应的 H$_2$ 浓度的增大更为明显。

4.2.1.3　反应温度对生物油组成的影响

随着热裂解温度的升高,脱挥发分反应程度不断加深,同时析出的挥发分进一
步发生二次反应,影响生物油的组成。当反应温度升高时,与木质素原有基本结构
单元相对应的产物(主要是愈创木基和紫丁香基型酚类)的产率呈现先增大后减小
的趋势,苯酚及苯二酚类产物的产率则升高。这主要是由于当热裂解温度开始升
高时,更多的连接基本结构单元之间的醚键和 C—C 键等发生断裂,从而释放出大

量愈创木基和紫丁香基型酚类,当热裂解温度进一步升高时,脱甲氧基和脱甲基反应强度增大,愈创木基和紫丁香基型酚类发生二次裂解而生成相应的苯酚及苯二酚等。总的来说,由于含甲氧基的酚类在所有酚类产物中占有很大比例,因此酚类的总产率也随着温度的升高而先增大后减小,这与生物油产率的变化趋势基本一致。此外,来自与木质素结构相连接的糖苷键的热裂解产物,如醛类和酮类等,在较低的反应温度时基本释放完全,随着温度继续升高,脱羧基和缩合作用使其产率降低。

对 Kraft 木质素热裂解得到的生物油进行 GC-MS 分析,并对比不同热裂解温度下生物油主要组分的含量分布,发现生物油中含有少量的糠醛等呋喃类产物,主要来自木质素样品中残留的部分糖结构,其含量随温度的升高而降低。对比不同反应温度下热裂解生物油中的酚类含量,发现含有甲氧基的酚类,如愈创木酚、4-丙烯基愈创木酚和 2,6-二甲氧基苯酚等,其含量随着温度的升高而降低,说明此时脱甲氧基和脱甲基作用明显增强,相应的苯酚和乙基苯酚等不含甲氧基的酚类的含量随着温度的升高而增大。在 Py-GC/MS 上也研究了 450~700℃ 范围内温度对 Organosolv 木质素热裂解产物分布的影响规律。如图 4-15 所示,糠醛等呋喃类物质的含量随温度的升高而降低。其他产物的含量出现先增加后降低的趋势,在 600℃ 时达到最大,对于其中主要几种酚类化合物,如愈创木酚、4-丙基愈创木酚和紫丁香酚等,都在 600℃ 时含量达到最大值。

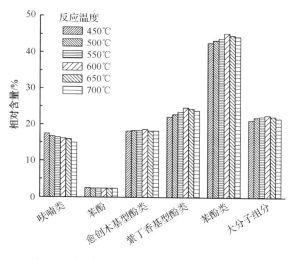

图 4-15　温度对木质素热裂解产物分布的影响

其他研究者也得到了类似的温度对木质素热裂解油的影响规律。Iatridis 等[34]在 400~650℃ 时针对 Kraft 木质素的热裂解研究发现,主要酚类(包括苯酚、愈创木酚、4-甲基愈创木酚、4-乙基愈创木酚和甲基苯酚)的总产率从 400℃ 的

2.18％增大至 650℃时的 2.95％。Huang 等[35]针对由玉米芯酸水解得到的木质素的热裂解研究发现,4-乙烯基愈创木酚和愈创木酚的含量在 600℃时分别达到 5.97％和 3.57％的最大值,而紫丁香酚含量则在 520℃时达到最大,为 2.58％,相应的苯酚含量总体呈增大趋势。Jiang 等[36]对 Alcell 木质素和 Asian 木质素的热裂解油进行了分析,并对比了酚类等主要产物在 400～800℃的产率。对于 Alcell 木质素,随着热裂解温度的升高,酚类的总产率从 400℃的 13.4％增大至 600℃的 17.2％,随后在 800℃时又降至 12.4％。含有甲氧基的酚类的产率与酚类的总产率变化趋势一致,呈现先增大后下降的趋势,而对于不含甲氧基的酚类,如苯酚、邻苯二酚(儿茶酚)和 3-甲基邻苯二酚在 400℃时检测不到,而在 800℃下则检测到它们的存在。Asian 木质素的热裂解焦油情况与 Alcell 木质素相似,4-乙烯基愈创木酚、紫丁香酚和愈创木酚等都在 600℃时获得最大产率,而苯酚和邻苯二酚等产率则随温度升高持续增大。Lou 等[37]分析了从竹子中提取的 EMAL 木质素的热裂解产物,发现苯酚、甲基苯酚和乙基苯酚等在 600℃开始生成,在 800℃时相对含量分别达到最大值 2.99％、5.26％和 1.59％,而愈创木酚、乙基愈创木酚、紫丁香酚及异丁香酚等酚类在高于 320℃就开始生成,在 400～600℃时具有最高的产率,随着温度继续升高这些酚类含量都逐渐降低。

4.2.1.4　反应温度对焦炭的影响

木质素热裂解获得的固体产物,或者称为热裂解焦炭,实际上是复杂的有机混合物,其组成在不同温度时有很大的区别。在反应温度较低时,由于热裂解程度较低,焦炭中包含了大量原始木质素的结构,富含一些脂肪族结构(如基本结构中的苯丙烷单元),以及羟基、甲氧基等官能团,随着热裂解温度的升高,脱挥发分反应逐渐进行完全,热裂解焦炭的炭化程度不断提高,最终获得热稳定性高和芳香族特性强的焦炭。

Pasquali 等[38]利用 IR 技术对不同温度下的 Klason 木质素的热裂解残余物进行了表征。研究发现,室温下的原始木质素样品含有丰富的愈创木基和紫丁香基型结构,在 226℃热裂解以后,这些结构的吸收峰强度明显减弱,说明在该热裂解温度下由于醚键等结构单元连接形式的断裂,小分子的愈创木基和紫丁香基型酚类从木质素基质中释放出来。Sharma 等[39]利用 IR 及 ^{13}C-CP/MAS-NMR 对不同热裂解温度下碱性木质素热裂解焦炭的官能团进行了表征,发现随着热裂解温度的升高,木质素的基本结构逐渐消失,氢和氧元素大量释放,芳香族结构的特点越来越明显。从 250℃到 350℃,木质素中的苯酚类、甲氧基、脂肪族类和甲基上的碳原子数不断减少,获得了芳香族特性更强的焦炭,此时的焦炭中含有较多的羟基(主要是酚羟基),但已经不含有甲氧基。当反应温度高于 350℃时,焦炭中的 O/C 进一步降低,连接芳香环的氧原子由于脱水和脱羧基等作用而明显减少,在较高温度下获得的焦炭中,芳香族类的碳原子可以占到焦炭中总碳原子数的 90％ 以上。

Li 等[40]研究了落叶松木质素和水曲柳木质素热裂解焦炭随温度变化的性质差别,通过对比 25～460℃ 的木质素热裂解残余物的 FTIR 发现,随着温度的升高,醚键(C—O—C)上的 C—O 吸收峰和脂肪族类的—OH 和 C—H 吸收峰强度降低,说明在加热过程中醚键和脂肪族结构都较容易发生热裂解,而芳香族类 C—O 键(紫丁香基和愈创木基型)吸收峰强度没有明显降低,因此热裂解焦炭芳香族特性随温度增大逐渐增强。通过 XPS 光电子能谱表征发现,热裂解焦炭表面的 C—C 键相对强度随温度升高而增大,而 C—O 和 C＝O 键的相对强度则降低,说明随着温度增加氧原子含量不断减少,木质素呈现逐渐炭化的趋势。Lou 等[33]也对竹子的 EMAL 木质素的热裂解焦炭进行了分析,得出 400～700℃ 过程中,C/O 的增大反映了木质素以缩聚和 CO_2 释放为主的炭化过程,而高于 700℃ 时,C/O 的降低可能是由于剩余的氧主要以无机氧化物形式稳定存在。针对焦炭 FTIR 研究发现,木质素分子结构中支链上的醇羟基,以及苯环上的酚羟基、甲基和甲氧基等取代基随热裂解温度的升高而逐渐消失,可能是由于芳香环发生了深度的缩聚反应。

Diehl 等[41]对松木(软木)和桉树(硬木)处理得到的 Kraft 木质素在不同热裂解温度下的残余物的化学结构进行了表征。CP/MAS ^{13}C-NMR 结果显示,两种木质素在热裂解温度低于 300℃ 时化学结构基本保持稳定。当温度高于 300℃ 时, Ar—O、甲氧基和烷基侧链数量开始减少,而 Ar—C 和 Ar—H 数量急剧增加,说明木质素的芳香族特性明显增强。FTIR 结果表明,当热裂解温度达到 250℃ 时,羟基数量出现了略微降低,但苯环侧链数量基本保持不变,可能是侧链末端的羟基发生了脱水作用而消去。当温度高于 500℃ 时,羟基数量出现明显下降。同时, C—H 键的数量在 400℃ 时开始减少,并在 500～600℃ 时大幅降低,700℃ 时几乎消失。苯环上的取代基数量也在 400℃ 时开始明显较少,当热裂解温度为 800℃ 和 900℃ 时,这类结构几乎完全消失。同时利用拉曼光谱对较高温度下的木质素热裂解残余物进行表征,研究发现此时木质素热裂解炭具有较为丰富的无定型炭结构,以及一定数目的石墨型结构,这与煤的拉曼光谱图非常接近。

4.2.2　停留时间的影响

在木质素的热裂解过程中,停留时间也会对产物的分布产生影响。过短的停留时间会导致木质素的不完全解聚,不仅气体和焦油产率较低,其中化学键的随机断裂和内部相互作用,可能会使生成的液体产物均相程度降低。适当延长停留时间有利于木质素脱挥发分反应的充分进行,能提高生物油和气体的产率。但是,过长的停留时间会导致一次产物的二次裂解,从而降低生物油产率,并进一步增大气体产率。

在固定床木质素热裂解的研究中,由于固定床的传热传质效率的影响,延长热裂解停留时间会对木质素热裂解产物的分布产生较大影响。Iatridis 等[34]研究了400~700℃条件下不同停留时间对 Kraft 木质素热裂解的影响,随着停留时间的延长,各种气体和液体产物的产率都有明显增大。在热裂解温度为 650℃时,当停留时间从 10s 增大至 120s 时,气体产物 CH_4、CO 和 CO_2 的产率分别由 1.80%、4.50% 和 5.48% 增大至 4.83%、9.20% 和 7.20%,同时,主要酚类(包括苯酚、愈创木酚、4-甲基愈创木酚、4-乙基愈创木酚和甲基苯酚)总产率由 1.13% 增至3.22%。此外,较长的停留时间还影响了二次反应的进行程度。Jegers 等[42]研究了 400℃下不同停留时间对 Kraft 木质素和磨木木质素热裂解产物产率的影响。对于 Kraft 木质素,主要气体产物中,CO_2 产率在 20min 左右达到稳定,CH_4 和 CO产率则到 60min 时才基本稳定,说明 CH_4 和 CO 同时也是二次反应的重要产物。其对热裂解得到的酚类进行分析,发现苯酚、甲基苯酚和 4-乙基苯酚等单酚羟基且不含甲氧基的酚类随着停留时间的延长产率持续增大,到 100min 时才基本稳定;愈创木酚、4-甲基愈创木酚、4-乙基愈创木酚和 4-丙基愈创木酚等愈创木基型酚类产率在 7.5min 左右达到最大值,此后这些酚类的产率逐渐下降,甚至部分消失,说明此时二次裂解反应(脱甲基和脱甲氧基等)也在缓慢进行;邻苯二酚、4-甲基邻苯二酚和 4-乙基邻苯二酚等酚类的产率同样呈现了先增大后减小的趋势,反映了邻苯二酚型酚类也具有热不稳定性。磨木木质素的热裂解产物分布也具有相同的趋势,与 Kraft 木质素的主要区别在于它的一次热裂解反应速率更快。

Ferdous 等[32]通过改变载气流量来控制反应的停留时间,研究了在 800℃下停留时间对 Alcell 木质素热裂解三相产物产率和气体组成的影响。发现停留时间对木质素的转化率影响不大,但对气体和焦油的分布有较大影响,较短的停留时间有利于抑制生物油的二次裂解反应,提高焦油产率。在气体产物方面,停留时间的减少会降低 CO 和 CO_2 的产率,同时增加 H_2 产率,C_{2+} 烃类产率基本保持稳定。Rutherford 等[43]研究了热裂解时间对 Organosolv 木质素热裂解焦炭产率和性质的影响,发现由于木质素分子结构中部分键的键能相对较高,长时间的低温热裂解仍然不足以使脱挥发分反应进行完全,而升高温度后木质素的转化率可以大大提高。同时随着热裂解时间的延长,焦炭的芳香化程度不断加深,原有的酚类结构向杂环芳香族结构转变。

4.2.3　其他因素的影响

除了温度和停留时间,一些其他的反应条件,如反应气氛、升温速率等都会影响木质素的热裂解行为。反应气氛对木质素的热裂解途径有很大影响,如在空气气氛下的热裂解以氧化反应途径为主,与通常的惰性气氛下的挥发分释放有明显不同。升温速率的增大同样有利于降低焦炭的产率,这主要是由于较高的升温速率降低了热裂解反应在低温区的停留时间,避免在低温反应时形成三维高度交联结构的反应活性很低的焦炭。

Li 等[40]对落叶松木质素和水曲柳木质素在 N_2 和空气气氛下的热裂解进行了对比,落叶松木质素在 N_2 气氛下热裂解的最大失重速率发生在 343℃,在 700℃下残余炭量为 50%。在空气气氛下,当温度高于 350℃时开始发生剧烈反应,当温度为 500℃时木质素基本燃烧完全,且没有残余物。水曲柳木质素具有类似的热裂解行为。对两种木质素较低温度下的固体 FTIR 研究结果表明,在空气气氛下,结构中羰基含量随着温度的升高而增大,说明在较低温度时发生了较为缓慢的氧化反应。Ferdous 等[32]对 Alcell 和 Kraft 木质素在不同升温速率下的热裂解行为进行对比发现,较高的反应速率有利于促进木质素的转化,其中 Alcell 木质素热裂解生物油产率的提升较为明显。此外,随着升温速率的增大,气相产物中 H_2 的浓度明显增加,CO 浓度略有下降。

4.3　木质素热裂解机理

4.3.1　木质素热裂解反应动力学模型

在早期的木质素热裂解研究中,研究者常使用一步全局动力学模型来解释木质素热裂解的失重过程,假定木质素通过单步反应生成气相、液相和固相产物,在相应的动力学参数计算结果中,体现为单一活化能和指前因子,如 Nunn 等[31]对枫香树磨木木质素热裂解计算得到的活化能和指前因子分别为 82.3kJ/mol 和 $3.39×10^5 s^{-1}$。但是,这种模型难以反映木质素热裂解时复杂的连续反应过程,甚至与木质素热裂解过程常见的双失重峰的现象也明显不符,因此目前已较少使用。

针对木质素热裂解过程中存在两个主要失重峰的现象,研究者对一步全局动力学模型进行改进,提出了双反应竞争反应模型(图 4-16),即将两个失重阶段独立研究,对应两条相互竞争的热裂解反应路径,并分别计算两者的动力学参数。基于对杉木和黑桦的 SADF 的热失重曲线,得到杉木 SADF 的两阶段活化能分别为 72.9kJ/mol 和 136.9kJ/mol,黑桦 SADF 的两阶段活化能分别为 87.2kJ/mol 和 141.7kJ/mol。对 Kraft 木质素热失重曲线的计算也得到相应的两阶段活化能分别为 58.4kJ/mol 和 120.0kJ/mol。两阶段活化能的较大差异可说明两个失重阶段存在两种反应,反应温度较低时,作为主体的芳香环相对稳定而主要发生木质素聚合体的侧链断裂,比如脂肪族的—OH 键以及苯丙烷侧链上 C—C 键的断裂,并生成一些小分子气体产物以及焦炭等,此时反应活化能较低。Fenner 等[22]利用 TG-FTIR 研究木质素热裂解时,发现 50℃时就有 CO 和 CO_2 析出。Li 等[40]用

FTIR 分析木质素热裂解残余物,发现低温时一些醚键,以及脂肪族羟基的强度明显减弱,而芳香族的 C—O 键基本没有明显变化;在反应处于较高温度区域时,此时反应活化能较高,芳香环会发生开环,木质素结构中的各种键开始断裂生成各种自由基,这些自由基之间可能发生聚合或环化等反应,生成各种芳香族化合物,其还可进一步反应生成呋喃、醛以及酮类。

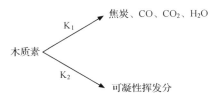

图 4-16　双反应竞争反应模型

　　基于这类典型的双反应竞争反应模型,一些研究者进行了进一步改进,使其更为接近实验中观察到的结果。Cho 等[44]基于热裂解过程中一些固体中间产物的二次裂解行为,根据主要产物的分布提出了相应的动力学机理模型,通过用乙醇提取的枫树木质素的一次热裂解,生成了 CO、CO_2 和 H_2O 等气体产物,以及一些可冷凝的焦油。焦油中可以被 GC-MS 检测的成分主要有愈创木基型酚类、紫丁香基型酚类及香草醛等,此外还有大量重质的组分(占焦油中碳含量的 60% 以上)无法被 GC-MS 检测到,归为其他组分。Adam 等[45]对 Kraft 木质素的热裂解动力学机理进行了研究。在短停留时间的条件下,针对木质素热裂解生成的三相产物,提出了三条平行的反应路径,分别产生气体、焦油和焦炭;对于较长停留时间条件下的木质素热裂解,考虑到焦油二次裂解的影响,增加了一条焦油分解产生气体产物的反应路径。利用改进后的涉及焦油二次裂解的动力学模型来预测木质素在不同停留时间下的热裂解产物分布,与实验结果获得了较好地吻合。

　　在实际的木质素热裂解过程中,尽管可能有多个主要的失重峰,但与纤维素和半纤维素相比,热裂解速率仍然较为缓慢,整个失重曲线变化平缓,这说明木质素中键能分布较广,对应的反应活化能也有复杂的分布。考虑到木质素热裂解过程中存在许多活化能不同的反应,研究者建立了一些涉及活化能变化的模型。Caballero 等[46]针对木质素在 150~900℃内的热裂解,提出了较为复杂的"组分"热裂解动力学模型,在模型中假设木质素是由很多个"组分"组成,对于某种特定的"组分",只有温度达到或者超过其发生分解的特征温度时,该"组分"才开始分解。分布式活化能模型是另一种考虑活化能变化的动力学模型,它假设反应体系由无数个相互独立的一级反应构成,这些反应有各不相同的活化能,同时各反应的活化能呈某种连续分布的函数形式。Ferdous 等[47]使用该模型计算了 Alcell 和 Kraft 木质素的活化能,获得了热裂解区间的活化能分布。

Klein 等[6]早在对木质素模化物苯乙基苯甲醚(PPE)的研究中,就提出了自由基反应的机理。在后续的研究中,Afifi 等[48]认为,木质素中芳基醚键的断裂势必会生成高反应活性和不稳定的自由基,这些自由基随后发生重排、电子置换,以及自由基间的相互作用,得到稳定性更高的产物。Graham 等[49]认为,β—β 和 C—C键的断裂会生成大量自由基,这些自由基的重新连接能得到愈创木基型和紫丁香基型化合物。Faravelli 等[50]在总结前人研究成果的基础上完善了自由基的反应机理,并建立了较为完备的动力学模型。他们选用紫丁香基型二聚结构作为研究对象,在评估其中各个化学键断裂所需要的能量后,确定苯丙烷侧链上的 C_β—O键最容易发生断裂,生成苯氧自由基和烷基芳香类自由基,这是自由基的引发反应。在自由基的增殖过程中,羟基是最活泼的自由基,通过与二聚结构发生 H 夺取反应而活化,得到的活性中间体进一步发生 β 分解反应,获得香豆醇和芥子醇等结构,中间结构的活化分解可以获得羟基自由基,同时也可以发生 C—C 键断裂而生成其他自由基。在自由基加成反应阶段,苯氧型自由基通过脱甲氧基作用加成到木质素结构单元上,生成 C—O—C 键。此外,还有缩合、焦炭生成、CO 释放及自由基重新连接等反应。

4.3.2 基于产物生成的木质素热裂解机理

4.3.2.1 小分子产物的生成机理

木质素在热裂解过程中会生成多种小分子产物,通过 TG-FTIR 联用分析,可以获得主要小分子产物随温度升高的析出情况,结合木质素中化学键的结构和分布,以及解离能力的不同,推断相应的生成机理。图 4-17 为樟子松和水曲柳 MWL在热裂解过程中小分子产物的红外析出谱图。一般来说,木质素热裂解的小分子产物主要来自木质素结构单元中苯丙烷侧链的断裂和苯环上连接官能团的脱除。

从图 4-17 可以看出,CO 的析出发生在一个较宽的温度范围内,较低温度下CO 的生成主要来自于苯丙烷单元侧链上的醚键断裂,因为它们具有较低的解离能。高温下同样可以观察到大量的 CO 生成,这可能是由苯环间醚键的断裂及挥发分的二次裂解反应生成。CO_2 的析出温度范围相对较窄,在 220~250℃开始,在600℃左右终止,其主要来自苯丙烷侧链上不稳定的羧基和羰基等活泼官能团的断裂和重整。甲烷的析出呈现两个峰值,第一个在 420℃左右,析出峰强度较高,第二个在 560℃左右,析出峰强度相对较低。在温度低于 500℃时,甲烷的生成主要来自于苯丙烷单元侧链的断裂,以及苯环上甲氧基官能团的去甲基化反应。甲氧基含量更高的水曲柳 MWL 要比樟子松 MWL 热裂解时的甲烷产量高,证明甲氧基是气体产物中甲烷的重要来源之一。甲烷在高温段的第二个析出峰可能是由于芳香环的深度破裂而生成的。

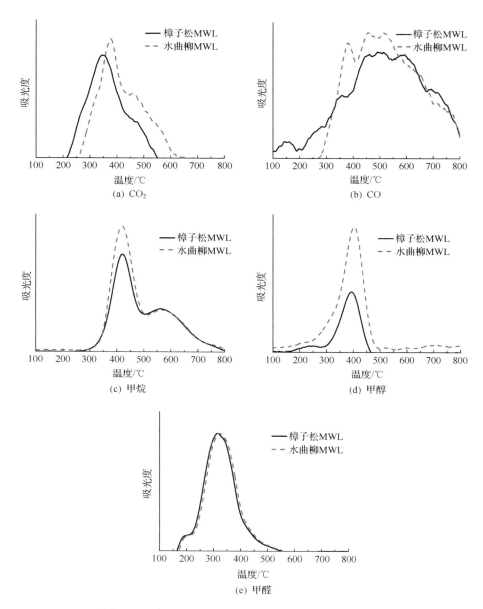

图 4-17　磨木木质素热裂解小分子产物红外析出谱图

　　甲醇的析出发生在一个相对较窄的温度范围内,主要在 300~450℃。苯丙烷侧链上 γ 位置的羟甲基官能团,以及苯环上的甲氧基官能团都是甲醇的主要来源,水曲柳 MWL 明显要比樟子松 MWL 热裂解时产生的甲醇多。甲醛主要在 250~400℃的温度区间生成。它主要是来自含羟甲基官能团的苯丙烷侧链上的 C_β—C_γ

断裂,或者羧酸官能团 γ 键断裂。此外,对木质素 β-1 型结构二聚模化物的研究表明,其发生 C_γ 消除反应也可以生成甲醛。

　　此外,在木质素热裂解过程中还产生一些其他小分子产物,主要包括 H_2O、H_2 和 $C_2 \sim C_3$ 的小分子烃类气体。Nunn 等[31]发现水分在木质素热裂解过程中持续生成,其中 80% 的水在 427℃ 以下产生。大部分化学水是由一次热裂解反应中木质素结构单元脂肪族侧链上羟基的脱水产生的,焦油中二次裂解产生水的比例则很小。H_2 在大约 500℃ 开始释放并伴随整个热裂解过程[19,51],Fisher 等[51]认为 H_2 最初是来自木质素单元中芳香环的重排和缩合反应,而在更高温度下,Avni 等[52]认为 H_2 的释放可能来自三次反应,涉及苯环中强键的断裂与重排。Lou 等[33]在温度较高时还可以观察到其他 $C_2—C_3$ 的小分子烃类气体的生成,它们可能来自木质素中间体、焦炭及一些可冷凝挥发分的二次裂解。

4.3.2.2　酚类产物的生成机理

　　酚类是木质素热裂解的主要产物,这主要与木质素超分子结构中含有大量的愈创木基型和紫丁香基型结构有关。此外,尽管木质素中苯酚型结构含量较少,但产物中还是有一定量的苯酚类物质,特别是温度较高、反应物停留时间较长时,苯酚及儿茶酚等不含甲氧基的酚类物质产量大幅提高。

　　愈创木基型酚类和紫丁香基型酚类主要由木质素中对应的愈创木基型和紫丁香型基本结构产生。木质素中各基本结构单元之间的连接部分,如基于苯丙烷侧链连接的 α-O-4 型和 β-O-4 型结构,其热稳定性要明显低于直接连接在芳香环上的酚羟基和甲氧基等官能团。因此,热裂解过程中,苯丙烷侧链上的 C—O 键在较低的温度时便发生断裂,而脱甲基和脱甲氧基作用需要在更高的温度下才会发生,因此连接在芳香环上的官能团不发生改变,生成的酚类保留原有的甲氧基取代基。一般来说,木质素结构单元中的苯丙烷侧链在 230 ~ 260℃ 开始降解,生成含甲基、乙基和乙烯基等取代基的愈创木基型酚类和紫丁香基型酚类。Domburg 等[7]则认为酚类的生成首先发生的是木质素结构单元烷基侧链上羟基的脱水反应,随后才是结构单元间醚键的断裂。

　　尽管 α-O-4 型结构中的 C—O 键被证实在热裂解过程中很容易发生断裂,但其热裂解产物组成较为复杂,因此还没有明确的断键机理。目前有关木质素热裂解生成酚类的机理主要是针对 β-O-4 结构,在这里我们基于 Organosolv 木质素热裂解得到的愈创木基型和紫丁香基型酚类的分布,在 C_β—O 键断裂机理的基础上,进一步完善了多种产物的生成机理。

　　如图 4-18 所示,当 R_1 为甲氧基而 R_2 为氢原子时,木质素结构为愈创木基型。生成的产物有 2-甲氧基苯酚(愈创木酚)、香草醛、2-甲氧基-4-丙烯基苯酚和 2-甲氧基-4-乙烯基苯酚等。2-甲氧基-4-甲基苯酚和 2-甲氧基-4-乙基苯酚这类 C_4 原子上含有饱和烷基的酚类物质含量极少,而相应的含有不饱和碳侧链的物质含量较大。因此推断,在苯丙烷侧链上的 C_β—O 键断裂以后,发生了较为复杂的继发反应。当发生 C_α—C_β 键断裂时,C_α 原子易发生加氧脱氢反应生成香草醛,而不易生成 2-甲氧基-4-甲基苯酚;当发生 C_γ—C_β 键断裂时,C_α—C_β 仍保持碳碳双键的结构,而不会发生加氢作用生成 2-甲氧基-4-乙基苯酚;C_γ 和羟基之间的连接也不是很稳定,容易断裂生成较多的 2-甲氧基-4-丙烯基苯酚;整个丙烷侧链从芳香环上的断裂较为困难,因此较难从愈创木基型结构分解生成 2-甲氧基苯酚。

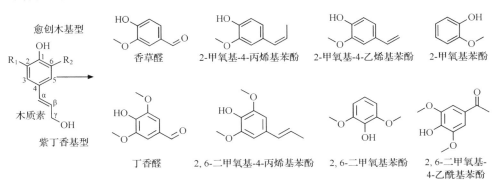

图 4-18　木质素热裂解酚类产物生成的分子描述

当 R_1 和 R_2 为甲氧基时,木质素结构为紫丁香基型。热裂解产物主要为紫丁香基酚类物质,如丁香醛、2,6-二甲氧基-4-丙烯基苯酚、2,6-二甲氧基苯酚(紫丁香酚)和 2,6-二甲氧基-4-乙酰基苯酚。通过产物相对含量的分析,可以推断在紫丁香基型结构单元中,仍然以丙烷侧链分解生成多种化合物的反应为主。最容易发生的是 C_α—C_β 键的断裂然后通过 C_α 原子上的加氧脱氢作用生成丁香醛,其次是生成 2,6-二甲氧基-4-丙烯基苯酚。这与愈创木基型木质素单元的分解反应基本相同,说明二者的反应机理相近,即 C_α—C_β 键断裂生成醛基的反应活性最高,其次是 C_γ—OH 的断裂,丙烷侧链的全部脱除则较困难,而丙烷侧链上的重整或置换反应也需要通过特殊的反应条件才易实现。

对于苯酚类和邻苯二酚类物质的生成,尽管木质素中存在一些苯酚类基本结构单元,在热裂解过程中会产生苯酚类的物质,但是,产物中苯酚类以及邻苯二酚(儿茶酚)类物质主要是来自作为初级产物的愈创木基酚类和紫丁香基酚类的二次裂解,即发生脱甲基和脱甲氧基作用,使苯环上的甲氧基官能团转化为羟基或是完全脱去。

Branca 等[53]注意到在生物质热裂解过程中,愈创木酚类和紫丁香酚类是热裂解的中间产物,它们的产率随着热裂解温度的升高而降低。Petrocelli 等[54]也在热裂解过程中发现愈创木酚的衍生物通常在较低的温度下生成,在温度较高时,获得的是苯酚和儿茶酚类物质。由于天然木质素中不含有儿茶酚类的结构,因此他们推断愈创木酚类物质在较长停留时间下的二次裂解是生成儿茶酚类的主要原因。Masuku[55]也在4-丙基愈创木酚的热裂解过程中观察到大量4-丙基儿茶酚的生成,证明苯环上 C_4 位的烷基链比甲氧基中的 C—O 键更稳定。Vuori 等[56]以愈创木酚为模化物研究其热裂解特性,发现当温度升高到 400℃ 时,很短时间内就生成了儿茶酚,同时还检测到苯酚的存在。他们认为愈创木酚的裂解是一种自由基反应和协同反应,而苯酚是通过儿茶酚中间体产生的。

4.3.2.3　焦炭的生成机理

普遍研究认为,木质素热裂解焦炭是通过木质素分子间复杂的交联反应生成的,最终呈现复杂的三维网络状杂环结构,并具有很高的热稳定性。前面对不同热裂解温度和停留时间下的木质素热裂解研究已经表明,木质素中的脂肪族结构主要是以结构单元中的苯丙烷侧链形式存在,在热裂解过程中,苯丙烷侧链不稳定,很容易发生裂解,这一方面生成了 H_2O、CO 和 CO_2 等小分子物质,另一方面,由于脱水反应而生成的残余支链上的双键则可能进一步与别的分子发生环化反应,生成复杂的杂环分子。随着热裂解焦炭炭化程度的提高,焦炭的脂肪族特性逐渐消失,芳香族特性不断增强,同时生成的主要是杂环芳香族类结构。此外,不同分子的芳香环之间也可能发生缩聚反应,生成稠环芳烃。Cao 等[57]根据热裂解焦炭表征结果,简要推断了热裂解过程中杂环芳香族结构的生成过程。酚类分子中的苯丙烷侧链在热裂解过程中生成双键结构,从而在另一个酚类分子热裂解产生的多种自由基的共同参与下发生环化,得到杂环芳香族结构。Hosoya 等[58]在木质素热裂解焦炭生成的研究中发现,木质素结构单元中甲氧基官能团对焦炭的生成是必需的,邻苯醌可能是焦炭生成的重要中间产物。Rodriguez-Mirasol 等[59]对Kraft 木质素的高温热裂解焦炭进行了研究,指出木质素提取过程中引入的无机物质同样会对焦炭的生成和结构的演变产生重要影响。因此,实际的焦炭生成过程十分复杂,需要更多深入的研究。

4.3.2.4　其他产物的生成机理

在木质素热裂解产物中还存在一些苯类物质及其衍生物,主要有苯甲醇以及一些芳香烃等。苯甲醇的生成可能由带有甲氧基取代基的芳香类自由基经历分子重排并稳定下来得到。芳香烃类物质一般在热裂解产物中较为少见。Alén 等[60]在木质素热裂解温度为 800~1000℃ 观察到了芳香烃类产物的生成,说明较高的反应温度能使苯环上的含氧官能团全部脱除,而得到仅含有碳氢元素的烃类。Lou 等[33]在对通过酶和酸水解得到的竹木质素热裂解研究中发现,400℃ 就生成了一些二甲苯等烃类,这可能是由于该木质素中本来就含有一些芳香烃类的基本结构单元。另外,在木质素热裂解过程中也可能观察到乙酸、糠醛、5-甲基糠醛和5-羟甲基糠醛等物质。由于这类物质是常见的纤维素和半纤维素热裂解产物,结合生物质中三大组分纤维素、半纤维素和木质素紧密连接的结构推断,乙酸和呋喃类物质很可能是由于木质素结构单元中苯丙烷侧链上残留的糖苷键热裂解生成。

4.3.3　基于分子层面的木质素热裂解机理

在木质素热裂解机理研究中,理论计算是一种新兴的基于分子层面模拟热裂解过程的方法。通过对木质素结构、断键过程以及产物生成过程的模拟,可以判断木质素中最易断裂的化学键,以及最可能发生的反应途径。目前的研究除了部分针对单体模化物,主要还是针对结构较为简单的二聚物,其中 β-O-4 结构的分解过程是研究的重点。

Huang 等[61]对木质素单体模化物愈创木酚的热裂解机理进行了理论计算。对愈创木酚上不同化学键解离能的计算结果表明,首先发生的是 CH_3—O 键的均裂,得到的主要产物为邻苯二酚。此外,愈创木酚还可能发生 O—H 键的均裂,得到邻甲酚、2-羟基苯甲醛等产物。Parthasarathi 等[62]通过对木质素中多种主要连接形式解离能的理论计算,分析了相应化学键的稳定性。他们将木质素中的连接形式分为两类,即醚键连接(α-O-4、β-O-4 和 5-O-4)和 C—C 键连接(β-1、α-1、β-5 和 5-5)。在对结构构型进行优化后发现,醚键连接形式中的 α-O-4 和 β-O-4 的解离能要低于所有 C—C 键连接形式,证明他们具有较低的热稳定性。Beste 等[63]基于 β-O-4 结构最简单模化物——PPE 热裂解过程的自由基链反应机理,对其中的苯氧基和苯甲基这两种自由基参与夺取 PPE 上氢原子的行为进行了预测,基于密度泛函理论计算得到了反应的相对速率常数,并将其用于自由基中间产物的动力学分析,获得的产物选择性与实验获得的结果非常接近。此外,他们对 PPE 结构进行扩展,对多种取代基取代的 PPE 衍生物热裂解产物选择性进行理论计算,均与实验结果获得了较好地吻合。Huang 等[64]也对 PPE 的热裂解过程进行了理论模拟,设计了 10 条反应路径,包括涉及初始结构中的 β-O-4 键的断裂和 C_α—C_β 键的断裂的自由基反应以及两条协同反应。对这些反应的热力学和动力学的计算结果表明,所有反应都是吸热反应,协同反应是最主要的反应形式,具有较低的反应活化能。

目前对于 PPE 及其少量取代基的衍生物的研究较为充分,但对于更复杂的木质素模化物的计算较为困难,这主要受到当前计算机硬件的限制。相对于反应活化能的计算,对于不同反应路径反应物和生成物热力学焓变的计算更为简单,目前更适用于复杂木质素反应路径的推断。王华静等[65]以二聚物 1-(4-羟基苯基)-2-苯氧基-1,3-丙二醇作为木质素的模化物,通过比较各步裂解的热力学焓变,推断可能的裂解途径和主要产物。热力学计算结果表明,木质素二聚体的初次热裂解主要是 C_α—C_β 和 β-O-4 键的断裂。在后续的自由基反应模拟中发现对羟基苯甲醇、苯酚和乙醇是最可能的生成物。Elder 等[66]同样使用研究焓变的方法,在对全取代的 β-O-4 结构二聚物断键研究的基础上,进一步研究了断键后得到的自由基的增殖反应。对于二聚物分解的引发反应,计算得到 C_α—C_β 键和 β-O-4 键的解离能差别较小,证明热裂解过程中,这两种均裂反应发生的可能性相近。在增殖反应阶段,由均裂反应生成的不同自由基由于未成对电子的离域性不同,其稳定性也不同。β-O-4 键断裂可以生成苯氧基和 1-苯基-2-丙基自由基,其中前者由于氧原子上未成对电子自旋密度较低,电子离域性较弱,稳定性较高。因此 1-苯基-2-丙基自由基在与初始二聚物发生氢夺取反应生成新的自由基时,释放出的能量更多。同样,由 C_α—C_β 键断裂生成的羟苄自由基和苯氧乙醇基自由基,前者在 α 位上的未成对电子的自旋密度相比后者在 β 位上偏低。因此,在与初始二聚物发生氢夺取反应时,前者是吸热反应,后者是放热反应。

尽管目前对木质素热裂解分子层面的机理研究还处于初始阶段,并且主要针对结构相对简单的二聚物,但随着人们对木质素热裂解过程更为深入的了解,以及计算机技术的发展,在未来有望实现对结构更为复杂的木质素高聚物热裂解机理的模拟。

参 考 文 献

[1] Brebu M, Vasile C. Thermal degradation of lignin-a review[J]. Cellulose Chemistry and Technology, 2010,44(9):353-363.

[2] Yang H, Yan R, Chen H, et al. Characteristics of hemicellulose, cellulose and lignin pyrolysis[J]. Fuel, 2007,86(12):1781-1788.

[3] Klein M T. Lignin thermolysis pathways[D]. Massachusetts: Massachussetts Institute of Technology, 1981.

[4] Asmadi M, Kawamoto H, Saka S. Thermal reactions of guaiacol and syringol as lignin model aromatic nuclei[J]. Journal of Analytical and Applied Pyrolysis, 2011,92(1):88-98.

[5] Asmadi M, Kawamoto H, Saka S. Thermal reactivities of catechols/pyrogallols and cresols/xylenols as lignin pyrolysis intermediates[J]. Journal of Analytical and Applied Pyrolysis, 2011,92(1):76-87.

[6] Klein M T, Virk P S. Model pathways in lignin thermolysis. 1. phenethyl phenyl ether[J]. Industrial & Engineering Chemistry Fundamentals, 1983,22(1):35-45.

[7] Domburg G E, Rossinskaya G, Sergeeva V N. Study of thermal stability of β-ether bonds in lignin and its models[C]. Proceedings of the 4th International Conference on Thermogravimetric Analysis, Budapest, 1974.

[8] Savinykh V I, Kislitsyn A N, Rodionova Z M, et al. On thermal stability of monoarylglycol ethers[J]. KhimDrev, 1975,(5):100-102.

[9] Kawamoto H, Horigoshi S, Saka S. Pyrolysis reactions of various lignin model dimers[J]. Journal of Wood Science, 2007,53(2):168-174.

[10] Faix O, Meier D, Fortmann I. Pyrolysis-gas chromatography-mass spectrometry of two trimeric lignin

model compounds with alkyl-aryl ether structure[J]. Journal of Analytical and Applied Pyrolysis,1988, 14(2-3):135-148.

[11] Liu J,Wu S,Lou R. Chemical structure and pyrolysis response of beta-O-4 lignin model polymer[J]. BioResources,2011,6(2):1079-1093.

[12] Chu S,Subrahmanyam A V,Huber G W. The pyrolysis chemistry of a β-O-4 type oligomeric lignin model compound[J]. Green Chemistry,2013,15(1):125-136.

[13] Xie H,Yu Q,Qin Q,et al. Study on pyrolysis characteristics and kinetics of biomass and its components [J]. Journal of Renewable and Sustainable Energy,2013,5(013122):1-15.

[14] Caballero J A,Marcilla A,Conesa J A. Thermogravimetric analysis of olive stones with sulphuric acid treatment[J]. Journal of Analytical and Applied Pyrolysis,1997,44(1):75-88.

[15] Haykiri-Acma H,Yaman S,Kucukbayrak S. Comparison of the thermal reactivities of isolated lignin and holocellulose during pyrolysis[J]. Fuel Processing Technology,2010,91(7):759-764.

[16] Jiang G Z,Nowakowski D J,Bridgwater A V. A systematic study of the kinetics of lignin pyrolysis[J]. Thermochimica Acta,2010,498(1-2):61-66.

[17] Rencoret J,Marques G,Gutierrez A,et al. Isolation and structural characterization of the milled-wood lignin from Paulownia fortunei wood[J]. Industrial Crops and Products,2009,30(1):137-143.

[18] Faix O,Jakab E,Till F,et al. Study on low mass thermal degradation products of milled wood lignins by thermogravimetry-mass-spectrometry[J]. Wood Science and Technology,1988,22(4):323-334.

[19] Jakab E,Faix O,Till F. Thermal decomposition of milled wood lignins studied by thermogravimetry/ mass spectrometry[J]. Journal of Analytical and Applied Pyrolysis,1997,40-41:171-186.

[20] Zhang M,Resende F L,Moutsoglou A,et al. Pyrolysis of lignin extracted from prairie cordgrass,aspen, and Kraft lignin by Py-GC/MS and TGA/FTIR[J]. Journal of Analytical and Applied Pyrolysis,2012, 98:65-71.

[21] Alén R,Rytkönen S,McKeough P. Thermogravimetric behavior of black liquors and their organic constituents[J]. Journal of Analytical and Applied Pyrolysis,1995,31:1-13.

[22] Fenner R A,Lephardt J O. Examination of the thermal-decomposition of krafi pine lignin by fourier-transform infrared evolved gas-analysis[J]. Journal of Agricultural and Food Chemistry,1981,29(4): 846-849.

[23] Brodin I,Sjöholm E,Gellerstedt G. The behavior of kraft lignin during thermal treatment[J]. Journal of Analytical and Applied Pyrolysis,2010,87(1):70-77.

[24] Brebu M, Tamminen T, Spiridon I. Thermal degradation of various lignins by TG-MS/FTIR and Py-GC-MS[J]. Journal of Analytical and Applied Pyrolysis, 2013,104:531-539.

[25] Hu J,Xiao R,Shen D,et al. Structural analysis of lignin residue from black liquor and its thermal performance in thermogravimetric-Fourier transform infrared spectroscopy[J]. Bioresource Technology, 2012,128:633-639.

[26] Wild P J,Huijgen W,Heeres H J. Pyrolysis of wheat straw-derived organosolv lignin[J]. Journal of Analytical and Applied Pyrolysis,2012,93:95-103.

[27] Domínguez J C,Oliet M,Alonso M V,et al. Thermal stability and pyrolysis kinetics of organosolvlignins obtained from eucalyptus globulus[J]. Industrial Crops and Products,2008,27(2):150-156.

[28] Zhao X,Liu D. Chemical and thermal characteristics of lignins isolated from Siam weed stem by acetic acid and formic acid delignification[J]. Industrial Crops and Products,2010,32(3):284-291.

[29] Ucar G, Meier D, Faix O, et al. Analytical pyrolysis and FTIR spectroscopy of fossil sequoiadendron giganteum (Lindl.) wood and MWLs isolated hereof[J]. Holz Als Roh-Und Werkstoff, 2005, 63(1):57-63.

[30] Hosoya T, Kawamoto H, Saka S. Secondary reactions of lignin-derived primary tar components[J]. Journal of Analytical and Applied Pyrolysis, 2008, 83(1):78-87.

[31] Nunn T R, Howard J B, Longwell J P, et al. Product compositions and kinetics in the rapid pyrolysis of milled wood lignin[J]. Industrial & Engineering Chemistry Process Design and Development, 1985, 24(3):844-852.

[32] Ferdous D, Dalai A K, Bej S K, et al. Production of H_2 and medium btu gas via pyrolysis of lignins in a fixed-bed reactor[J]. Fuel Processing Technology, 2001, 70(1):9-26.

[33] Lou R, Wu S. Products properties from fast pyrolysis of enzymatic/mild acidolysis lignin[J]. Applied Energy, 2011, 88(1):316-322.

[34] Iatridis B, Gavalas G R. Pyrolysis of a precipitated kraft lignin[J]. Industrial & Engineering Chemistry Product Research and Development, 1979, 18(2):127-130.

[35] Huang Y, Wei Z, Qiu Z, et al. Study on structure and pyrolysis behavior of lignin derived from corncob acid hydrolysis residue[J]. Journal of Analytical and Applied Pyrolysis, 2012, 93:153-159.

[36] Jiang G, Nowakowski D J, Bridgwater A V. Effect of the temperature on the composition of lignin pyrolysis products[J]. Energy & Fuels, 2010, 24(8):4470-4475.

[37] Lou R, Wu S B, Lv G J. Fast pyrolysis of enzymatic/mild acidolysis lignin from moso bamboo[J]. Bioresources, 2010, 5(2):827-837.

[38] Pasquali C E, Herrera H. Pyrolysis of lignin and IR analysis of residues[J]. Thermochimica Acta, 1997, 293(1):39-46.

[39] Sharma R K, Wooten J B, Baliga V L, et al. Characterization of chars from pyrolysis of lignin[J]. Fuel, 2004, 83(11-12):1469-1482.

[40] Li J, Li B, Zhang X. Comparative studies of thermal degradation between larch lignin and manchurian ash lignin[J]. Polymer Degradation and Stability, 2002, 78(2):279-285.

[41] Diehl B G, Brown N R, Frantz C W, et al. Effects of pyrolysis temperature on the chemical composition of refined softwood and hardwood lignins[J]. Carbon, 2013, 60:531-537.

[42] Jegers H E, Klein M T. Primary and secondary lignin pyrolysis reaction pathways[J]. Industrial & Engineering Chemistry Process Design and Development, 1985, 24(1):173-183.

[43] Rutherford D W, Wershaw R L, Rostad C E, et al. Effect of formation conditions on biochars: Compositional and structural properties of cellulose, lignin, and pine biochars[J]. Biomass & Bioenergy, 2012, 46(0):693-701.

[44] Cho J, Chu S, Dauenhauer P J, et al. Kinetics and reaction chemistry for slow pyrolysis of enzymatic hydrolysis lignin and organosolv extracted lignin derived from maplewood[J]. Green Chemistry, 2012, 14(2):428-439.

[45] Adam M, Ocone R, Mohammad J, et al. Kinetic investigations of kraft lignin pyrolysis[J]. Industrial & Engineering Chemistry Research, 2013, 52(26):8645-8654.

[46] Caballero J A, Font R, Marcilla A. Study of the primary pyrolysis of Kraft lignin at high heating rates: Yields and kinetics[J]. Journal of Analytical and Applied Pyrolysis, 1996, 36(2):159-178.

[47] Ferdous D, Dalai A K, Bej S K, et al. Pyrolysis of lignins: Experimental and kinetics studies[J]. Energy & Fuels, 2002, 16(6):1405-1412.

[48] Afifi A I, Hindermann J P, Chornet E, et al. The cleavage of the aryl—O—CH₃ bond using anisole as a model compound[J]. Fuel, 1989, 68(4): 498-504.

[49] Graham G, Mattila T. Lignin-Occurrence, Formation, Structures and Reactions[M]. New York: Wiley, 1971: 575.

[50] Faravelli T, Frassoldati A, Migliavacca G, et al. Detailed kinetic modeling of the thermal degradation of lignins[J]. Biomass and Bioenergy, 2010, 34(3): 290-301.

[51] Fisher T, Hajaligol M, Waymack B, et al. Pyrolysis behavior and kinetics of biomass derived materials [J]. Journal of Analytical and Applied Pyrolysis, 2002, 62(2): 331-349.

[52] Avni E, Coughlin R W, Solomon P R, et al. Mathematical-modeling of lignin pyrolysis[J]. Fuel, 1985, 64(11): 1495-1501.

[53] Branca C, Giudicianni P, Blasi C. GC/MS characterization of liquids generated from low-temperature pyrolysis of wood[J]. Industrial & Engineering Chemistry Research, 2003, 42(14): 3190-3202.

[54] Petrocelli F P, Klein M T. Simulation of Kraft Lignin Pyrolysis in Fundamentals of Thermochemical Biomass Conversion[M]. New York: Elsevier, 1985: 257-273.

[55] Masuku C P. Thermal reactions of the bonds in lignin. IV. Thermolysis of dimethoxyphenols[J]. Holzforschung-International Journal of the Biology, Chemistry, Physics and Technology of Wood, 1991, 45 (3): 181-190.

[56] Vuori A I, Bredenberg J B S. Thermal chemistry pathways of substituted anisoles[J]. Industrial & Engineering Chemistry Research, 1987, 26(2): 359-365.

[57] Cao J, Xiao G, Xu X, et al. Study on carbonization of lignin by TG-FTIR and high-temperature carbonization reactor[J]. Fuel Processing Technology, 2013, 106: 41-47.

[58] Hosoya T, Kawamoto H, Saka S. Role of methoxyl group in char formation from lignin-related compounds[J]. Journal of Analytical and Applied Pyrolysis, 2009, 84(1): 79-83.

[59] Rodriguez-Mirasol J, Cordero T, Rodriguez J J. High-temperature carbons from kraft lignin[J]. Carbon, 1996, 34(1): 43-52.

[60] Alén R, Kuoppala E, Oesch P. Formation of the main degradation compound groups from wood and its components during pyrolysis[J]. Journal of Analytical and Applied Pyrolysis, 1996, 36(2): 137-148.

[61] Huang J, Li X, Wu D, et al. Theoretical studies on pyrolysis mechanism of guaiacol as lignin model compound[J]. Journal of Renewable and Sustainable Energy, 2013, 5(043112): 1-7.

[62] Parthasarathi R, Romero R A, Redondo A, et al. Theoretical study of the remarkably diverse linkages in lignin[J]. Journal of Physical Chemistry Letters, 2011, 2(20): 2660-2666.

[63] Beste A, Buchanan A C, Britt P F, et al. Kinetic analysis of the pyrolysis of phenethyl phenyl ether: Computational prediction of alpha/beta-selectivities [J]. Journal of Physical Chemistry A, 2007, 111(48): 12118-12126.

[64] Huang X L, Liu C, Huang J B, et al. Theory studies on pyrolysis mechanism of phenethyl phenyl ether [J]. Computational and Theoretical Chemistry, 2011, 976(1-3): 51-59.

[65] 王华静, 赵岩, 王晨, 等. 木质素二聚体模型物裂解历程的理论研究[J]. 化学学报, 2009, 67(9): 893-900.

[66] Elder T. A computational study of pyrolysis reactions of lignin model compounds[J]. Holzforschung, 2010, 64(4): 435-440.

本 章 附 表

附表 4-1　木质素典型工况下的热裂解主要产物

RT/min	化合物	分子式	相对含量/%
3.64	乙醇	C_2H_6O	3.53
11.79	乙酸	$C_2H_4O_2$	1.56
12.12	糠醛	$C_5H_4O_2$	11.62
13.91	5-甲基糠醛	$C_6H_6O_2$	3.47
18.03	2-甲氧基苯酚	C_7H_8O	2.46
19.88	苯酚	C_6H_6O	1.88
20.28	2-甲氧基-4-乙烯基苯酚	$C_9H_{10}O_2$	2.69
22.35	十六酸甲酯	$C_{17}H_{34}O_2$	1.14
22.77	十六酸乙酯	$C_{18}H_{36}O_2$	3.68
23.08	2,6-二甲氧基苯酚	$C_8H_{10}O_3$	5.41
24.05	2-甲氧基-4-丙烯基苯酚	$C_{10}H_{12}O_2$	3.52
25.03	十七烷酸乙酯	$C_{19}H_{38}O_2$	1.88
25.30	十八烯酸乙酯	$C_{20}H_{38}O_2$	1.20
25.49	十八碳二烯酸甲酯	$C_{19}H_{34}O_2$	1.97
25.71	5-羟甲基糠醛	$C_6H_6O_3$	1.07
25.89	十八碳二烯酸乙酯	$C_{20}H_{36}O_2$	7.76
26.61	3,5-二甲氧基乙酰苯	$C_{10}H_{12}O_3$	2.44
26.66	香草醛	$C_8H_8O_3$	8.28
27.97	愈创木基丙酮	$C_{10}H_{12}O_3$	1.61
29.07	2,6-二甲氧-4-丙烯基苯酚	$C_{11}H_{14}O_3$	5.45
32.72	十六烷酸	$C_{16}H_{32}O_2$	2.65
34.10	丁香醛	$C_9H_{10}O_4$	12.73
35.64	4-羟基-3,5-二甲氧苯乙酮	$C_{10}H_{12}O_4$	1.17
36.28	去甲棉马酚	$C_{11}H_{14}O_4$	2.75
44.08	十八碳二烯酸	$C_{18}H_{32}O_2$	2.25

附表 4-2　樟子松 MWL 和水曲柳 MWL 热裂解生物油成分（相对含量）

（单位：%）

RT/min	化合物	樟子松 MWL	水曲柳 MWL
10.98	乙酸	0.91	0.72
11.21	糠醛	0.28	5.24
13.47	苯甲醇	0.13	0.67
14.55	4-羟基苯甲醛	0.40	0.55
16.10	6-甲基-2-羟基苯甲醛	0.49	1.96
17.03	2-甲氧基苯酚	5.84	
17.27	4,5-二甲基-2-乙基苯酚	0.42	0.81
18.30	4-甲基-2-甲氧基苯酚	17.29	6.93
18.92	苯酚	5.90	7.27
19.21	4-乙基-2-甲氧基苯酚	0.59	0.22
19.83	2,4-二甲基苯酚	4.52	7.29
19.86	2-甲基苯酚	8.47	11.98
20.49	3,5-二甲基苯甲醇	0.35	0.71
20.83	5-甲基-2-乙基苯酚	0.88	1.97
20.98	4-乙基苯酚	1.53	0.99
21.99	紫丁香酚		4.04
22.94	4-丙烯基-愈创苯酚	0.41	5.14
25.36	4-羟基-3-甲氧基苯甲醛	1.13	2.11
26.23	4-甲氧基-2-羟基苯乙酮	0.19	0.18
26.46	愈创木酚	0.31	0.23
27.07	邻苯二酚	20.45	18.29
28.12	3-甲基-邻苯二酚	20.05	11.34
28.80	3-甲氧基-4-羟基苯乙酮	0.37	0.66
29.88	4-乙基-邻苯二酚	3.19	1.81

第 5 章　组分交叉耦合热裂解

生物质是以纤维素为骨架,半纤维素和木质素为缔结物质和硬固物质充斥其间所生成的有机物质,此外还含有少量的抽提物和无机盐。三大组分纤维素、半纤维素和木质素的含量和存在形态是影响生物质热裂解过程最为重要的因素。一些研究者认为生物质热裂解可视为三大组分单独热裂解行为的加和,而组分之间的相互影响可以忽略。Alén 等[1]研究了松木及其三大组分的热裂解产物组成,发现松木热裂解行为近似于其主要组分热裂解的加和。Svenson 等[2]对桦木及其三大组分热裂解过程进行研究时发现,桦木热裂解焦炭的产量可根据三大组分所占比例进行叠加计算获得,计算结果与实验数据表现出了很好的一致性。Yang 等[3]也研究了合成生物质样品的热失重特性及过程,结果表明合成生物质的热失重可表现为三大组分的线性叠加,组分之间的相互影响可忽略。同时,这种简单的加权计算方法也在红外谱图的计算结果中被认可[4]。但多数的研究成果已证实组分的热裂解过程并不是独立的,三大组分热裂解的温度区间存在交错,组分之间存在相互影响。木质素的存在强烈抑制了纤维素热裂解过程中大分子产物的生成,促进了小分子产物的大量生成,纤维素的存在则抑制了木质素热裂解产物中焦炭的生成,促进木质素向酚类化合物,如愈创木酚和 4-甲基愈创木酚等的转变[5]。Worasu-wannarak 等[6]在生物质热裂解过程中,通过对产物的分析也观察到了木质素与纤维素之间的相互影响,不同的是这种影响导致了焦油产量的下降和焦炭产量的增加。同时,半纤维素的存在对纤维素和木质素热裂解过程也具有一定的影响。

5.1　组分的交叉配比对组分热裂解的影响

组分交叉配比对生物质热裂解过程的影响是一个非常复杂的问题,开展组分之间的两两配比进而掌握两组分在热裂解过程中的相互影响是进一步分析组分之间相互影响的基础。生物质中纤维素、半纤维素和木质素的含量在 $40\%\sim60\%$、$20\%\sim40\%$ 和 $10\%\sim25\%$ 内变化[7],因此,可在此范围内进行简单的组分配比。同时,假设生物质中三大组分分别进行独立的热裂解,相互之间没有影响,根据三大组分在合成样品中所占比例,将其热失重曲线进行加权叠加,从而计算得到 TG/DTG 曲线,通过计算曲线与实验曲线的比较便可观察到组分之间的相互影响。

5.1.1　纤维素与半纤维素交叉配比对热裂解行为的影响

采用微晶纤维素和 Sigma 公司从榉木中提取的木聚糖作为纤维素和半纤维素的模化物,不同配比混合物的热裂解 DTG 曲线如图 5-1 所示,混合物的热裂解失重曲线不能较好地融合在一起,仍保持着单一组分的热裂解特性,存在的两个失重峰分别对应半纤维素的最大分解(200～327℃)和纤维素的最大分解(327～450℃);随着混合物中半纤维素含量的增加,半纤维素最大失重速率逐渐增加,而纤维素最大失重速率则明显减小。由于半纤维素的热分解温度较低,当温度升高到其反应温度时,半纤维素会分解生成熔融状态的物质覆盖于纤维素的表面,从而抑制纤维素热裂解产物的挥发析出,进而造成混合物中纤维素的失重强度弱于单一纤维素。

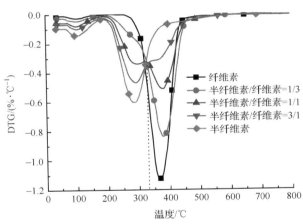

图 5-1　纤维素与半纤维素混合物的热裂解 DTG 曲线(文后附彩图)

通过纤维素和半纤维素配比样品的热裂解失重曲线(图 5-2)可观察到温度低于 327℃时的热失重主要归为半纤维素的热裂解,此时实验和计算 TG/DTG 曲线基本上相同,表明纤维素对半纤维素热裂解的影响较弱。当温度高于 327℃时,实验 DTG 曲线中的失重速率比计算值要低,使得最终残余物的量要高于计算值。因此可推断纤维素的热裂解在一定程度上受到半纤维素的影响,挥发分的生成受到抑制,而生成了更多的焦炭。

纤维素和半纤维素配比混合物的热裂解产物种类较多,几乎包含了纤维素和半纤维素单独热裂解时的所有产物,二者之间的相互影响主要体现在纤维素典型产物左旋葡聚糖和乙醇醛的生成上[8,9]。配比混合物中左旋葡聚糖和乙醇醛的生成规律如图 5-3 所示,随着半纤维素添加比例的增加,左旋葡聚糖的析出强度逐渐下降,且都明显低于纤维素本身,这说明半纤维素的存在抑制了左旋葡聚糖的生

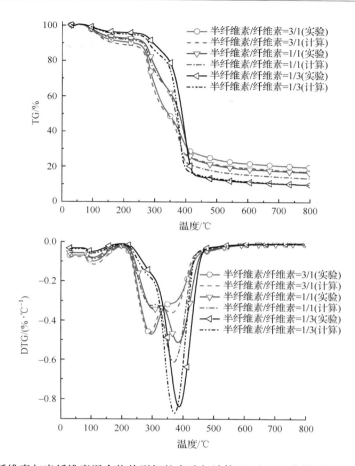

图 5-2　纤维素与半纤维素混合物热裂解的实验与计算 TG/DTG 曲线对比（文后附彩图）

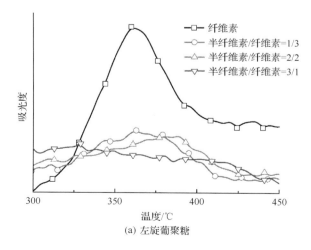

(a) 左旋葡聚糖

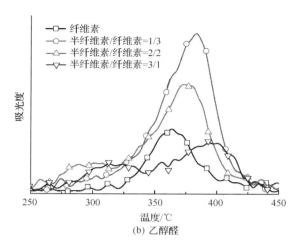

图 5-3　纤维素热裂解典型产物随半纤维素和纤维素配比的变化

成;同时,随着半纤维素含量的增加,乙醇醛的析出也逐渐降低,但当半纤维素含量为 25% 和 50% 时,乙醇醛的析出高于纤维素本身,这说明适量半纤维素的存在会促进纤维素热裂解过程中小分子产物乙醇醛的生成。引起这一现象的主要原因是滞留在内部的左旋葡聚糖发生二次分解生成了小分子产物乙醇醛[10]。

5.1.2　纤维素与木质素交叉配比对热裂解行为的影响

纤维素与木质素在组成结构和热裂解行为上都存在较大差异。在热重实验中,纤维素与木质素混合物的热裂解基本保持了单一组分的热裂解特性,仅由于木质素的低温熔融性使得混合物失重量略有降低(图 5-4)。但在高温下,它们之间的相互作用明显影响了小分子气体产物、焦油和焦炭的生成与组成,致使焦炭的产量有所增加,而焦油的产量有所下降[5]。木质素的存在抑制了纤维素热裂解产物中左旋葡聚糖的生成,促进了小分子产物的生成,纤维素的存在则促进了木质素向酚类化合物的转化[6]。Haensel 等[11]考察了纤维素与木质素混合物的高温热裂解特性,结合 XPS、UPS 及 SEM 等对热裂解焦炭进行了结构表征,发现木质素在混合物热裂解过程中存在着较强的脱氧行为,使得混合物热裂解焦炭中出现了石墨型结构,而不是木质素焦炭中所呈现的杂乱无章排列。

纤维素和木质素配比样品的热失重曲线如图 5-5 所示,当纤维素和木质素的比率为 1/3 时,计算和实验 TG/DTG 曲线较为吻合。当纤维素的比例增大为 1/2 或 3/4 时,与计算结果相比,实验 TG/DTG 曲线略向高温方向移动,且失重速率相对较低。但是这些影响不是很明显,相对于前面分析的情况可以忽略。

利用从范式组分分析法中获得的酸性洗涤纤维 ADF(纤维素和木质素的混合物)进行研究也发现了纤维素与木质素之间的相互影响。以某园艺公司获取得到

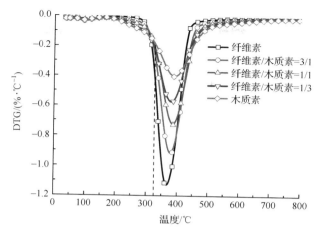

图 5-4　纤维素与木质素混合物的热裂解 DTG 曲线（文后附彩图）

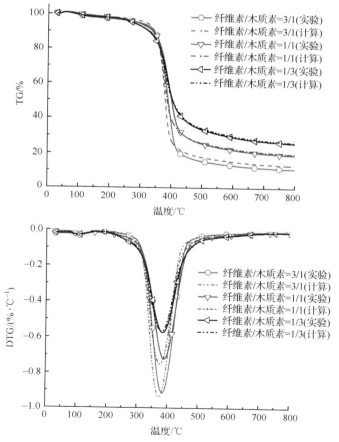

图 5-5　纤维素与木质素混合物热裂解的实验与计算 TG/DTG 曲线对比（文后附彩图）

的速生杨为例,分析获得其纤维素、半纤维素、木质素、抽提物和不溶酸灰分的含量分别为 60.7%、19.06%、14.8%、2.94% 和 2.5%,纤维素/木质素的含量比例接近 4/1。其热裂解 TG/DTG 曲线如图 5-6 所示,因纤维素大量存在且其反应活性相对较强,热裂解最大失重发生在 350℃左右,曲线的整体性质与趋势也与单一纤维素基本一致。热裂解产物以纤维素热裂解的产物为主,生成了大量的醛类、酮类和羧酸类物质,但纤维素洗除后获得的强酸洗涤纤维 SADF 样品则主要体现木质素的热裂解特性,生成了甲烷和甲醇等代表性物质,这说明混合物中组分的含量及其反应活性是影响产物组成的关键因素。同时,通过图 5-6 与图 5-4 的对比也发现,ADF 样品因保留了少量纤维素与木质素间的交联结构,使其在较低温度就开始发生缓慢的分解,体现了木质素的热裂解特性,而纤维素与木质素简单配比混合物的曲线则更接近纤维素,说明组分之间的存在形式和交联结构也将影响混合物的热裂解过程。Xie 等[12]同样通过 NDF、ADF 和 SADF 的热重曲线推算出纤维素、半纤维素和木质素的热裂解行为后,发现各组分在热裂解过程中并非各自独立,而是存在相互影响。Zhang 等[13]发现仍保有天然连接结构的纤维素与木质素样品在热裂解过程中存在显著的相互影响,其中草本类生物质中纤维素与木质素的相互影响使得热裂解产物中左旋葡聚糖的产量下降,而小分子化合物及呋喃类物质的产量增加,但这种影响并没有在木材类生物质中发现,这可能与不同生物质结构中纤维素与木质素的共价键连接程度不同有关,还可能与草本类植物含有较多不溶酸灰分及矿物质等因素有关。Giudicianni 等[14]通过实验研究也发现生物质组分之间的相互影响不可忽略,其对热裂解固体和液体产物的产量和特性都具有重要作用,同时还导致热裂解焦炭 BET 比表面积的下降,其中纤维素与木质素之间的交叉影响最为显著,木质素的存在抑制了纤维素生成左旋葡聚糖的反应,但促进了纤维素分解生成小分子产物的反应。

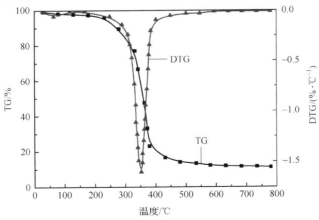

图 5-6　速生杨 ADF 热裂解 TG/DTG 曲线

5.1.3　半纤维素与木质素交叉配比对热裂解行为的影响

半纤维素和木质素混合物的热裂解 DTG 曲线如图 5-7 所示,在主反应区间出现的 2 个失重峰分别归属于半纤维素和木质素,且随着半纤维素比例的增加,第一个失重峰的失重量均匀增加,而第二个失重峰则相应减少。半纤维素与木质素之间的相互影响也较为强烈,木质素的存在使半纤维素的热裂解速率增加,表现为相对于加权后的半纤维素失重量,添加木质素后的失重有所增加,而半纤维素使木质素的热裂解在较低的温度下发生,失重速率也大大降低。从半纤维素和木质素配比样品的热失重曲线(图 5-8)与组分叠加获得的计算曲线对比也可发现两者的相互影响较为强烈。

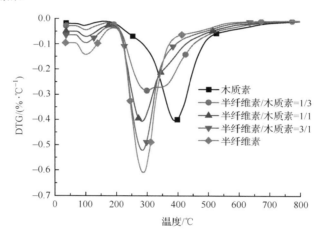

图 5-7　半纤维素与木质素混合物的热裂解 DTG 曲线(文后附彩图)

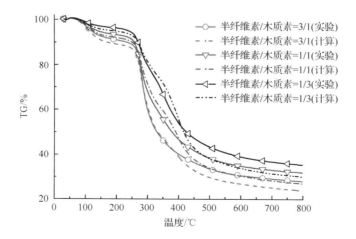

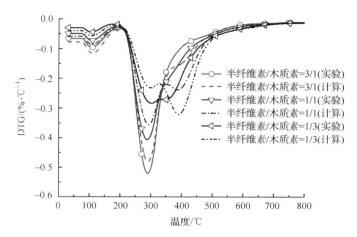

图 5-8　半纤维素与木质素混合物热裂解的实验与计算 TG/DTG 曲线对比(文后附彩图)

　　通过对半纤维素主要热裂解产物糠醛生成规律的分析(图 5-9),发现木质素的存在明显抑制了糠醛的生成,且有向低温区偏移的趋势,这主要因为在低温热裂解阶段,木质素也发生了分解,从而影响了半纤维素的热裂解行为,对应的产物中也可以检测到木质素的典型产物。

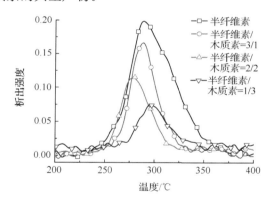

图 5-9　糖醛析出强度随半纤维素和木质素配比的变化

5.2　组分耦合热裂解

5.2.1　组分配比生物质的热失重过程

　　根据自然界中生物质三大组分含量的变化,选取典型的组分配比比例,可以更好地揭示组分之间的耦合影响。木质素对半纤维素的低温分解影响较大,而纤维素的失重则受到半纤维素和木质素的共同影响,使得配比混合物的实验失重曲线与按比例加权计算的失重曲线之间存在明显区别,从简单的混合配比层面便确定了三大组分之间相互影响的存在。分别选取纤维素、半纤维素和木质素的模化物微晶纤维素、木聚糖和 Organosolv 木质素,按照 6∶1.5∶1.5、5∶3∶1、5∶2∶2和 5∶1∶3 进行简单配比,获得 4 种典型的配比生物质,其热失重 DTG 曲线的实验值与计算值如图 5-10 所示。配比生物质 DTG 曲线的实验值与计算值差异较小,仅在 200～327℃和 327～410℃内因组分含量不同而存在明显差异。200～327℃的失重峰主要由半纤维素分解而引起,因此,随着配比生物质中半纤维素组分含量的降低其最大失重率也逐渐下降,327～410℃的失重峰与纤维素的热裂解密切相关,因而配比生物质中纤维素组分含量的减少会使其最大失重率有所下降。另外,基于多种配比生物质的热失重曲线分析,可以将 327℃之前的差异主要归为

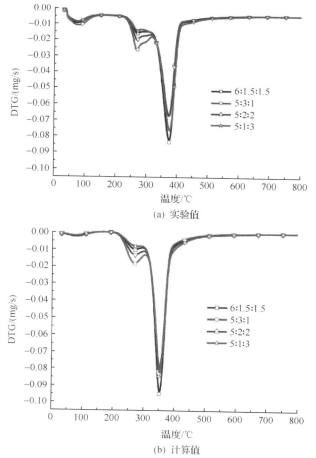

图 5-10　配比生物质热失重 DTG 曲线的实验值(a)与计算值(b)(文后附彩图)

木质素对半纤维素的影响所致,而 327℃之后的差异则可认为主要是半纤维素对纤维素的影响所致,由于木质素对总失重量的贡献较小,可认为半纤维素对木质素的影响对于引起这种差异所起的作用也比较微弱。

对不同配比生物质的红外谱图进行分析发现,热裂解产物中都包括左旋葡聚糖、糠醛、乙酸和 2,6-二甲氧基苯酚等纤维素、半纤维素和木质素热裂解的典型产物。其中,组分含量是影响热裂解产物组成的首要因素。几种典型产物的析出强度随配比比例的变化如图 5-11 所示,半纤维素和木质素的存在促进了纤维素热裂解中间产物左旋葡聚糖的生成;糠醛和乙酸的生成则与半纤维素单一组分时明显不同,混合物在 200～350℃时的乙酸和糠醛生成与半纤维素有关,但之后的析出峰则与组分之间的影响密切相关,当纤维素/半纤维素/木质素为 5∶3∶1 时,半纤维素分解生成乙酸的过程被促进,糠醛的生成被抑制,随着温度的升高,受到半纤维素和木质素的影响,纤维素热裂解过程中也生成了乙酸;2,6-二甲氧基苯酚的生成完全归属于木质素热裂解,纤维素和半纤维素起到了一定的促进作用。

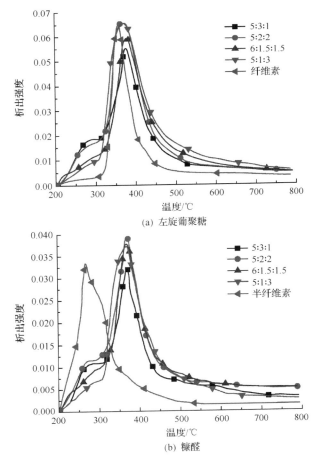

(a) 左旋葡聚糖

(b) 糠醛

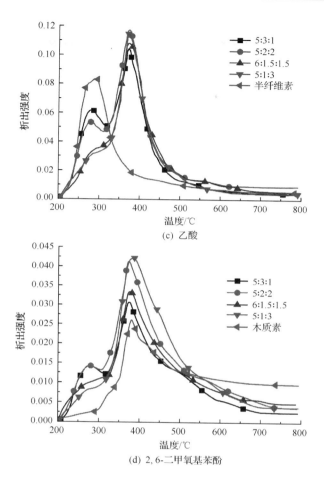

图 5-11　典型产物的析出强度随混合物配比比例的变化(文后附彩图)

5.2.2　组分配比对生物质热裂解产物分布的影响

　　为了进一步明确组分之间的相互影响,利用红外辐射加热机理实验装置可进一步研究生物质配比对热裂解产物分布的影响。在 550℃进行热裂解时,纤维素对应的生物油、小分子气体产物和焦炭的产率分别为 81.41%、12.51%、6.08%;半纤维素以上产物的产率对应为 44.22%、36.73%、19.05%;木质素对应为21.77%、37.9%、40.33%。在这三种组分中,纤维素热裂解生成的生物油产率最高,半纤维素热裂解生成的小分子气体产物产率较高,木质素热裂解获得的焦炭产率最高。经过组分混合配比后,四种配比生物质在相同温度下获得的产物产率如图 5-12 所示,配比生物质的实验值与计算值之间存在较大差异,组分之间的相互作用降低了生物油的产率,增加了小分子气体产物和焦炭的产率。赵坤等[15]按照稻秆与玉米秆内三大组分的含量进行配比实验,通过热裂解产物的对比分析,发现计算值与实验值的趋势基本一致,但在具体的产物产率方面存在差异。可见,生物质三大组分之间存在着交叉影响:一方面是化学反应的交叉影响;另一方面则是物理上的交叉影响,即低温阶段形成的熔融态的半纤维素和木质素覆盖在纤维素表面,阻碍了热裂解挥发分的析出,进而为二次反应的发生提供了足够的时间,从而导致液态产物生物油率的实验值低于计算值。

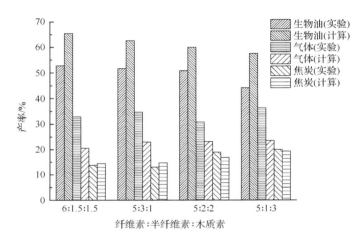

图 5-12　组分配比生物质热裂解的产物分布与计算值的对比

　　小分子气体产物的主要成分和含量如表 5-1 所示,成分主要以 CO 和 CO_2 为主,还包括少量的 CH_4、C_2H_4、C_2H_6 等小分子烃类,以及少量的 H_2。三大组分中半纤维素的小分子气体产物产率较高,纤维素的小分子气体产物产率较低,CO 和 CO_2 的生成受原料中组分之间相互作用的影响不明显。而对于烃类气体的生成,组分间存在明显的影响,尤其是纤维素和半纤维素对于木质素的热裂解产生影响,导致 CH_4、C_2H_6 的产率均降低。

　　组分配比热裂解生物油的成分基本涵盖了单一组分热裂解生物油的成分,如附表 5-1 所示,包括烷烃、酸类、醇类、酮类、呋喃类、醛类、糖类、酚类等,表现出了三大组分的热裂解特征。其中,2,5-二乙氧基四氢呋喃、3,4-脱水阿卓糖、左旋葡聚糖为纤维素热裂解的典型产物;乙酸、糠醛主要由半纤维素热裂解产生;苯酚、2,6-二甲氧基苯酚、2,6-二甲氧基-4-丙烯基苯酚是木质素热裂解的标志性产物。另外,酮类物质,包括 1-羟基-2-丙酮、2-羟基-2-环戊烯-1-酮和 3-甲基-2-羟基-2-环戊烯-1-酮,是由纤维素和半纤维素热裂解共同产生。

表 5-1　组分配比生物质热裂解小分子气体产物产率　　　（单位：%）

样品			H_2	CH_4	CO	CO_2	C_2H_4	C_2H_6	C_3H_6	C_3H_8
组分	纤维素		0.09	0.07	8.46	2.84	0.40	0.06	0.23	0.01
	木聚糖		0.42	0.13	10.85	24.05	0.56	0.36	0.28	0.08
	木质素		0.27	3.95	20.53	8.47	2.47	1.53	0.50	0.17
组分配比生物质	6∶1.5∶1.5	计算值	0.26	0.71	19.77	9.90	1.15	0.38	0.53	0.05
		实验值	0.28	0.40	21.65	8.20	1.40	0.25	0.54	0.04
	5∶3∶1	计算值	0.29	0.52	17.99	12.31	1.01	0.34	0.48	0.05
		实验值	0.24	0.36	16.71	13.85	1.02	0.32	0.44	0.06
	5∶2∶2	计算值	0.25	0.83	17.55	9.96	1.10	0.42	0.47	0.06
		实验值	0.16	0.46	16.54	11.97	0.84	0.28	0.35	0.05
	5∶1∶3	计算值	0.26	1.29	20.16	9.31	1.40	0.58	0.53	0.07
		实验值	0.27	0.75	20.44	9.73	1.45	0.37	0.54	0.05

　　通过典型产物分布的对比可以确定组分之间的相互影响。如表 5-2 所示,纤维素热裂解典型产物中,3,4-脱水阿卓糖和左旋葡聚糖的实验值均低于计算值,而2,5-二乙氧基四氢呋喃的实验值高于计算值,且纤维素含量相同时,这种趋势随着半纤维素含量的增加而增大,可以确定半纤维素的存在强烈地促进了 2,5-二乙氧基四氢呋喃的生成,并抑制了左旋葡聚糖和 3,4-脱水阿卓糖的生成,但木质素对这些产物的影响均较弱。乙酸和糠醛是半纤维素热裂解的典型产物,对比6∶1.5∶1.5 和 5∶2∶2 配比生物质的数据可以发现,纤维素含量的增大显著促进了这两种产物的生成,而随着配比生物质中木质素含量的增加,相对产率的实验值逐渐与计算值接近,甚至低于计算值,因此可以认为,纤维素的存在促进了乙酸和糠醛的生成,而木质素的存在则强烈地抑制了它们的生成。苯酚、2,6-二甲氧基苯酚和 2,6-二甲氧基-4-丙烯基苯酚是木质素热裂解的典型产物,它们的实验值均高于计算值,尤其是相对产率较大的 2,6-二甲氧基苯酚,实验值要比计算值高得多,但当纤维素含量相同时,随着半纤维素含量的增加,酚类物质相对产率有所下降,可以认为纤维素对酚类物质的生成具有较强的促进作用,半纤维素对酚类物质的生成具有一定的抑制作用,当纤维素含量高于半纤维素时,总体导致了酚类物质相对产率的增加。

表 5-2　三组分及配比生物质热裂解主要产物的相对产率

成分	纯组分/%			配比生物质/%			
	产率	主要来源		6∶1.5∶1.5	5∶3∶1	5∶2∶2	5∶1∶3
2,5-二乙氧基四氢呋喃	7.93	纤维素	实验值	16.14	13.87	8.30	5.63
			计算值	5.29	4.41	4.41	4.41
3,4-脱水阿卓糖	4.71		实验值	1.20	0.20	0.75	1.00
			计算值	3.14	2.61	2.61	2.61
左旋葡聚糖	13.23		实验值	2.58	0.30	2.09	3.92
			计算值	8.82	7.35	7.35	7.35
乙酸	5.26	木聚糖	实验值	4.57	5.15	1.33	0.66
			计算值	0.88	1.75	1.17	0.58
糠醛	4.88		实验值	2.71	2.77	0.76	0.00
			计算值	0.81	1.63	1.08	0.54
苯酚	1.36	木质素	实验值	0.44	0.36	0.83	1.39
			计算值	0.23	0.15	0.30	0.45
2,6-二甲氧基苯酚	3.16		实验值	2.16	0.61	4.73	7.80
			计算值	0.53	0.35	0.70	1.05
2,6-二甲氧基-4-丙烯基苯酚	0.67		实验值	0.42	0.26	0.64	0.81
			计算值	0.11	0.07	0.15	0.22

5.3　洗涤纤维的热裂解行为研究

　　组分之间固有的交联结构也是引起组分间相互影响的因素之一,因此除了通过组分的简单配比开展组分交叉耦合影响研究外,通过不同洗涤纤维的热裂解行为对比分析也可从另一层面揭示组分之间的协同影响。洗涤纤维是利用范式组分分析法逐一获得的,包括中性洗涤纤维 NDF、酸性洗涤纤维 ADF 和强酸性洗涤纤维 SADF,它们不同于简单组分配比混合物之处在于仍保有组分之间的部分天然连接结构。

　　配比生物质与实际生物质最大的不同是配比生物质不具有组分之间的天然交联结构,鉴于此,可以近似地将结构破坏较小的中性洗涤纤维 NDF 与配比生物质对比,从结构交联耦合层面确定三大组分之间的相互影响。以速生杨为例,其中纤维素、半纤维素和木质素的比例接近 6∶1.5∶1.5,在获得 NDF 样品过程中,可以认为对三大组分结构没有造成破坏,所以速生杨 NDF 中三大组分仍保持实际生物质中的含量与结构。

速生杨 NDF 与 6∶1.5∶1.5 配比生物质热裂解曲线的对比如图 5-13 所示，交联结构的存在对热裂解初始阶段和残炭生成阶段影响不大，但对于发生在 200 ～450℃的主体阶段影响较大。组分之间交联结构的存在使得三大组分的主体失重融合在一起，没有明显的分峰，而在配比生物质中则表现为较弱的半纤维素失重峰和明显的纤维素失重峰。因此，可以判断组分间交联结构的存在增加了各组分之间的相互影响，但这种影响强度明显弱于组分含量的影响强度。

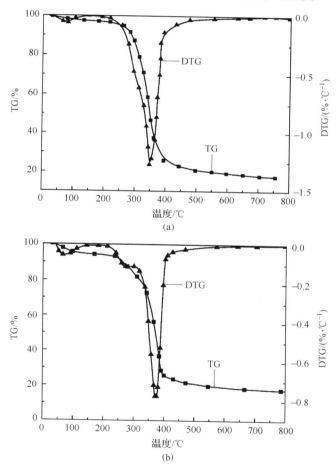

图 5-13　速生杨 NDF(a)和配比生物质(b)的热裂解 TG/DTG 曲线

5.3.1　不同洗涤纤维的热裂解行为研究

杉木和速生杨是两种应用较广泛的针叶类和阔叶类木材，二者的组分含量明显不同。杉木中的木质素和抽提物含量明显高于速生杨，而纤维素、半纤维素及不溶酸灰分含量都低于速生杨。二者的不同洗涤纤维的热裂解 TG/DTG 曲线如图 5-14 所示,各组分含量差异较大导致了杉木和速生杨原样的热失重曲线的明显不同,但是去除可溶性矿物质和抽提物之后,两种生物质的 NDF 热失重曲线较为相似。这是由于 NDF 代表着三大组分的热裂解特征,杉木 NDF 与速生杨 NDF 热失重曲线的轻微差异是由三大组分所占份额的不同引起的。比较生物质原样和 NDF 的热裂解,发现矿物质和抽提物的存在会大大影响三大组分的热裂解行为。相比于杉木 NDF,杉木原样的热裂解在较低的温度下便开始发生,且残余物的产量较高,由此可推断抽提物的存在使得热裂解提前发生,并强烈地催化了交联反应。由于 NDF 中存在半纤维素,与酸性洗涤纤维 ADF 相比,其热失重较早发生,并且残余物的产量较高。另外,由于速生杨具有较高的半纤维素含量,在其 NDF 热裂解的 DTG 曲线中出现了一个轻微的肩部,这是半纤维素热裂解的特征。

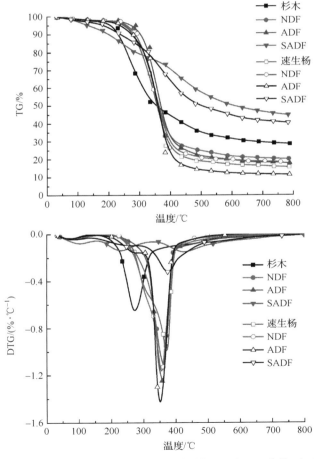

图 5-14　杉木和速生杨及其不同洗涤纤维热裂解 TG/DTG 曲线(文后附彩图)

　　假设生物质中所有组分分别独立进行热裂解,三大组分的热裂解行为可以根据生物质及其洗涤纤维的热失重曲线推导得出。通过 NDF 和 ADF,以及 ADF 和 SADF 的热重曲线进行差减计算,分别得到半纤维素和纤维素热裂解的 TG/DTG 曲线,如图 5-15 所示。SADF 除含有少量的不溶酸灰分外,主要由木质素构成,因此,它的热裂解可以粗略地反映木质素的热裂解行为。

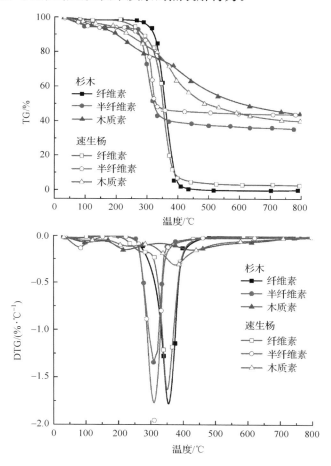

图 5-15　杉木和速生杨主要组分热裂解的 TG/DTG 曲线(文后附彩图)

　　半纤维素在约 230℃时开始分解,纤维素在约 280℃时开始分解,两者都在较窄的温度区间急剧热裂解,生成比较尖锐的 DTG 峰,分别在 310℃和 350℃左右达到最大热失重。纤维素的热裂解主要生成挥发分,而半纤维素的热裂解则生成了更多的焦炭。相比而言,木质素的热裂解发生在比较宽的温度范围,DTG 峰相对平坦,同时生成的焦炭量最大,其热裂解从较低的温度开始,但是非常缓慢。这与三大组分模化物的热失重行为基本一致,也说明了组分的含量是决定生物质热裂解过程的最主要因素,组分间的结构耦合因素则影响较小。另外,由于速生杨及其洗涤纤维具有较高的不溶酸灰分含量,相比于杉木,其三组分的热裂解都发生在较低的温度,并且最终获得了较高的焦炭产量,这一现象证实了不溶酸灰分的存在对组分热失重过程也产生了一定的促进作用。

5.3.2　不同洗涤纤维的热裂解产物析出分布

　　以速生杨及其洗涤纤维为例,在 20℃/min 的升温速率下,速生杨及其洗涤纤维在热裂解过程中挥发分的析出谱图如图 5-16 所示,其与相应的热裂解 DTG 曲线形式基本一致。速生杨 SADF 的热裂解可以粗略地认为是其中木质素组分的热裂解。相比速生杨原样,SADF 和 ADF 中有较高的木质素含量,因此在热裂解早期便出现一个析出峰,显示出木质素热裂解的特征。ADF 热裂解主要阶段的产物主要是由纤维素的热裂解生成,其次是木质素。NDF 的热裂解产物则源自三大组分的共同贡献。另外,通过比较 NDF 与 ADF 的热裂解产物析出图谱,可得出半纤维素的热裂解产物的生成情况。

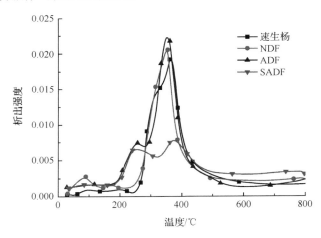

图 5-16　速生杨及其洗涤纤维热裂解过程中的挥发分析出(文后附彩图)

　　由对不同洗涤纤维进行差分计算获得的组分热失重曲线,可知半纤维素和纤维素热裂解的最大失重速率分别发生在约 310℃ 和 350℃。假设所有的组分分别独立进行热裂解,纤维素热裂解过程中的产物析出可通过比较 350℃ 时 ADF 和 SADF 热裂解的红外谱图进行分析,而半纤维素热裂解过程中的产物析出则可通过比较 310℃ 时 NDF 和 ADF 热裂解的红外谱图来分析。两种情况的谱图对比如图 5-17 和图 5-18 所示,通过谱图分析,可观察到三种洗涤纤维在热裂解过程中均有水、CO_2、CO 等小分子气体生成。在 SADF 热裂解的产物析出红外谱图中,$3200 \sim 2850 cm^{-1}$ 处较强的吸收峰表明碳氢化合物的存在,尤其是甲烷的存在;

1085～960cm^{-1}处强烈的特征峰表明甲醇的大量析出。在 ADF 热裂解产物析出的红外谱图中，3200～2700cm^{-1}处相对较宽的特征吸收峰表明碳氢化合物、甲醛、乙醛等物质的生成[8]；在 1850～1600cm^{-1}处出现了一个强烈的吸收峰，代表 C=O 双键的变形振动，对应于多种醛类和酮类物质的生成；1500～900cm^{-1}处的特征峰对应于 C—H 键的面内弯曲振动和 C—O，C—C 键的骨架振动，表明羧酸、醇类物质等的生成；另外还可观察到左旋葡聚糖在 1183cm^{-1}处的特征峰，以及乙醇醛在 860cm^{-1}处的特征峰，证明它们存在于纤维素热裂解的产物中。

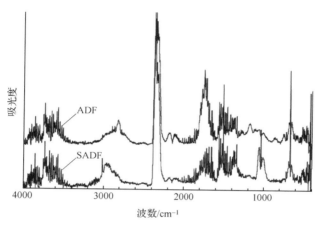

图 5-17 350℃时 ADF 和 SADF 热裂解产物析出谱图对比分析

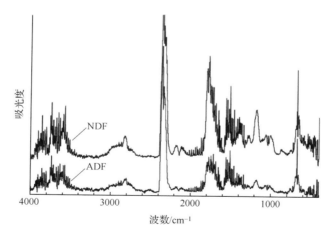

图 5-18 310℃时 NDF 和 ADF 热裂解产物析出谱图对比分析

图 5-18 中，NDF 和 ADF 的热裂解红外谱图非常相似，都包含酸、醇、醛、酮和酚类物质的生成。这是由于纤维素和半纤维素都具有典型的多糖结构，其产物种类也基本相同。这也说明半纤维素对 NDF 热裂解过程中挥发分的生成影响不明

显,通过谱图差减去除共有波段的干扰后,仅发现糠醛($2865\sim2770cm^{-1}$、$1435\sim965cm^{-1}$)作为一种主要产物明显存在于半纤维素热裂解产物中。

5.4　抽提物对生物质热裂解的影响

为了进一步探讨组分之间的结构交联对热裂解过程的影响,以樟子松和水曲柳木屑作为代表,采用体积比为 2/1 的苯/乙醇溶液抽提 7h 获得抽提物,去除抽提物后获得的脱脂樟子松与脱脂水曲柳。

5.4.1　抽提物热裂解行为

抽提物是生物质中含量较少的化学成分,由一组可被极性和非极性的有机溶剂、水蒸汽或水提取的不构成细胞壁和胞间层的游离物质组成。它属于非结构性成分,包括蜡、脂肪、树脂、丹宁酸、糖、淀粉、色素等。因其含量较少(<10%),抽提物对生物质热裂解的影响没有引起足够的重视,但其影响却不容忽视[16]。抽提物因具有较高的挥发性而对生物质的可燃性产生重要影响,其含量越高,生物质的热值越大[17]。

抽提物的热裂解发生在一个较宽的温度范围内(130~550℃),与组成细胞壁的天然聚合物在相同的温度范围内分解,如图 5-19 所示。生物质和抽提残渣的热失重过程基本一致,但抽提物与其明显不同,具有较低的热失重速率和较高的焦炭产率。樟子松及其对应的抽提残渣和抽提物的热裂解的表观反应活化能分别为104.37kJ/mol、119.38kJ/mol 和 58.78kJ/mol,即抽提物最容易分解,而生物质也比抽提残渣容易分解,说明抽提物的存在对生物质反应活性存在促进的可能。另外,Raveendran 等[18]发现抽提物的热裂解行为与木质素相似,但热裂解速率更大,热裂解温度更低。Thammasouk 等[19]用乙醇溶剂处理草本类生物质后发现,纤维素和木质素结构中能溶于乙醇的亲水、亲脂类小分子物质转移到抽提物中。水-乙醇萃取法去除了将近 90% 的抽提物,且抽提物的去除明显减少了生物质热裂解产物中的灰分、不溶酸木质素和可溶性糖类的含量[20]。另外,抽提物的存在提高了生物油的产量,同时抑制了气体产物和焦炭的生成[21]。

5.4.2　抽提物对生物质热裂解的影响特性

生物质与抽提残渣的热裂解产物析出过程十分相似,在整个热裂解温度区间内均有产物析出。在最大吸光率处的红外谱图如图 5-20 所示,生物质和抽提残渣热裂解产物中都含有水、CO、CO_2、酸类、醇类和醛类等物质。相比生物质,抽提残渣热裂解生成了较多的 CO_2 和较少的有机物,而抽提物热裂解整体的产物析出都较弱。

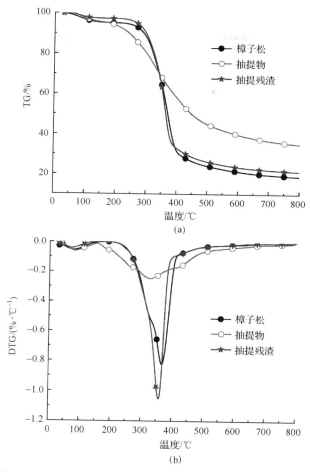

图 5-19　生物质、抽提物和抽提残渣的热裂解 TG/DTG 曲线

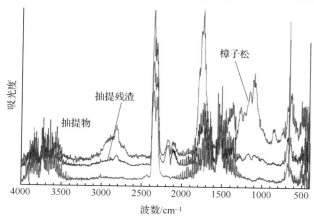

图 5-20　生物质、抽提物和抽提残渣热裂解产物在最大吸光率处的红外谱图(文后附彩图)

对樟子松生物质原样和抽提残渣热裂解的主要产物析出过程做进一步分析，如图 5-21 所示。与樟子松相比，抽提残渣热裂解中多种产物的析出时间提前，有较多的水、CO 和 CO_2 生成，酸类物质产量急剧减少，醛类和直链烷烃产量相近。抽提物的存在催化了酸类物质的生成，而抽提物的去除则促进了 CO 和水的生成。

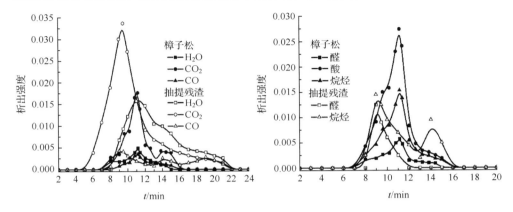

图 5-21　樟子松原样和抽提残渣的主要热裂解产物析出

通过生物质原样、抽提残渣和配比生物质热裂解产物的对比分析，可发现多种因素对产物组成和分布的协同影响。水曲柳因具有较高的全纤维素含量，与樟子松相比，具有较高的生物油产率和较低的焦炭产率，这符合单一组分对热裂解产物分布的影响规律。与抽提残渣（脱脂生物质）相比，配比生物质的生物油产率均较低，小分子气体产物的产率较高，而焦炭产率基本保持不变（图 5-22）。引起这种差异的原因除了三大组分模化物与实际天然结构存在差异外，主要原因可能是配比生物质因缺少组分之间的天然连接而具有较差的热稳定性，从而分解地较彻底，生成了较多的小分子气体产物。Couhert 等[22]也发现引起这一区别的主要原因是单一组分配比而成的混合物不具有天然组分的连接结构。樟子松的三种样品在相同条件下热裂解获得的生物油成分，尤其是典型组分也存在明显差别，如附表 5-2 所示，相比于抽提残渣，配比樟子松生成了较多的左旋葡聚糖、1-羟基-2 丙酮，较少的乙酸、糠醛、2,5-二乙氧基四氢呋喃和酚类物质。前文中已知半纤维素的存在将强烈促进纤维素热裂解过程中 2,5-二乙氧基四氢呋喃的生成，并抑制左旋葡聚糖的形成，因此可以判断，在抽提残渣中，半纤维素的这种影响更为强烈，在配比樟子松中，由于原有结构的破坏，这种影响已被显著削弱。乙酸和糠醛主要来源于半纤维素的热裂解，它们在配比樟子松生物油中的含量均远远低于抽提残渣，这说明组分之间存在的天然连接结构对半纤维素热裂解产物组成的影响较大。相比抽提残渣，樟子松生物油中左旋葡聚糖含量较高，乙酸、糠醛和 1-羟基-2-丙酮含量较低，甚至没有发现 2,5-二乙氧基四氢呋喃，这说明抽提物对生物油成分的影响也是不可忽略的。

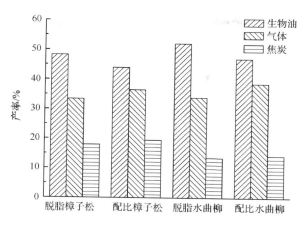

图 5-22　两种脱脂生物质和配比生物质热裂解产物分布

　　生物质热裂解是一个极其复杂的过程,主要组分的热裂解行为是影响该过程的最主要因素。除了三大组分的含量与反应活性外,组分的交叉耦合也对生物质热裂解行为产生了一定的影响。三大组分之间的交叉耦合、组分间固有的结构交联、抽提物和不溶酸灰分等都对生物质热裂解中的产物组成与含量具有一定的影响,因此不能简单地通过组分叠加的方式进行生物质热裂解行为的研究,组分间的交叉耦合作用不可忽略。

参 考 文 献

［1］Alén R,Kuoppala E,Oesch P. Formation of the main degradation compound groups from wood and its components during pyrolysis[J]. Journal of Analytical and Applied Pyrolysis,1996,36(2):137-148.

［2］Svenson J,Pettersson J B,Davidsson K O. Fast pyrolysis of the main components of birch wood[J]. Combustion Science and Technology,2004,176(5-6):977-990.

［3］Yang H,Yan R,Chen H,et al. In-depth investigation of biomass pyrolysis based on three major components:Hemicellulose,cellulose and lignin[J]. Energy & Fuels,2006,20(1):388-393.

［4］Biagini E,Barontini F,Tognotti L. Devolatilization of biomass fuels and biomass components studied by TG/FTIR technique[J]. Industrial & Engineering Chemistry Research,2006,45(13):4486-4493.

［5］Hosoya T,Kawamoto H,Saka S. Pyrolysis behaviors of wood and its constituent polymers at gasification temperature[J]. Journal of Analytical and Applied Pyrolysis,2007,78(2):328-336.

［6］Worasuwannarak N,Sonobe T,Tanthapanichakoon W. Pyrolysis behaviors of rice straw,rice husk,and corncob by TG-MS technique[J]. Journal of Analytical and Applied Pyrolysis,2007,78(2):265-271.

［7］Huber G W,Iborra S,Corma A. Synthesis of transportation fuels from biomass:Chemistry,catalysts,and engineering[J]. Chemical Reviews,2006,106(9):4044-4098.

［8］Li S,Lyons-Hart J,Banyasz J,et al. Real-time evolved gas analysis by FTIR method:An experimental study of cellulose pyrolysis[J]. Fuel,2001,80(12):1809-1817.

[9] Yang C,Lu X,Lin W,et al. TG-FTIR study on corn straw pyrolysis-influence of minerals[J]. Chemical Research in Chinese Universities,2006,22(4):524-532.

[10] Piskorz J,Radlein D,Scott D S. On the mechanism of the rapid pyrolysis of cellulose[J]. Journal of Analytical and Applied pyrolysis,1986,9(2):121-137.

[11] Haensel T,Comouth A,Lorenz P,et al. Pyrolysis of cellulose and lignin[J]. Applied Surface Science,2009,255(18):8183-8189.

[12] Xie H,Yu Q,Qin Q,et al. Study on pyrolysis characteristics and kinetics of biomass and its components [J]. Journal of Renewable and Sustainable Energy,2013,5(013122):1-15.

[13] Zhang J,Choi Y S,Brown R C,et al. Cellulose-hemicellulose,cellulose-lignin interactions during fast pyrolysis[C]//2013 AIChE Annual Meeting,San Francisco,2013.

[14] Giudicianni P,Cardone G,Ragucci R. Cellulose,hemicellulose and lignin slow steam pyrolysis: Thermal decomposition of biomass components mixtures[J]. Journal of Analytical and Applied Pyrolysis,2013,100:213-222.

[15] 赵坤,肖军,沈来宏,等. 基于三组分的生物质快速热解实验研究[J]. 太阳能学报,2011,32(5):710-716.

[16] Liu L,Sun J,Cai C,et al. Corn stover pretreatment by inorganic salts and its effects on hemicellulose and cellulose degradation[J]. Bioresource Technology,2009,100(23):5865-5871.

[17] Demirbaş A. Relationships between lignin contents and heating values of biomass[J]. Energy Conversion and Management,2001,42(2):183-188.

[18] Raveendran K,Ganesh A,Khilar K C. Pyrolysis characteristics of biomass and biomass components[J]. Fuel,1996,75(8):987-998.

[19] Thammasouk K,Tandjo D,Penner M H. Influence of extractives on the analysis of herbaceous biomass [J]. Journal of Agricultural and Food Chemistry,1997,45(2):437-443.

[20] Tamaki Y,Mazza G. Measurement of structural carbohydrates,lignins,and micro-components of straw and shives: Effects of extractives,particle size and crop species[J]. Industrial Crops and Products,2010,31(3):534-541.

[21] Wang Y,Wu L,Wang C,et al. Investigating the influence of extractives on the oil yield and alkane production obtained from three kinds of biomass via deoxy-liquefaction[J]. Bioresource Technology,2011,102(14):7190-7195.

[22] Couhert C,Commandre J,Salvador S. Is it possible to predict gas yields of any biomass after rapid pyrolysis at high temperature from its composition in cellulose,hemicellulose and lignin[J]. Fuel,2009,88(3):408-417.

本 章 附 表

附表 5-1　组分配比生物质热裂解生物油的主要成分相对含量（单位：%）

产物	组分			组分配比生物质			
	纤维素	半纤维素	木质素	6：1.5：1.5	5：3：1	5：2：2	5：1：3
2,5-二乙氧基四氢呋喃	9.74	0.81		30.69	26.89	16.42	12.14
1-羟基-2-丙酮	6.27	19.36		14.63	23.91	15.32	12.14
乙酸	0.42	11.89	1.23	8.69	9.99	2.63	1.42
糠醛	0.58	11.04		5.16	5.37	1.5	
2-羟基-2-环戊烯-1-酮	3.15	3.54		3.72	4.03	4.13	2.17
3-甲基-2-羟基-2-环戊烯-1-酮	2.53	7.94		1.3	4.79	2.57	0.36
苯酚			6.24	0.84	0.69	1.64	2.99
2-甲氧基-4-乙烯基苯酚			1.37			0.46	0.70
2,6-二甲氧基苯酚			14.53	4.1	1.19	9.36	16.81
2-甲氧基-4-乙基苯酚			4.29			1.07	1.80
2,6-二甲氧基-4-丙烯基苯酚			3.09	0.79	0.5	1.26	1.75
3,4-脱水阿卓糖	5.78			2.3	0.38	1.48	2.16
左旋葡聚糖	16.25			4.91	0.58	4.13	8.44

附表 5-2　樟子松原样、抽提残渣和配比樟子松热裂解生物油的主要成分相对含量　　　　　　　　　　（单位：%）

化合物	樟子松	脱脂樟子松	配比樟子松
2,5-二乙氧基四氢呋喃		18.42	6.83
1-羟基-2-丙酮	3.47	9.96	13.56
2-环戊烯-1-酮	0.87	1.66	0.53
乙酸	7.78	17.99	1.02
糠醛	3.85	4.04	2.11
2-甲基苯酚		1.15	
苯酚		4.85	
2-甲氧基-4-乙烯基苯酚	1.81	1.20	0.72
4-丙烯基愈创木酚	1.69	0.56	
2,6-二甲氧基苯酚			23.57
4-甲氧基苯酚			3.78
邻苯二酚	2.45	5.15	0.62
3-甲基邻苯二酚	1.00	1.86	
左旋葡聚糖	6.13	0.20	3.01

第6章　生物质组分选择性热裂解

　　利用生物质快速热裂解技术虽然能将以木屑和秸秆等农林废弃物为主的生物质原料转化为能量密度更高并易储存运输的生物油,但由于粗生物油存在水分和氧含量高、热值和 pH 低、稳定性差等缺点,其主要作为初级燃料在窑炉中燃烧使用,如需作为汽油、柴油等动力燃料的替代品,则需要通过后续的提质改性来提升粗生物油的品位。分散式热裂解液化和生物油规模化集中提质改性为此提供了可能,但是生物油成分复杂,应用于提质改性的催化剂开发难度大,同时精制过程中容易发生结焦现象,使得所用催化剂寿命缩短、失效加快。如果能够在热裂解源头上注重提升生物油的品质,将会大大减轻后续提质改性工艺的复杂性和难度。研究发现,通过调节生物质中无机盐的含量,以及在热裂解过程中添加催化剂,能够选择性地控制热裂解产物的分布,增加某些特定预期目标产物的产量,抑制某些成分,尤其是酸类的生成,改进粗生物油品质。

　　本章主要讲述无机盐和外加催化剂对生物质组分热裂解的影响,对于生物质整体热裂解的影响在最后一章阐述。纤维素结构单一且容易获得,本章将其作为典型代表物来阐述无机盐和外加催化剂对其热裂解的影响规律。

6.1　无机盐对生物质组分热裂解的影响

　　生物质主要由碳、氢、氧三种元素组成,此外还含有少量的氮、硫以及微量的金属元素,包括钾、钙、钠、镁、铝、铁、铜等。其中碱金属盐和碱土金属盐是生物质中含量最为丰富的无机盐,尤其钾盐和钙盐含量较高。它们通常以氧化物、硅酸盐、碳酸盐、氯化物和磷酸盐等形式存在。无机盐的种类和含量会明显改变生物质及其组分的热裂解行为,通过洗除生物质内固有的无机盐或者外加无机盐可以有效改变生物质中的无机盐分布,从而影响生物质热裂解产物的分布。

6.1.1　无机盐添加对生物质组分热裂解动力学的影响

　　将金属离子加入到原料中的方法通常有离子交换法和浸泡吸收法,离子交换法操作复杂且用料昂贵,不如浸泡吸收法应用广泛,通过用不同浓度的金属盐溶液浸泡的方法可获得添加特定含量金属盐的物料。将纤维素先用金属盐溶液浸泡12h,再自然风干,然后在 60℃ 条件下烘干处理,浸泡吸收后,纤维素中金属元素的含量可用原子吸收分光光度法进行测定。

　　分别选取碱金属盐、碱土金属盐和过渡金属盐对应的典型代表氯化钾、氯化钙和氯化亚铁,研究不同无机盐添加对纤维素热裂解动力学的影响。如图 6-1 所示,添加三种无机盐后,均使得纤维素热重曲线的"肩部"在更低的温度下出现。一般认为,热重曲线的初始平稳阶段是纤维素发生解聚及"玻璃化转变"的缓慢过程[1],随后分子内或分子间氢键发生断裂,羰基等主要官能团开始形成,并析出水分和释放出少量小分子气体,活性纤维素也在该过程中生成,形成失重图上的"肩部"。该"肩部"的提前出现和反应速率的增加表示无机盐对该过程产生了催化作用,提高了活性纤维素的生成速率。主反应阶段的反应速率相比纯纤维素均有轻微下降,而且无机盐的加入增加了焦炭产率。相比添加钾离子,添加钙离子后"肩部"更快出现,失重范围变宽,体现为 DTG 曲线上的两个反应速率峰,这说明钙离子对热裂解过程的初始阶段具有很强的催化作用,同时,其对焦炭生成的促进作用也较为明显。Shimada 等[2]研究了钠、钾、钙、镁对纤维素热裂解的催化作用,进一步证实了碱土金属比碱金属有更强烈的催化效果。相比氯化钙的强烈催化作用,铁离子的作用则显得较为温和,且其对最终的焦炭产量影响不大。Khelfa 等[3]还研究了其他过渡金属锌离子和镍离子对纤维素热裂解的催化作用,发现不同的过渡金属对纤维素热裂解的催化作用是不同的,不像碱金属和碱土金属能较好的表现出一致性。

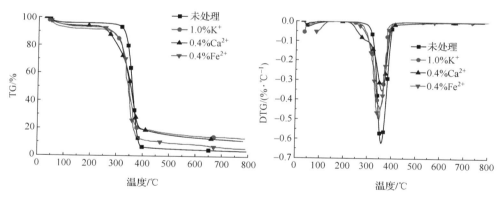

图 6-1　无机盐对纤维素热裂解 TG/DTG 曲线的影响(文后附彩图)

　　通过对不同升温速率下上述无机盐添加后的热重曲线分析计算,可以得到相应的表观动力学参数,如表 6-1 所示,E_0 为纤维素生成活性纤维素的表观活化能,E_1 为活性纤维素进一步生成焦油等的表观活化能,E_2 为生成焦炭的表观活化能。热裂解温度小于 330℃时,热失重过程主要受活性纤维素生成反应的控制,当热裂解温度大于 330℃时,活性纤维素生成速率大幅提高,并超过其消耗反应速率,从而在表观上,失重过程由生成焦油和小分子气体的活性纤维素消耗反应所控制。这一连续反应现象在添加氯化钙后更为明显,生成活性纤维素的表观活化能从

266kJ/mol 降低到 135kJ/mol。添加了氯化钾和氯化亚铁后，从表观动力学参数
计算结果中虽没有发现连续反应模型的特征，但热重曲线"肩部"的提前出现和该
阶段中失重现象的加强均说明这两种无机盐催化了热裂解初期活性纤维素生成的
反应，使得连续反应的控制过程转移到活性纤维素消耗反应上。在碱金属盐和碱
土金属盐作用下，主失重阶段表观活化能都出现转折现象，表现出并行反应模型特
征。纤维素热裂解过程中，一般认为焦炭的生成是一个低活化能的反应过程，通常
在 130～260℃发生[1]。但从反应原理上讲，并非是高温条件下焦炭生成速率降
低，而是与之竞争的挥发分生成反应速率大大高于焦炭的生成速率。所以从总体
上看，非催化条件下焦炭的生成主要在低温下发生。在氯化钾和氯化钙添加后，生
成焦炭的竞争反应速率得到了急剧提高，从而得到较高的产率，并且在更低的温度
下就开始发生。而氯化亚铁对焦炭的生成并没有明显的催化效果，其对纤维素热
裂解过程的催化偏重于挥发分的生成。

表 6-1　纤维素热裂解过程各反应表观活化能

反应条件	$E_0/(kJ/mol)$	$E_1/(kJ/mol)$	$E_2/(kJ/mol)$
纯纤维素	266.0		186.6
1%K$^+$催化		98.9	136.7
0.4%Ca^{2+}催化	135.0	85.5	154.1
0.4%Fe^{2+}催化			160.8
Bradbury 等[1]	242.8	150.7	198.0

注：表中空白表示在实验计算中没有体现。

　　通过对比添加不同浓度钾盐后纤维素的热失重曲线（图 6-2），发现随着添加
钾离子浓度的增加，纤维素热裂解的热重曲线变化越发明显，热失重的起始温度和
最大失重峰对应的温度都进一步降低，最大失重速率也变小，最终焦炭产量明显增
加。同时，通过联用的 FTIR 在线监测，发现小分子气体产物 CO、CO$_2$ 和水的析出

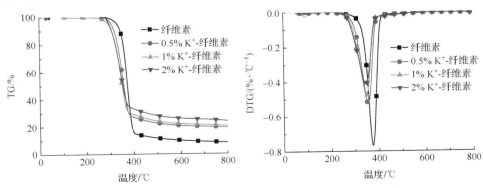

图 6-2　不同浓度钾离子对纤维素热裂解 TG/DTG 曲线的影响（文后附彩图）

量明显增加,并且析出的起始温度都向低温段偏移。但也有研究者检测到钾离子添加前后纤维素热裂解的气相组分并没有发生明显变化[4]。

与纤维素相类似,添加钾离子后,木聚糖(半纤维素模化物)和木质素热裂解失重的起始温度和最大失重峰对应的温度也均向低温段偏移,最终焦炭产量也有所增加,但增加的幅度没有纤维素明显(图 6-3)。这与其他研究者的实验结果相一致[4,5]。从对热裂解行为的影响来看,钾离子的添加对木聚糖的影响非常明显,添加后主反应阶段分离出两个失重峰,第一个失重峰强度明显增强,第二个失重峰变化相对不明显,这说明钾离子对木聚糖在低温段的分解具有较强的催化作用。

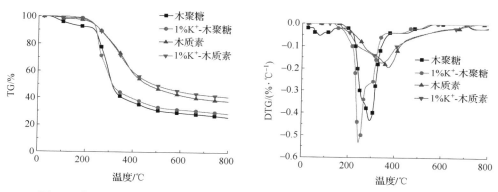

图 6-3　钾离子添加对木聚糖和木质素热裂解 TG/DTG 曲线的影响(文后附彩图)

无机盐通常以氧化物、硅酸盐、碳酸盐、氯化物和磷酸盐等形式存在,无机盐中的酸根离子的影响也不可忽略。图 6-4 对比了不同钾盐对纤维素热裂解动力学的影响,对比发现,不同酸根离子对纤维素热裂解动力学的影响作用明显不同,不同钾盐对焦炭生成的促进和对挥发分生成的抑制的强弱顺序为 $K_2CO_3 > KCl > K_2SO_4$。Julien 等[6]指出,在纤维素表面引入阴离子(SO_4^{2-} 和 Cl^-),有利于生物油产量的提高,同时降低焦炭和小分子气体产物的产量。其中 SO_4^{2-} 可以提高左旋

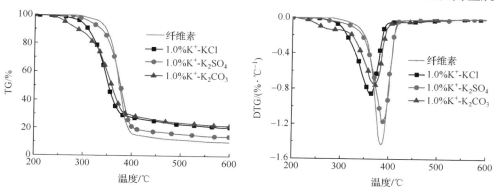

图 6-4　不同酸根的钾盐对纤维素热失重曲线的影响(文后附彩图)

葡聚糖的选择性,Cl⁻可以提高乙醇醛的选择性,这与 Piskorz 等[7]对生物质采用硫酸和盐酸预处理后进行热裂解而得到的结论具有相似性。

6.1.2　无机盐添加对纤维素热裂解产物分布的影响

前述章节中的红外辐射加热机理实验装置也可用于研究无机盐添加后纤维素热裂解产物分布的改变规律。如图 6-5 所示,钾盐的添加对纤维素热裂解产物的分布及组成影响明显。随着钾离子含量的增加,实验获得的生物油产量有所下降,焦炭产量有所增加,而小分子气体产物基本保持平衡。生物油中有机含氧化合物组分含量降低,水分含量增加,这说明钾离子促进了热裂解过程脱水反应的发生,同时也促进了热裂解中间产物向焦炭生成的方向发展。钾离子对焦炭生成的促进、对生物油的抑制也在其他学者的研究中被发现[8,9]。实际上,不单是钾离子,其他碱金属和碱土金属也会一定程度上提高焦炭的产量[7,10]。但是钾盐的添加对于生物油中的组分种类没有根本性改变,仅改变了各个成分的含量分布,添加钾离子后促使生物油中丙酮、乙醇醛等物质含量大幅度增加,而左旋葡聚糖的含量大大降低(附表 6-1)。该趋势随着钾离子添加量的增加而增强,但增幅不大,说明钾离子对这两种产物的选择性在较小含量时就有所体现。对于其他产物,微小含量(0.8%)的钾离子添加也具有较好的效果。纤维素热裂解结束后所添加的钾离子几乎都残存在焦炭表面,不过在纤维素钾盐溶液浸泡处理过程中会有少量的钾离子吸附于羧基和其他官能团上,形成可移动的有机钾,其在反应过程中会进入气相挥发分中,因此,在生物油中也会检测到极少量的钾离子[11]。所以钾离子对纤维素热裂解过程的催化作用主要发生在物料表面和内部,而不是气相二次反应中。

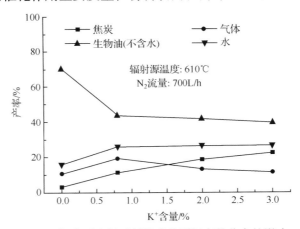

图 6-5　钾离子含量对纤维素热裂解产物分布的影响

钙离子对纤维素热裂解产物分布的影响也与钾离子基本相似。添加钙离子后,纤维素热裂解生成的焦炭和小分子气体产物的产量有所增加,如图 6-6 所示,而生物油的产量则有所下降。在相同添加量下,钙离子对焦炭生成的促进作用要明显强于钾离子,同时对脱水反应的促进效果也更强,直接导致生物油中水分的含量高达 30% 以上。较高的生物油含水率除了与钙离子对脱水反应的促进作用有关外,还可能与纤维素处理过程中残留的少量 $CaCl_2$ 有关,因其具有较强的吸湿性,使得物料预干燥过程中水分很难有效去除,从而导致这部分水分也进入到生物油中。钙离子添加前后纤维素热裂解生物油的成分变化如附表 6-2 所示。和钾离子的影响不同,钙离子的添加同时抑制了左旋葡聚糖和乙醇醛的生成,促进了 5-羟甲基糠醛、乙醛、丙酮等物质的生成,这种趋势随着钙离子添加量的增加而增强。这说明钙离子对纤维素热裂解过程的影响较大,促进了左旋葡聚糖的开环脱水反应,从而进一步环化生成带有呋喃环的多种物质。

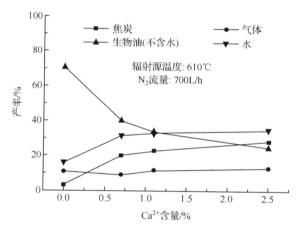

图 6-6　钙离子对纤维素热裂解产物分布的影响

Williams 等[12]曾提出除金属元素本身的离子催化效果外,金属盐本身的酸性或碱性也会对纤维素热裂解过程产生重要影响,酸性催化剂通过促进脱水反应以增加左旋葡聚糖以及各种呋喃衍生物或焦炭的生成,碱性催化剂有利于分裂和歧化反应,提高乙醇醛、乙醛以及其他小分子羰基化合物和焦炭的生成。但我们的实验结果表明无机盐的影响很难用酸碱性来解释,碱金属盐和碱土金属盐的添加都促进了水分的析出和焦炭的生成,同时抑制了左旋葡聚糖的生成。但它们的催化效果不尽相同,钾离子添加后生物油中小分子产物含量增加较多,钙离子添加后呋喃类和吡喃类物质含量增加较多。说明钙离子对单体或初始分子碎片的断键效果不如钾离子彻底。

相比而言,过渡金属盐的作用较温和一些,氯化亚铁添加后,纤维素热裂解生成的左旋葡聚糖产量降低,焦炭的产量略有增加,小分子挥发分的产量增加。Fe^{3+} 和 Zn^{2+} 的催化效果相对更强,它们的存在抑制了纤维素热裂解产物中左旋葡聚糖、乙醇醛、羟基丙酮等小分子醛酮类产物的形成,促进了糠醛和 5-甲基糠醛等呋喃类产物,以及甲酸和乙酸等羧酸类产物的生成[13,14]。尤其是 Zn^{2+} 对糠醛的生成具有极高的选择性,且 Zn^{2+} 负载量越高,越有利于纤维素脱水反应的发生,糠醛的产率也会随之增加[15]。

另外,磷元素作为植物生长过程的必需元素,对生物质及其三大组分热裂解行为都具有一定影响,其对纤维素的影响较强,对木质素的影响最弱。磷酸盐的添加将导致生物质尤其是纤维素热裂解焦炭产量的显著提高,促进糠醛和左旋葡聚糖的生成[16]。

6.2　分子筛催化剂对生物质组分热裂解的影响

6.2.1　分子筛催化剂的特性及分类

沸石分子筛是结晶态的硅酸盐或硅铝酸盐,其化学组成可用 $M_{2/n}O \cdot Al_2O_3 \cdot xSiO_2 \cdot yH_2O$ 表示。式中,M 为金属离子,通常存在于用离子交换法合成的不同型号的分子筛中,常见的有 Na、K、Ca 等;n 为金属离子的价数;x 为 SiO_2 的分子数;y 为 H_2O 的分子数。在分子筛的化学式中,SiO_2/Al_2O_3 的摩尔比(x)称为硅铝比,是沸石分子筛的一个重要参数。沸石分子筛的主体结构由硅氧四面体或铝氧四面体通过氧桥相连构成,具有大小相同的空腔及连接空腔的等直径微孔,形成了均匀的微通道结构,大小仅为分子直径数量级。孔道大小不同的分子筛能筛分大小不一的分子,故被称为“分子筛”。各种分子筛的区别主要表现在化学组成和孔道结构之中,化学组成上的重要差别是硅铝比的不同。通过调节硅铝比,可以改变沸石分子筛的酸性,较强的酸性可以促使生物质热裂解产物中的含氧化合物发生脱羧基和脱水反应,生成小分子烃类和不饱和烃类,然后通过芳构化反应和聚合反应生成芳烃和焦炭,从而导致生物油中焦油成分减少,水分和多环芳烃含量增加[17,18]。

6.2.1.1　沸石分子筛的催化特性

天然的沸石最初被发现时,主要是作为吸附剂和干燥剂使用,后来逐步开发出的沸石分子筛在催化工业方面得到了广泛的应用,并开始采用水热合成等方法制造出多种人工合成的分子筛。作为催化剂被应用,沸石分子筛具有一些独特优点,其对某些催化反应有着显著的促进作用[19]。

分子筛的基本结构单元及其连接形式又称为“笼”,由“笼”状结构排列组成各种分子筛的骨架结构,分子筛独特的“笼”状结构使它对于不同的吸附质具有很强的选择性,兼具催化剂和催化剂载体的作用[20]。沸石分子筛规则的孔道结构和分布使得化学反应对反应物和产物都具有择形性。在炼油工业中,常利用分子筛的这一特性重整汽油,提高汽油中异构烷烃的百分比。在生物质热裂解制取生物油的过程中添加分子筛作为催化剂,也可促进产物中烃类组分的增加和生物油品质的提升。鲁长波等[21]考察了几种分子筛催化剂 HUSY、REY、HZSM-5、重油催化裂化催化剂 MLC 及馏分油催化裂解催化剂 CIP 对小麦秆热裂解产物中含氧化合物的脱除效果和对高辛烷值产物的选择性的影响,催化剂脱氧活性顺序为 REY＝HUSY＞HZSM-5,高辛烷值产物选择性顺序为 REY＞HUSY＝HZSM-5,同时 MLC 和 CIP 也都表现了较高的脱氧活性。

　　沸石分子筛由于结构中 Si 和 Al 的价态数不同,造成电荷的不平衡。因此在沸石分子筛中,往往通过离子交换将 Ni^{2+}、Pt^{2+}、Pd^{2+} 等离子交换到分子筛上,形成高分散度的还原金属。利用分子筛的这一特性可以制备高效的复合催化剂,来提高催化反应的效率。另外,固体表面的酸碱性是多相催化领域催化剂的关键特性。分子筛催化剂具有优异的酸催化活性,它的酸性来源于氢离子交换,或者来源于所包含的多价阳离子在脱水时的水解。所产生的质子酸中心的数量和酸强度对很多反应的催化活性影响较大。沸石分子筛正是由于在酸性、择形性、有限的结焦失活和高的热稳定性方面达到了功能的平衡,而成为生物质催化热裂解和生物油催化裂化研究的重要选择之一[22]。

6.2.1.2　沸石分子筛的分类

　　沸石分子筛是一种多孔材料,具有有序而均匀的孔道结构,其中包括孔道的大小、形状、维数等孔道参数。按照其孔径的不同,可以分为微孔分子筛、介孔分子筛、大孔分子筛等类型(表 6-2)。

表 6-2　沸石分子筛的分类

沸石分子筛	孔径/nm	代表产品
微孔分子筛	<2	ZSM-5、MOR、Y 型、β 型分子筛
介孔分子筛	2～50	MCM-41、SBA-15
大孔分子筛	>50	TiO_2 大孔材料

　　微孔分子筛的孔径小于 2nm,与一般分子相近,具有良好的择形性,可以作为分离吸附技术中优良的吸附材料、石油炼制化学领域的催化剂,以及在废液处理中的离子交换材料。微孔分子筛适宜的酸性和酸强度分布促进了生物质催化热裂解产物中醛、酮等的脱除,通过脱羧反应和脱水反应生成小分子烃类及不饱和烯烃。代表性的产品有 ZSM-5 型、Y 型和 β 型分子筛。

　　介孔分子筛是在微孔分子筛的基础上发展起来的。在微孔分子筛中,由于微孔将反应物的尺寸限制在纳米级尺寸以下,使得较大分子难以进入微孔分子筛的孔道结构内,而介孔分子筛则改变了这一情况。在生物质催化热裂解中,介孔分子筛较大的孔径允许初次热裂解产生的芳香类和部分直链大分子物质进入分子筛内部,与活性较高的酸性点结合,进行二次裂解,从而进一步达到降低生物油的含氧量、提高生物油品质的目的。另一方面,介孔分子筛的孔道与微孔分子筛的孔道不同,由无定形孔壁构筑而成,因此,与微孔分子筛相比,介孔材料具有相对较低的热稳定性和水热稳定性[23]。

大孔分子筛的孔径一般超过 50nm,相比微孔和介孔分子筛,由于孔径过大,超过了一般分子的尺寸,几乎失去了筛分分子的能力,所以它们更多的被称为大孔材料。目前,对于有序大孔材料的研究还比较少,只有少量的有序大孔材料合成方法被报道,普遍的合成机理也还没有被归纳总结[24]。由于大孔材料的孔径过大,比表面积相对较小,一般不被推荐做催化剂使用[25]。

目前,微孔分子筛和介孔分子筛作为固体酸催化剂或催化剂载体,在生物燃料炼制领域被广泛研究和应用[26]。尤其在生物油品质提升方面,此类催化剂因具有酸性,对其中主要涉及的裂化、脱羧基、加氢脱氧等都具有明显的催化效果[27,28]。

6.2.2　微孔分子筛催化剂对生物质组分的催化热裂解

6.2.2.1　分子筛对纤维素热裂解的催化影响

通常,分子筛和金属氧化物这一类的催化剂可以用与生物质或生物质组分机械混合的方法加入其中;或者在热裂解反应器上端单独加装催化剂床层,热裂解产生的挥发分在高温下通过催化剂床层,从而起到催化作用。实际研究中,根据不同的反应器结构和研究手段,两种方法都有所采用。我们选取目前应用较广的 HZSM-5、H-β 和 USY 三种微孔分子筛(分别属于 ZSM-5 型、β 型和 Y 型分子筛),将其与原料分别按照一定比例机械混合,研究分子筛催化剂的添加对生物质组分热裂解过程的影响规律。

如图 6-7 所示,按 1∶1 比例添加的分子筛催化剂促进了纤维素热裂解初始阶段脱水反应的发生,使得失重率增大,其中 USY 的作用尤其明显。在 USY 的作用下,纤维素的失重率从 5% 左右增加到 20% 左右。纤维素主反应阶段的失重趋势在添加几种微孔分子筛后变化不大,最大失重温度仍维持在 350℃ 左右,但最大失重速率则有所下降。另外,HZSM-5 和 H-β 抑制了焦炭的生成。可见 USY 使得纤维素热裂解的部分脱水反应提前至初始阶段,因此其主反应阶段失重较小,HZSM-5 和 H-β 则抑制了焦炭的生成,同时生成更多的小分子直链产物。

分子筛除了对热失重过程具有影响外,它们的存在也影响了热裂解产物的析出分布,如图 6-8 所示。添加微孔分子筛后,纤维素热裂解过程中含氧化合物析出强度明显降低。对峰面积进行积分对比,发现 HZSM-5 的添加使得醛、酸和酯类

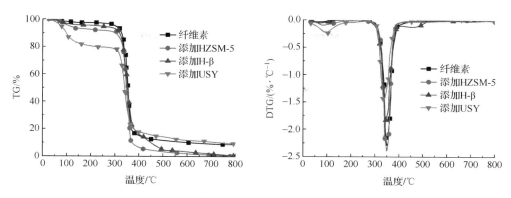

图 6-7　分子筛对纤维素热裂解 TG/DTG 曲线的影响(文后附彩图)

物质析出强度分别下降 49.7%、60.9% 和 75.8%；USY 的添加则使三者的强度分别下降 46.7%、25.6% 和 54.0%；H-β 的添加与 HZSM-5 和 USY 不同，它使醛和酸类物质析出强度轻微增加了 3.2% 和 5.9%，酯类物质下降了 26.5%。另外，微孔分子筛对直链烷烃的影响也有所不同，USY 促进了其生成，而 HZSM-5 则表现出抑制作用。HZSM-5 的存在降低了含氧化合物产量，并促进了芳香烃和烯烃类物质的生成，该特性已在相关研究中得到证明[29]。三种微孔分子筛对纤维素热裂解产物的脱氧活性顺序是：HZSM-5＞USY＞H-β。在 350～450℃ 的反应区间内，有机含氧化合物将在沸石分子筛催化剂的酸性位上发生一系列的脱水、脱羧基、裂化、芳香化、烷基化、缩合和聚合等反应，从而将大分子含氧化合物分解为小分子烃类和 CO_2、CO 等气体[30,31]。Fabbri 等[32]发现 NH_4-Y、H-Y 和 NH_4-ZSM-5 三种分子筛催化剂均使纤维素热解产物中的脱水糖类显著减少。Du 等[33]的研究则表

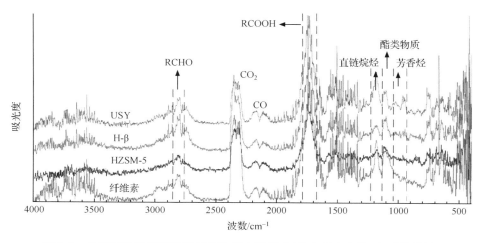

图 6-8　分子筛对纤维素热裂解产物析出的影响(最大吸光率处,文后附彩图)

明 HZSM-5 能促进纤维素热裂解产物中芳香烃物质的生成,并且芳香烃物质的产率随着催化剂比率的提高而显著增加。Mihalcik 等[34]研究了硅铝比分别为 23、50、280 的 HZSM-5 对纤维热裂解产生的 15 种主要产物的影响,发现硅铝比为 23 时,产物中的芳香烃物质远大于硅铝比为 50 和 280 时的芳香烃产物,而硅铝比为 50 时产物中的含氧化合物最少。

沸石分子筛对纤维素热裂解产物的影响非常明显。在 Py-GC/MS 的研究上发现分子筛催化剂 HZSM-5 的添加对纤维素热裂解的产物分布有明显影响(图 6-9),随着 HZSM-5 添加量的增加,产物中的左旋葡聚糖、左旋葡聚糖酮和双脱水吡喃糖等糖酐类物质和呋喃类物质含量减少,小分子产物如 CO_2 和芳香烃的含量增加。CO_2 等气体的生成主要与脱水纤维素和热裂解挥发分的二次裂解有关;芳香烃的生成与烯烃或炔烃的聚合或含 C=O 化合物的缩聚反应有关[35,36]。因此,从小分子产物的种类变化趋势,可推断 HZSM-5 的强酸性可能促使纤维素及其产物发生强烈的脱水反应,生成不同于纤维素原样的热裂解产物。

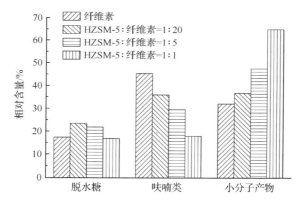

图 6-9　HZSM-5 的添加对纤维素热裂解产物分布的影响

硅铝比和孔结构是影响纤维素热裂解产物中芳香烃含量的主要因素。Carlson 等[37]比较了纤维素、纤维二糖和葡萄糖在多种沸石分子筛作用下生物油中芳香烃成分的变化,其产率最高值(约为 30%)是在添加 ZSM-5(硅铝比为 60)时获得的,其次是 β 和 Y 型分子筛(硅铝比为 50)、全硅沸石、氧化硅-氧化铝混合物(硅铝比为 8),且获得的芳香烃多为大分子物质。鉴于目前对汽油中芳香烃及苯含量的控制,用生物油制取液体燃料还需在苯的烷基化和芳香烃加氢裂化方面有所突破[38]。

6.2.2.2　分子筛对木聚糖热裂解的催化影响

与对纤维素的催化作用相似,几种微孔分子筛也促进了木聚糖单元的脱水反应,使得初始阶段失重增加(图 6-10),同样也是在 USY 的作用下失重最为明显。

H-β 的添加使木聚糖热裂解在 400~550℃内出现一个明显的失重峰,而另外两种催化剂则无此效果。这可能是由于 H-β 促进了木聚糖单体结构的催化裂化而引起的,因为有研究发现,热稳定性较高的 4-O-葡萄糖醛酸结构可以在特定催化作用下分解生成小分子产物[39]。在最后的焦炭生成阶段,纯木聚糖和添加 USY 的木聚糖的焦炭产量为 26%左右,添加 HZSM-5 和 H-β 的木聚糖的热裂解则具有较低的焦炭产量,仅为 16%。微孔分子筛催化剂对木聚糖热裂解失重的影响与其对纤维素热裂解过程的影响较接近,USY 的添加都促进了初始阶段的脱水反应,HZSM-5 和 H-β 的添加对最后的焦炭生成阶段影响较大。

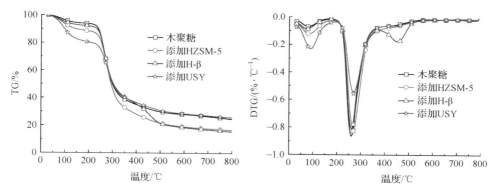

图 6-10　分子筛对木聚糖热裂解 TG/DTG 曲线的影响(文后附彩图)

微孔分子筛对木聚糖热裂解产物析出的影响如图 6-11 所示。通过添加催化剂前后含氧化合物和小分子直链产物析出强度的对比可以得出,H-β 的存在有效地促进了木聚糖的分解,生成更多的小分子气体,如水、CO_2 和烷烃,USY 的主要作用是强烈地促进了含氧化合物的脱氧作用,并在初始阶段生成较多的水。

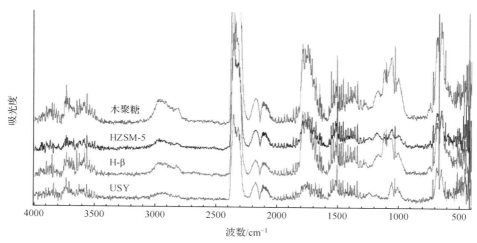

图 6-11　分子筛对木聚糖挥发分析出的影响(最大吸光率处,文后附彩图)

HZSM-5 的添加对木聚糖主要热裂解产物的影响如图 6-12 所示，HZSM-5 的存在促进了吡喃类物质的分解，生成了更多的醛类，且促使酮类、酸类等含氧化合物脱氧生成小分子气体产物 CO_2。相比其对纤维素热裂解的影响，HZSM-5 对木聚糖的催化作用相对要弱一些，这与木聚糖不稳定的化学性质有关，在较低的反应条件下，木聚糖就已经发生了程度较深的裂解反应，所以 HZSM-5 对其催化作用没有对纤维素热裂解的催化作用那样明显。

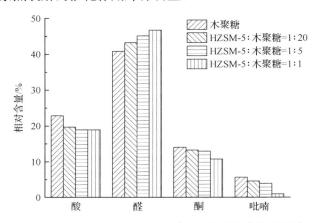

图 6-12　HZSM-5 添加对木聚糖主要热裂解产物的影响

　　除了木聚糖外，甘露糖也可作为半纤维素的模化物，以探索催化剂对半纤维素中六碳糖热裂解行为的影响。分子筛对甘露糖热裂解 TG/DTG 曲线的影响如图 6-13 所示，其热裂解过程发生在 174～526℃，并在 302℃时达到最大失重速率。添加分子筛催化剂后，甘露糖在初始阶段的失重包含两个水分析出峰，将 126℃之前归为物理水的析出，126～230℃为结构水的脱除[40]。热裂解主反应发生在230～342℃，主要是甘露糖的解聚及伴随的糖环上 C—O 键和 C—C 键的断裂，最终导致 CO、CO_2 和 H_2O 的生成[41]。与木聚糖相似的是，在 406～510℃范围内，添加

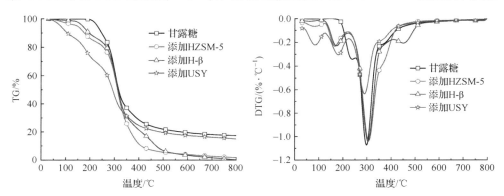

图 6-13　分子筛对甘露糖热裂解 TG/DTG 曲线的影响（文后附彩图）

H-β 后的甘露糖也出现了一个失重峰。在焦炭生成阶段，纯净甘露糖具有 17% 的焦炭产率，添加 USY 的甘露糖为 15%，二者比较接近；添加 HZSM-5 和 H-β 后，焦炭的产率大幅减少。以上结论与木聚糖的分析结果非常吻合，且催化剂对半纤维素热裂解 TG/DTG 的影响也与纤维素基本一致，USY 的存在促进了含氧化合物的脱氧和水分的生成，HZSM-5 和 H-β 的存在则促进了固体残渣的分解。三种催化剂的脱水活性为 USY＞HZSM-5＞H-β，对焦炭生成的抑制作用则刚好相反。

甘露糖的热裂解 DTG 曲线具有三个明显的失重峰，对应的温度分别为 228℃、300℃ 和 382℃。在 228℃ 的反应初期时，主要是大量水的形成；在 300℃ 左右的主反应阶段，其热裂解产物与木聚糖相同，都含有水、CO、CO_2、甲酸、乙酸、糠醛和 5-甲基呋喃；在 382℃ 时，主要是 CO_2 的生成，并伴随少量 CO 和乙酸生成。除了添加 H-β 后，在 350~500℃ 内有较多的乙烯生成外，添加催化剂后的甘露糖热裂解产物与纯净甘露糖基本相同，只是在产物析出强度上有一定差异。

甘露糖催化热裂解时典型产物的生成规律如图 6-14 所示，酸类物质指的是甲酸和乙酸，呋喃类物质则是糠醛和 5-甲基呋喃。甘露糖中水和 CO_2 的析出相比木

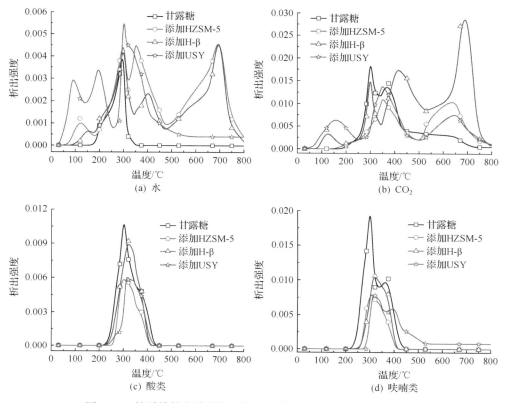

图 6-14　甘露糖催化热裂解时典型产物的生成规律(文后附彩图)

聚糖更为复杂,USY 的添加使水分析出提前,且在低温区间就生成了大量的水分,HZSM-5 和 H-β 的添加则使甘露糖在 500～800℃这一温度范围内具有较强的水分析出。纯甘露糖的 CO_2 析出集中在主反应阶段,而催化剂的添加使主反应阶段的 CO_2 产量降低,初始阶段和反应后期的 CO_2 析出显著增加。含氧化合物的析出主要在 200～450℃,这与木聚糖的分析结果也一致。添加 HZSM-5、H-β 和 USY 催化剂后,含氧化合物产量都有所降低。这说明 HZSM-5 的存在有效地促进了甘露糖的热分解反应,从而生成较多的水及少量的 CO_2;H-β 的脱氧效果没有 HZSM-5 明显,但其添加促进了高温阶段物质的分解,生成水分、CO_2 和乙烯;USY 的作用仍是与含氧化合物的脱氧活性有关,且其作用主要发生在低温段。

6.2.2.3　分子筛对木质素热裂解的催化影响

不同于纤维素和半纤维素的聚糖结构,木质素是由苯丙烷单元通过不同侧链连接方式形成的复杂高聚物。图 6-15 显示了添加微孔分子筛后,同样促进了初始阶段的失重,并抑制了焦炭的生成。其中 USY 对初始阶段的影响最大,这与其对纤维素、木聚糖热裂解行为影响的结果相一致;HZSM-5 和 H-β 对初始阶段反应的影响较小,却加速了残炭的进一步分解,使得最终焦炭产率由纯木质素的 40% 下降到 25% 左右。

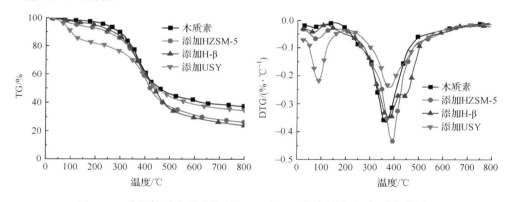

图 6-15　分子筛对木质素热裂解 TG/DTG 曲线的影响(文后附彩图)

微孔分子筛对木质素热裂解过程中酚类物质和甲醇生成的抑制作用非常明显,而对于小分子气体产物的影响则体现在不同的温度区间。如图 6-16 所示,催化剂的添加明显改变了热裂解产物的分布。木质素热裂解过程中,CO_2 的析出分为初始析出阶段、主要析出阶段和热裂解后期阶段。USY 的添加使得三个阶段的 CO_2 析出都提前,并促进了初始阶段和反应后期的析出,抑制了主反应阶段的析出;H-β 的添加使 CO_2 在第三阶段的析出变得非常明显,且每个阶段的析出都有向高温侧移动的趋势;HZSM-5 的添加对前两个阶段的 CO_2 析出具有促进作用,对第三阶段效果不明显,可见 CO_2 的变化体现在不同析出区间,而总量的变化则不明显。酚类物质是木质素热裂解的主要产物,主要包括愈创木基型酚类物质和紫丁香基型酚类物质。微孔催化剂的作用使得酚类物质的产量明显降低,其中 H-β 的添加对酚类析出峰的抑制最为有效。添加 USY 后,产物中没有检测到甲醇,而 HZSM-5 和 H-β 的作用则侧重于甲醇析出温度的变化。HZSM-5 使得木质素的单一析出峰变为两个析出峰,其趋势与甲烷的生成一致。而添加 H-β 后则是甲醇析出延后,并同样变为两个析出峰。与纤维素和半纤维素相比,分子筛对木质素热裂解的影响较弱,可能是由于木质素超分子结构比较难分解,且分解后生成了较稳定的大分子物质,易堵塞催化剂孔道,造成催化剂失活。

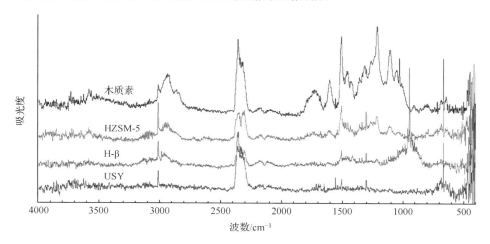

图 6-16　分子筛对木质素热裂解产物析出的影响(最大吸光率处,文后附彩图)

　　分子筛对木质素热裂解产物的影响也非常明显,尤其对其主要产物酚类物质和芳香烃类物质的影响。在 Py-GC/MS 上可观察到木质素热裂解主要产物随 HZSM-5 添加比例的变化(图 6-17)。HZSM-5 的添加促进了芳香烃类物质的生成,但抑制了酚类物质的生成,这与其他研究结果一致[42]。并且随着 HZSM-5 添加量的增加,芳香烃产量逐渐增加,而烷基苯酚、愈创木基型酚类和紫丁香基型酚类这三类酚类物质的产量都有所下降。Li 等[43]利用硫酸盐木质素开展的催化热裂解研究也表明,随着催化剂添加量的增加,产物中芳香烃类物质含量增加;随着 HZSM-5 中硅铝比从 200 降低到 25,酚类物质含量降为零,而芳香烃产量则显著增加。另外,在 ZSM-5 作用下,硫酸盐木质素的催化热裂解也取得了类似的结果,其对热裂解初期的分解影响较大,焦炭产量的变化不大,明显促进了初始热裂解产物的二次反应,生物油中脂肪类羟基、羧基和甲氧基等官能团基本分解为轻质产物和气体,导致生物油产量下降和小分子气体产量提高[44]。

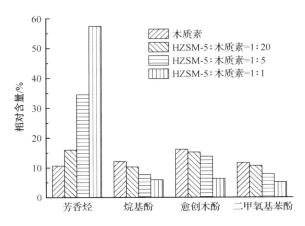

图 6-17　HZSM-5 对木质素热裂解主要产物的影响

　　Mihalcik 等[34] 在 Py-GC/MS 上开展了分子筛（H-Mordenite、H-Ferrierite、HZSM-5、H-Y 和 H-β）对生物质三大组分热裂解产物分布与组成的影响的研究，分析了催化剂对可冷凝气体中含氧化合物、不可冷凝气体、固体焦炭及芳香烃产物产量的影响。催化剂的结构与酸性是影响其作用效果的关键，H-Mordenite 和 H-Ferrierite 都抑制了乙酸的生成，对芳香烃的贡献不大；H-Y 的存在改变了组分反应路径，抑制了乙酸和左旋葡聚糖的生成，同时促进了呋喃类的生成，对芳香烃的贡献也不大；HZSM-5 和 H-β 在降低含氧化合物含量并促进芳香烃生成上效果最好，几乎抑制了所有含氧化合物的生成，同时因焦炭产量增加引起的催化剂失活问题也较明显。

6.2.3　介孔分子筛对生物质组分的催化热裂解

　　自 1992 年 Mobil 公司首次合成 MCM-41 有序介孔材料以来，介孔分子筛逐渐成为人们开发和应用的新热点。在生物质催化热裂解领域，传统的微孔分子筛由于孔道尺寸较小（小于 2nm），降低了生物油的产率，同时表面酸性较强，对生物质的脱水作用强烈，使生物油的水分含量增加。可以通过采用介孔材料来催化生物质组分或生物质热裂解，以提高热裂解生物油的品质。

　　MCM-41 是最早合成的有序介孔材料，也是目前在很多领域尝试应用的新型分子筛。它的孔道呈六方有序排列，大小均匀，孔径可在 2～10nm 范围内连续调节。焙烧过程中活性铝组分可能脱离分子筛骨架，形成纯硅 MCM-41，其酸性很弱，活性很低。通常采用对其改性的方法来增加它的催化活性。最常用的改性手段是在 MCM-41 骨架结构中掺入杂原子，如 Al、Cu、Fe、Zn 等，这些原子在骨架中以非四配位的离子存在，可形成催化活性中心[45]。在不同种类 MCM-41 催化剂的评估中，以从生物油中提取酚类物质为目标，不同硅铝比的 Al-MCM-41 催化剂和 Cu-Al-MCM-41、Fe-Al-MCM-44 和 Zn-Al-MCM-41 改性催化剂都明显改变了生物油的品质,增加了酚类物质的产量,其中含 Fe 和 Cu 的催化剂表现出了最好的酚类产量,而 Al 的添加则在改善生物油稳定性上效果较好[46]。同时,在介孔分子筛中引入 Pt 离子后,催化剂在脱氧活性和芳香烃的选择性上都有所提高,这是因为 Pt 离子参与了裂化、氢解等反应,增加了烷烃的脱氢速率,并促进烷烃进一步转化为芳香烃;Ga 离子的引入则提高了脱氢反应的速率,但对生物油品质提高作用不大[47]。介孔材料 MCM-41 和其他介孔分子筛催化剂,如 MCM-48 和 MFI 都对生物质中大分子物质脱氧生成酚类物质具有较好的催化效果,效果优于 HZSM-5,但芳香烃的生成多在酸性位上发生,因此不具酸性位的 Al-MCM-41 和 Al-MCM-48 对芳香烃的促进作用几乎可忽略,HZSM-5 和 MFI 因酸性位和大孔径的协同作用,明显促进了芳香烃的生成[48]。

　　Torri 等[49]利用改性 MCM-41 分子筛开展了介孔分子筛对纤维素热裂解过程的影响的研究。纤维素在微型固定床内在 500℃下进行催化热解,添加介孔分子筛后获得的焦油占总挥发分的比重明显增加,而焦炭含量变化不大,如添加 Sn-MCM-41 分子筛后,焦油质量分数达 47%,高于纯纤维素的 33%。可见,介孔分子筛可以有效提高液体产物的产率。同时,焦油中各组分的比例也发生了明显变化,左旋葡聚糖的产率在添加催化剂后明显降低,而左旋葡聚糖酮的产率则显著提高,其他产物如二氢呋喃酮、2-呋喃甲醛、5-甲基-2-呋喃糠醛和双脱水吡喃糖也有变化,但不明显。Jackson 等[50]利用 Al-MCM-41 分子筛在 600℃下开展木质素热裂解研究后发现,焦炭产率从未添加时的 41% 降至 36% 左右;液体产物中酚类物质和苯丙二氧呋喃等含氧芳香类物质更多地转化为萘,而非简单芳烃,同时,该催化剂也促进了 H_2、CH_4 和 CO 的生成。Park 等[51]以 USY 为骨架,制备了一种介孔孔道的 MM_{ZUSY} 分子筛,具有优良的孔道传质性能、水热稳定性和中等酸性,使得小分子气体产物显著增加,同时促进生物油中的大分子含氧化合物转化为水和小分子酚类物质。

　　除了 MCM-41 催化剂外,SBA-15 也是一种常用的介孔材料,具有高度有序排列的介孔、较厚的孔壁、5~30nm 可调的孔径和较高的热稳定性[52]。Jeon 等[53]利用 Py-GC/MS 开展了三大组分(纤维素、木聚糖和 Kraft 木质素)在 SBA-15、Al/SBA-15、Pt/SBA-15、Al/Pt/SBA-15 作用下的热裂解产物分布的研究。Al 离子的引入增加了 SBA-15 的酸性位数量,有利于脱水、裂化、脱羧基等反应,因此在 Al/SBA-15 和 Al/Pt/SBA-15 两种催化剂作用下,纤维素和半纤维素热裂解生成了更多高附加值的产物,如呋喃类物质和芳烃,但乙酸的产量也有所增加;而木质素产物中含 C=O 较少的酚类物质含量明显增加。另外 Park 等[47]发现 Pt 离子的引入促进了芳香烃的生成。

6.3　金属氧化物对生物质热裂解的影响

6.3.1　金属氧化物的结构特性

金属氧化物在工业上的应用相当广泛,很多化工过程如烃类的选择氧化、烯烃的歧化与聚合等催化反应都采用金属氧化物作为载体、助剂或者活性组分[54]。金属氧化物种类很多,性质各异,与催化特性有关的是其半导体特性和表面酸碱性。

金属氧化物往往都不是有规则空间结构的晶体。虽然一般金属氧化物中的金属与氧原子的电负性相差很大,但它们大都具有晶格缺陷,包括空穴、点缺陷、位错、面缺陷等。也正是由于这些晶体缺陷,给金属氧化物带来了良好的催化活性。金属氧化物中起催化作用的活性中心通常与晶格缺陷相关联。

多数金属氧化物及它们的混合物都表现出酸性或者碱性,或者同时表现出两种性质,它们构成所谓固体酸碱的大部分。固体酸中,包括有向反应物质提供质子的 B 酸和从反应物中接受电子对的 L 酸,固体碱则相反,是指向反应物质提供电子对或者接受质子的物体。对于生物质热裂解的催化反应,大多数与金属氧化物表面的酸碱性有关。常见的酸性金属氧化物主要有 Al_2O_3、TiO_2 和 CeO_2 等;碱性金属氧化物主要有 MgO 和 CaO 等。而像 ZnO 这一类氧化物的表面既有酸中心又有碱中心,称为两性氧化物。对金属氧化物进行一定处理也可影响其表面的酸碱性,如利用 H_2SO_4 处理 TiO_2 后会使其表面酸性大大加强,获得所谓超强固体酸。

一般来说,催化剂表面的酸性中心可以促进有机分子的脱水反应和脱羧基反应,使有机大分子裂解为小分子,同时增加生物油产率和生物油含水量;碱性中心可以有效促进碳氢键的断裂,促进脱氢反应,使小分子气体的产率增大。金属氧化物表面不同的酸碱性还会对生物油的产物分布产生影响,增加或者抑制某种组分的生成。

6.3.2　金属氧化物对生物质组分的催化热裂解

金属氧化物对纤维素热裂解过程具有显著影响,它可以提高热裂解生物油中脱水糖类化合物的产率,如左旋葡萄糖酮、左旋葡聚糖、1,4∶3,6-双脱水-β-D-吡喃葡萄糖(DGP)及 δ-内酯-3-羟基-5-羟甲基四氢吡喃-3-羧酸(LAC)等。Fabbri 等[32]在研究纳米金属氧化物对纤维素热裂解产物的影响时发现纳米颗粒的 Al_2O_3、MgO、SiO_2、TiO_2 和 Al_2O_3-TiO_2 等对纤维素热裂解脱水糖类产物影响较大。SiO_2 对脱水糖类的生成有一定的抑制作用;而纳米级别的 Al_2O_3 和 Al_2O_3-TiO_2 等金属氧化物都可以大幅度提高左旋葡聚糖酮和 LAC 的产量,但对左旋葡聚糖和 DGP 等产物影响较小。常规尺寸的 Al_2O_3-TiO_2 颗粒的催化作用不明显,因此可以判断除了金属氧化物本身的催化活性外,纳米级别的催化剂表面性质也是产生明显催化效果的关键。另外,经过强酸处理获得的金属氧化物催化剂(SO_4^{2-}/TiO_2、SO_4^{2-}/ZrO_2和SO_4^{2-}/SnO_2)对纤维素热裂解产物分布也具有重要影响[55,56]。因其表现出的超强酸性使得纤维素主要糖类产物左旋葡聚糖进一步脱水生成乙醇醛和呋喃类物质(5-甲基糠醛、糠醛和呋喃类等)。且不同的金属氧化物对呋喃类产物呈现不同的选择性,SO_4^{2-}/SnO_2对 5-甲基糠醛的选择性较高,而SO_4^{2-}/ZrO_2和SO_4^{2-}/TiO_2分别对呋喃和糠醛具有更高的选择性。

除了无机盐、分子筛和金属氧化物对生物质组分热裂解过程产生影响外,其他一些催化剂对热裂解产物的组成和分布也具有一定的作用。金属盐 $Zr(SO_4)_2$ 的添加可以提高纤维素热裂解液体和固体产物的产量,在 $290\sim400℃$ 温度范围内液固产物总和达到 95% 以上;催化剂的添加也使得温度的提升对左旋葡聚糖生成的促进作用变得明显,并在 $335℃$ 达到最大产率,但催化剂活性容易受 SO_4^{2-} 流失的影响而下降,需在 H_2SO_4 溶液中浸渍再生[57]。金属盐 $ZnCl_2$ 对纤维素、木聚糖和木质素热裂解过程也产生催化效果,热裂解生物油从未添加时的深棕色油水混合乳剂变成油水良好分层的橙色液体,成分分析也说明其中的含氧化合物减少而烃类成分增加,其中纤维素受催化剂的影响最大[58]。也有研究表明经 $ZnCl_2$ 浸渍处理后的生物质有利于热裂解产物中糠醛的生成[59]。

参 考 文 献

[1] Bradbury A G, Sakai Y, Shafizadeh F. A kinetic model for pyrolysis of cellulose[J]. Journal of Applied Polymer Science, 1979,23(11):3271-3280.

[2] Shimada N, Kawamoto H, Saka S. Different action of alkali/alkaline earth metal chlorides on cellulose pyrolysis[J]. Journal of Analytical and Applied Pyrolysis, 2008,81(1):80-87.

[3] Khelfa A, Finqueneisel G, Auber M, et al. Influence of some minerals on the cellulose thermal degradation mechanisms[J]. Journal of Thermal Analysis and Calorimetry, 2008,92(3):795-799.

[4] Jensen A, Dam-Johansen K, Wójtowicz M A, et al. TG-FTIR study of the influence of potassium chloride on wheat straw pyrolysis[J]. Energy & Fuels, 1998,12(5):929-938.

[5] Nowakowski D J, Jones J M, Brydson R, et al. Potassium catalysis in the pyrolysis behaviour of short rotation willow coppice[J]. Fuel, 2007,86(15):2389-2402.

[6] Julien S, Chornet E, Overend R P. Influence of acid pretreatment (H_2SO_4, HCl, HNO_3) on reaction selectivity in the vacuum pyrolysis of cellulose[J]. Journal of Analytical and Applied Pyrolysis, 1993,27(1):25-43.

[7] Piskorz J, Radlein D S A, Scott D S, et al. Pretreatment of wood and cellulose for production of sugars by fast pyrolysis[J]. Journal of Analytical and Applied Pyrolysis, 1989,16(2):127-142.

[8] Brown R C, Liu Q, Norton G. Catalytic effects observed during the co-gasification of coal and switchgrass[J]. Biomass and Bioenergy, 2000,18(6):499-506.

[9] Sutton D, Kelleher B, Ross J R. Review of literature on catalysts for biomass gasification[J]. Fuel Processing Technology, 2001,73(3):155-173.

[10] Richards G N, Zheng G. Influence of metal ions and of salts on products from pyrolysis of wood: Applications to thermochemical processing of newsprint and biomass[J]. Journal of Analytical and Applied Pyrolysis, 1991,21(1):133-146.

[11] Olsson J G, Jäglid U, Pettersson J B, et al. Alkali metal emission during pyrolysis of biomass[J]. Energy & Fuels, 1997,11(4):779-784.

[12] Williams P T, Horne P A. The role of metal salts in the pyrolysis of biomass[J]. Renewable Energy, 1994,4(1):1-13.

[13] 陆强, 张栋, 朱锡锋. 四种金属氯化物对纤维素快速热解的影响 I:Py-GC/MS 实验[J]. 化工学报, 2010,61(4):1018-1024.

[14] 陆强, 张栋, 朱锡锋. 四种金属氯化物对纤维素快速热解的影响 II:机理分析[J]. 化工学报, 2010, 61(4):1025-1032.

[15] 汪志. 选择性催化热解生物质制备高附加值化学品[D]. 合肥:中国科学技术大学, 2011.

[16] Nowakowski D J, Woodbridge C R, Jones J M. Phosphorus catalysis in the pyrolysis behaviour of biomass[J]. Journal of Analytical and Applied Pyrolysis, 2008,83(2):197-204.

[17] Aho A, Kumar N, Eränen K, et al. Catalytic pyrolysis of biomass in a fluidized bed reactor: Influence of the acidity of H-beta zeolite[J]. Process Safety and Environmental Protection, 2007,85(5):473-480.

[18] Aho A, Kumar N, Eränen K, et al. Catalytic pyrolysis of woody biomass in a fluidized bed reactor: Influence of the zeolite structure[J]. Fuel, 2008,87(12):2493-2501.

[19] 徐如人, 庞文琴, 屠昆岗. 沸石分子筛的结构与合成[M]. 长春:吉林大学出版社, 1987.

[20] 刘旦初. 多相催化原理[M]. 上海:复旦大学出版社, 1997.

[21] 鲁长波, 杨昌炎, 林伟刚, 等. 生物质催化热解的 TG-FTIR 研究[J]. 太阳能学报, 2007(06): 638-643.

[22] Gayubo A G, Aguayo A T, Atutxa A, et al. Deactivation of a HZSM-5 zeolite catalyst in the transformation of the aqueous fraction of biomass pyrolysis oil into hydrocarbons[J]. Energy & Fuels, 2004,18 (6):1640-1647.

[23] 徐如人, 庞文琴. 分子筛与多孔材料化学[M]. 北京:科学出版社, 2004.

[24] 钱昆. 锗硅酸盐分子筛的水热合成与表征[D]. 长春:吉林大学, 2012.

[25] Loiola A R, da Silva L R, Cubillas P, et al. Synthesis and characterization of hierarchical porous materials incorporating a cubic mesoporous phase[J]. Journal of Materials Chemistry, 2008,18(41): 4985-4993.

[26] Perego C, Bosetti A. Biomass to fuels: The role of zeolite and mesoporous materials[J]. Microporous and Mesoporous Materials, 2011,144(1):28-39.

[27] Stöcker M. Biofuels and biomass-to-liquid fuels in the biorefinery: Catalytic conversion of lignocellulosic biomass using porous materials [J]. Angewandte Chemie International Edition, 2008, 47(48): 9200-9211.

[28] Corma A, Huber G W, Sauvanaud L, et al. Processing biomass-derived oxygenates in the oil refinery: Catalytic cracking (FCC) reaction pathways and role of catalyst[J]. Journal of Catalysis, 2007,247(2): 307-327.

[29] French R, Czernik S. Catalytic pyrolysis of biomass for biofuels production[J]. Fuel Processing Technology, 2010,91(1):25-32.

[30] Gayubo A G, Aguayo A T, Atutxa A, et al. Transformation of oxygenate components of biomass py-

rolysis oil on a HZSM-5 zeolite. I. Alcohols and phenols[J]. Industrial & Engineering Chemistry Research, 2004, 43(11):2610-2618.

[31] Gayubo A G, Aguayo A T, Atutxa A, et al. Transformation of oxygenate components of biomass pyrolysis oil on a HZSM-5 zeolite. II. Aldehydes, ketones, and acids[J]. Industrial & Engineering Chemistry Research, 2004, 43(11):2619-2626.

[32] Fabbri D, Torri C, Baravelli V. Effect of zeolites and nanopowder metal oxides on the distribution of chiral anhydrosugars evolved from pyrolysis of cellulose: An analytical study[J]. Journal of Analytical and Applied Pyrolysis, 2007, 80(1):24-29.

[33] Du Z Y, Hu B, Ma X C, et al. Catalytic pyrolysis of microalgae and their three major components: Carbohydrates, proteins, and lipids[J]. Bioresour Technol, 2013, 130:777-782.

[34] Mihalcik D J, Mullen C A, Boateng A A. Screening acidic zeolites for catalytic fast pyrolysis of biomass and its components[J]. Journal of Analytical and Applied Pyrolysis, 2011, 92(1):224-232.

[35] Shin E, Nimlos M R, Evans R J. Kinetic analysis of the gas-phase pyrolysis of carbohydrates[J]. Fuel, 2001, 80(12):1697-1709.

[36] Antal Jr M J, Friedman H L, Rogers F E. Kinetics of cellulose pyrolysis in nitrogen and steam[J]. Combustion Science and Technology, 1980, 21(3-4):141-152.

[37] Carlson T R, Tompsett G A, Conner W C, et al. Aromatic production from catalytic fast pyrolysis of biomass-derived feedstocks[J]. Topics in Catalysis, 2009, 52(3):241-252.

[38] Perego C, Ingallina P. Recent advances in the industrial alkylation of aromatics: New catalysts and new processes[J]. Catalysis Today, 2002, 73(1):3-22.

[39] Košík M, Reiser V, Kováš P. Thermal decomposition of model compounds related to branched 4-O-methylglucuronoxylans[J]. Carbohydrate Research, 1979, 70(2):199-207.

[40] Scheirs J, Camino G, Tumiatti W. Overview of water evolution during the thermal degradation of cellulose[J]. European Polymer Journal, 2001, 37(5):933-942.

[41] Zamora F, Gonzalez M C, Duenas M T, et al. Thermodegradation and thermal transitions of an exopolysaccharide produced by pediococcus damnosus 2.6[J]. Journal of Macromolecular Science, 2002, 41(3):473-486.

[42] Mullen C A, Boateng A A. Catalytic pyrolysis-GC/MS of lignin from several sources[J]. Fuel Processing Technology, 2010, 91(11):1446-1458.

[43] Li X, Su L, Wang Y, et al. Catalytic fast pyrolysis of Kraft lignin with HZSM-5 zeolite for producing aromatic hydrocarbons[J]. Frontiers of Environmental Science & Engineering, 2012, 6(3):295-303.

[44] Ben H, Ragauskas A J. Pyrolysis of kraft lignin with additives[J]. Energy & Fuels, 2011, 25(10):4662-4668.

[45] O'Neil A S, Mokaya R, Poliakoff M. Supercritical fluid-mediated alumination of mesoporous silica and its beneficial effect on hydrothermal stability[J]. Journal of the American Chemical Society, 2002, 124(36):10636-10637.

[46] Antonakou E, Lappas A, Nilsen M H, et al. Evaluation of various types of Al-MCM-41 materials as catalysts in biomass pyrolysis for the production of bio-fuels and chemicals[J]. Fuel, 2006, 85(14):2202-2212.

[47] Park H J, Park K, Jeon J, et al. Production of phenolics and aromatics by pyrolysis of miscanthus[J]. Fuel, 2012, 97:379-384.

［48］Lee H W，Jeon J，Park S H，et al. Catalytic pyrolysis of laminaria japonica over nanoporous catalysts using Py-GC/MS［J］. Nanoscale Research Letters，2011，6（1）：1-7.

［49］Torri C，Lesci I G，Fabbri D. Analytical study on the pyrolytic behaviour of cellulose in the presence of MCM-41 mesoporous materials［J］. Journal of Analytical and Applied Pyrolysis，2009，85（1）：192-196.

［50］Jackson M A，Compton D L，Boateng A A. Screening heterogeneous catalysts for the pyrolysis of lignin ［J］. Journal of Analytical and Applied Pyrolysis，2009，85（1）：226-230.

［51］Park H J，Jeon J，Kim J M，et al. Synthesis of nanoporous material from zeolite USY and catalytic application to bio-oil conversion ［J］. Journal of Nanoscience and Nanotechnology，2008，8（10）：5439-5444.

［52］Lee H W，Cho H J，Yim J，et al. Removal of Cu (II)-ion over amine-functionalized mesoporous silica materials［J］. Journal of Industrial and Engineering Chemistry，2011，17（3）：504-509.

［53］Jeon M，Jeon J，Suh D J，et al. Catalytic pyrolysis of biomass components over mesoporous catalysts using Py-GC/MS［J］. Catalysis Today，2013，204（15）：170-178.

［54］唐晓东. 工业催化原理［M］. 北京：石油工业出版社，2003.

［55］Lu Q，Xiong W，Li W，et al. Catalytic pyrolysis of cellulose with sulfated metal oxides：A promising method for obtaining high yield of light furan compounds［J］. Bioresource Technology，2009，100（20）：4871-4876.

［56］陆强，朱锡锋. 利用固体超强酸催化热解纤维素制备左旋葡萄糖酮［J］. 燃料化学学报，2011，39（6）：425-431.

［57］Wang Z，Lu Q，Zhu X F，et al. Catalytic fast pyrolysis of cellulose to prepare levoglucosenone using sulfated zirconia［J］. Chemistry & Sustainability，Energy & Material，2011，4（1）：79-84.

［58］Rutkowski P. Pyrolysis of cellulose, xylan and lignin with the K_2CO_3 and $ZnCl_2$ addition for bio-oil production［J］. Fuel Processing Technology，2011，92（3）：517-522.

［59］Lu Q，Wang Z，Dong C，et al. Selective fast pyrolysis of biomass impregnated with $ZnCl_2$：Furfural production together with acetic acid and activated carbon as by-products［J］. Journal of Analytical and Applied Pyrolysis，2011，91（1）：273-279.

本 章 附 表

附表 6-1　不同钾离子含量下的生物油主要成分相对含量　　（单位：%）

RT/min	化合物	反应条件：610℃，700L/h		
		纯纤维素	0.8% K⁺	3.0% K⁺
2.19	正己烷	0.18	7.33	4.97
2.35	乙醛	0.10	0.47	0.14
2.74	丙酮	4.19	12.61	12.67
3.13	二乙氧基甲烷		2.98	2.95
3.37	乙醛二乙基乙缩醛		2.49	2.33
5.67	甲苯		1.99	2.59
7.29	2-丙烯醇	0.19		0.13
10.17	2,5-二乙氧基四氢呋喃	0.38	0.97	1.72
10.56	3-羟基-2-丁酮	0.24	0.27	0.87
10.78	1-羟基-2-丙酮	1.66	2.91	3.08
11.18	丙醛二乙基乙缩醛	0.82	0.90	0.53
13.06	乙醇醛	6.17	8.68	13.05
13.26	糠醛	0.47		2.05
17.05	2-羟基-2-环戊烯-1-酮	0.60	4.85	5.75
17.7	2-羟基-3-甲基-2-环戊烯-1-酮	0.15	3.86	5.22
17.88	二氢-4-羟基-2(3H)-呋喃酮	0.38	1.15	0.68
18.2	2,5-二甲基-4H-3(2H)-呋喃酮	0.41	0.98	0.56
19.52	2,2-二乙氧基丙酸乙酯	0.61	12.11	8.69
19.67	3-糠醛酸甲酯	0.55	4.31	5.85
20.05	2,2-二甲基-3-庚酮		1.09	1.21
21.29	1,1-二乙氧基-2-甲基-丙烷		0.73	0.83
22.28	2,3-脱水 D-甘露糖	0.33	0.44	0.67
23.28	邻苯二甲酸二甲酯	2.12	0.24	0.97
23.37	1,4;3,6-双脱水吡喃糖	0.25	0.83	
24.13	脱水 D-甘露糖	2.21	4.03	3.76
24.32	5-羟甲基糠醛	1.81	0.89	0.80
29.92	1,6-脱水-β-呋喃糖	0.40		
34.68	3,4-脱水阿卓糖	0.26		0.20
42.07	左旋葡聚糖	71.87	14.06	11.70

注：表中空白表示检测到的百分含量小于 0.1%。

附表 6-2　不同钙离子含量下的生物油主要成分相对含量　（单位：%）

RT/min	化合物	反应条件：610℃，700 L/h			
		纯纤维素	0.7% Ca²⁺	1.1% Ca²⁺	2.5% Ca²⁺
2.19	正己烷	0.18	3.53	11.58	8.35
2.35	乙醛	0.10	0.55	0.95	1.39
2.61	呋喃	0.06	0.44	0.12	0.19
2.74	丙酮	4.19	14.35	13.24	16.78
3.13	二乙氧基甲烷		7.75	6.64	10.67
3.37	乙醛二乙基乙缩醛		5.78	6.85	9.07
5.67	甲苯		2.61	3.37	3.57
7.29	2-丙烯醇	0.19	0.21		
8.43	3-丁烯醇		0.42	0.19	
9.64	乙酸 1-甲基乙酯			0.12	0.16
9.88	1,1-二乙氧基-2-甲氧基乙烷		0.39	0.51	0.28
10.78	1-羟基-2-丙酮	1.66	1.99	1.49	1.66
11.18	丙醛二乙基乙缩醛	0.82		0.45	
12.44	环己酮		1.22	1.22	
13.06	乙醇醛	6.17	1.34	0.95	0.61
13.26	糠醛	0.47	0.41	1.07	2.02
15.29	乙酰丙酸乙酯	0.14	0.70	0.57	0.69
15.65	2-糠醇	0.24	1.10	0.70	0.52
17.05	2-羟基-2-环戊烯-1-酮	0.6	2.50	1.75	2.53
17.7	2-羟基-3-甲基-2-环戊烯-1-酮	0.15	4.34	3.87	5.20
18.2	2,5-二甲基-4H-3(2H)-呋喃酮	0.41	0.60		
19.28	2-甲基-3-羟基-γ-吡喃酮	0.22	2.06	2.03	2.97
19.48	2,2-二乙氧基丙酸乙酯	0.61	2.07	2.06	1.42
19.67	3-糠醛酸甲酯	0.55	3.99	2.54	3.35
20.15	甲酚		2.05	2.13	1.41
21.23	1,1-二乙氧基-2-甲基-丙烷		1.02	1.30	
22.28	2,3-脱水 D-甘露糖	0.33	1.58	1.23	0.48
23.28	邻苯二甲酸二甲酯	2.12	1.31	1.07	0.95
23.37	1,4:3,6-双脱水吡喃糖	0.25	0.95	0.64	0.78
24.13	脱水 D-甘露糖	2.21	4.11	3.13	4.89
24.32	5-羟甲基糠醛	1.81	6.11	6.80	8.04
42.07	左旋葡聚糖	71.87	17.05	16.76	8.62

注：表中空白表示检测到的百分含量小于 0.1%。

第7章　生物质热裂解

7.1　生物质热裂解概述

  基于生物质组分分布和特性的介绍,本书已经详细阐述了生物质三大组分纤维素、半纤维素和木质素的热裂解行为,探讨了基于动力学研究、产物生成途径和分子层面理论模拟的组分热裂解机理,以及组分交叉耦合、内在无机盐和外加催化剂的添加对生物质组分热裂解过程的影响规律。本章将在上述基础上介绍生物质整体的热裂解规律,并从组分分布角度阐述不同种类生物质的热裂解行为与产物析出规律,总结影响生物质快速热裂解液化的工况因素,同时针对热裂解得到的液体产物——生物油,提出基于生物油分子蒸馏高效分离的分级改性技术,为高品位液体燃料的合成提供较完善的理论基础,如图 7-1 所示。

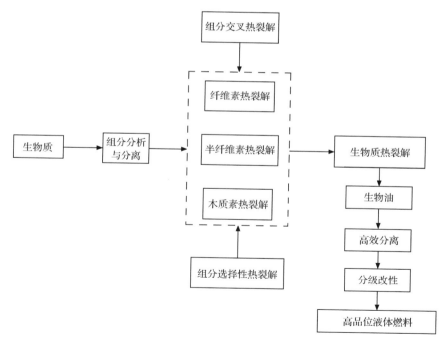

图 7-1　基于组分的生物质热裂解液化

通常生物质热裂解的基本过程包括以下几个主要阶段:干燥阶段(室温~

100℃),也称为预脱水阶段,该阶段生物质吸收热量的同时析出物理水,生物质本身的化学组成基本没有发生变化,在热重曲线上表现出少量的失重;预热裂解阶段(100~250℃),该阶段生物质的结构和化学组成开始发生变化,随着温度的升高,生物质中的一些不稳定组分,如热裂解初始温度最低的半纤维素开始轻微分解,并生成 CO、CO_2 以及少量乙酸等小分子物质,同时木质素也开始轻微失重并析出小分子产物,纤维素发生结晶区部分的无定形转变,该阶段在 TG 曲线上表现为一平台形状,常被称为生物质"玻璃化转变"过程;主要热裂解阶段(250~500℃),该阶段是生物质热裂解的主要阶段,在该阶段生物质发生了明显的热分解,并生成了大分子的可冷凝挥发分,以及 CO_2、CO、CH_4 和 H_2 等小分子气体产物,在 DTG 曲线上出现明显的峰值,该阶段也是生物质热失重最明显和最重要的阶段;残留物缓慢分解阶段(>500℃),该阶段主要是尚未热裂解完全的残留物进一步发生分解,在 TG 曲线上表现出缓慢下降的形态。图 7-2 所示为生物质热裂解分阶段失重过程。值得注意的是,由于纤维素、半纤维素和木质素等组分分布受生物质种类的影响较大,如前所述三大组分的热裂解过程存在明显差异,从而不同种类生物质热裂解的反应过程和产物分布都存在较大差异。因此,上述反应阶段的划分是一个粗略的过程,需要针对不同种类生物质具体分析。

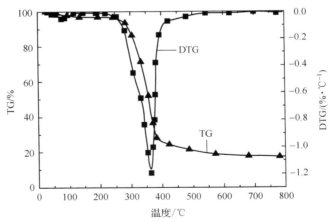

图 7-2　生物质热裂解分阶段失重过程

7.2　不同种类生物质的热裂解过程

我国木质纤维素类生物质资源种类丰富,综合我国生物质资源的种类、分布特点与经济可行性的考虑,适合生物质热裂解工艺的原料主要有农林废弃物、生长迅速的草本生物质和产量较大的水生生物质等。从表 1-1 对不同种类生物质的元素分析和工业分析的结果比较可知,生物质以碳、氢、氧三种元素为主,除水生植物外,其他生物质的硫、氮含量很低,而水生植物海藻由于蛋白质含量较高致使其硫、氮含量略高。生物质含氧量较高,达 30% 以上,因此脱氧是生物质在实际应用中需要面对的一大问题。相同种类生物质的固定碳和挥发分含量相差不大,不同种类之间略有差异。以稻壳和稻秆为代表的农业类生物质的灰分含量在四大类生物质中最高,海藻次之,草本植物类的竹子和象草也有较高的灰分含量,分别达到了 3.68% 和 2.44%。维也纳科技大学的研究人员对超过 800 种生物质进行了分析,碳、氢、氧三者的含量可以达 90% 以上,氮元素含量相比于硫元素波动范围稍宽,特别是在藻类生物质中可达 9% 以上,灰分在生物质中的比例在 1%～16% 不等[1]。农业类生物质由于较高的灰分含量使其热值明显偏低,其中海藻由于灰分含量高和固定碳含量少导致其热值最低。Demirbas[2]进一步指出,由于灰分是直接影响生物质热值的主要因素之一,所以高灰分含量的生物质并不是理想的燃料来源。

不同种类生物质的组分分布也显示了较大的差异,表 1-2 中不同种类生物质的组分分析结果表明,木质纤维素类生物质中纤维素、半纤维素和木质素三大组分的总含量均超过 70%。海藻中富含蛋白质、脂肪、糖类、维生素、矿物质及微量元素,还含有硫酸化的多聚半乳糖和维生素原,其中脂肪和蛋白质含量超过 50%。Miao 等[3]对微藻进行组分分析,发现其蛋白质成分达到 52.64%,油脂含量达到 14.57%。象草是我国南方饲养禽畜的重要饲料,具有较高的蛋白质和脂肪含量。由于生物质种类不同,尤其是纤维素、半纤维素和木质素这三大组分含量的差异,使得不同种类的生物质原料表现出了不同的热裂解行为,最终导致在热裂解产物分布上有较大不同。

7.2.1 林业类生物质热裂解

林业类生物质主要包括针叶木和阔叶木,针叶木叶子往往细长如针,材质一般较软,常见的针叶类生物质有白松、樟子松、杉木、铁杉和云杉等。阔叶木叶子多为宽阔状,由于其材质较坚硬,故一般又称之为硬木,水曲柳和花梨木属于阔叶类生物质。

图 7-3 为白松在不同升温速率下的热失重曲线,其表现出了典型的生物质热裂解特性。经过初期的水分析出阶段后,试样在 110～210℃ 的区域内仅发生微量的失重,接下来因大量挥发分析出而产生明显的失重,在 380℃ 左右其失重速率达到最大值,直到 430℃ 左右时失重趋势才有明显减缓的迹象,该区域是木质纤维素热裂解的主要阶段,也是热裂解过程中最主要的吸热阶段,最后残留物发生缓慢分解直至结束。张雪等[4]研究发现,木质类生物质的失重过程主要分为 200℃ 之前的失水阶段,200～430℃ 的三大组分主要分解阶段和 430℃ 以后的木质素分解阶

段。在不同的升温速率下,TG/DTG 曲线具有一致的演化趋势,随着升温速率的提高,各个阶段的起始和终止温度向高温侧小幅移动,并且主反应区间也增大。这是因为,达到相同的温度,升温速率越高,试样经历的反应时间越短,失重越小。赵殊等[5]采用热重方法研究升温速率对白桦的热裂解速率的影响时发现,随升温速率的提高其热裂解速率呈线性增加。同时升温速率影响测点与试样、外层试样与内部试样间的传热温差和温度梯度,从而导致热滞后现象加重,使曲线向高温侧移动。

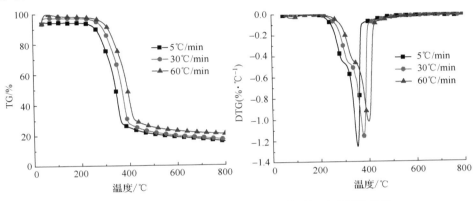

图 7-3   白松在不同升温速率下热裂解的 TG/DTG 曲线

白松热裂解析出的气体产物与纤维素、木聚糖和木质素热分解得到的产物比较如图 7-4 所示,可以发现四个原料均存在 H_2O、CO、CO_2 和甲醇的特征吸收峰,白松的甲烷特征吸收峰与木质素热裂解生成的甲烷的特征吸收峰相对应,同时白松热裂解的另外一个强吸收峰($1100 \sim 900 cm^{-1}$)与纤维素热裂解产生的左旋葡聚糖的特征吸收峰相一致,白松热裂解产物中较弱的两处吸收峰($1620 \sim 1450 cm^{-1}$ 和 $1210 cm^{-1}$)分别与木质素热裂解产物中的酚类化合物的骨架振动特征吸收峰相

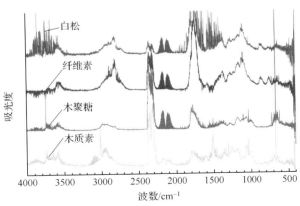

图 7-4   白松与各组分的热裂解产物对比(文后附彩图)

对应。另外,白松热裂解产生的其他几个化合物的特征吸收峰(如 1269cm⁻¹ 和 1314 cm⁻¹ 处的 N_2O、966cm⁻¹ 和 932 cm⁻¹ 等处的 NH_3、1915 cm⁻¹ 处的 NO)则找不到与纤维素、木聚糖、木质素热裂解产物对应的特征吸收峰,表明这几个化合物并不是三大组分热裂解的产物,而是白松组分中的果胶和蛋白质等抽提物热裂解的产物。白松热裂解产物甲醇的产率较高,主要是来自其中的木质素热裂解,乙酸和二氧化碳则主要来自其中的半纤维素热裂解。

图 7-5 为不同种类林业类生物质的热重曲线,杉木的 DTG 曲线相当光滑,水曲柳的 DTG 曲线则表现出轻微的波浪形,花梨木的 DTG 曲线存在明显的肩状峰,这可能是由于三种木材的组分分布不一致而引起的。通常半纤维素和纤维素的热分解温度范围较窄,并且半纤维素较纤维素具有更低的初始分解温度,一般而言,纤维素的分解温度范围在 315~400℃,半纤维素在 220~315℃,木质素的分解温度范围最为宽广,为 160~900℃[6]。Raveendran 等[7]研究了多种生物质及三大组分的热裂解行为,发现半纤维素最容易热裂解,其次为纤维素,木质素最为困难。因此,在较低的加热速率下,半纤维素和纤维素的热裂解可能导致两个分离的 DTG 峰,是否出现分离现象取决于试样中半纤维素相对于纤维素的组分含量,半纤维素含量越高的原料越容易在该温度范围内出现转折现象。研究表明[8-10],热裂解试样中半纤维素含量越多,肩状峰大小越显著。由表 1-2 可知,花梨木相比其他两种生物质具有更高的半纤维素含量,从而其 DTG 曲线上的肩状峰表现得最为明显。而对于半纤维素含量相对较低的杉木和水曲柳,原来分离的两个 DTG 峰就可能合并成一个 DTG 峰。

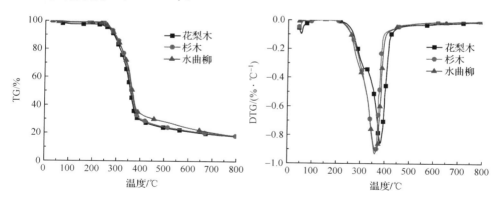

图 7-5　林业类生物质热裂解的 TG/DTG 曲线

7.2.2　农业类生物质热裂解

稻秆和稻壳是我国主要的农业类生物质,表 1-2 的组分分析表明其具有较高的半纤维素含量,相比于林业类生物质,其 DTG 峰值向更低温度方向移动(图 7-

6)。Yang 等[11]对 4 种农业类生物质和 3 种林业类生物质进行了热重实验研究,结果表明林业类生物质的初始分解温度比农业类的高,动力学计算显示林业类生物质的活化能在 74~96kJ/mol,而农业类生物质的活化能在 55~78kJ/mol,显然林业类生物质较高的纤维素含量使得其热稳定性比农业类生物质高。朱恂等[12]研究发现半纤维素含量高的玉米秆的 DTG 曲线出现了明显的肩状峰,玉米芯的 DTG 曲线甚至出现明显的双峰,半纤维素含量相对较低的麦秆的 DTG 曲线则只有一个峰。需要指出的是,并不会因为农业类生物质相比于林业类生物质具有更高的半纤维素量就一定在曲线上出现肩状峰,这可能是不同种类生物质组分间的连接方式有所不同,但是对于同一类生物质在组分比例范围大致相同的情况下,半纤维素含量高的生物质热裂解容易在 DTG 曲线上出现转折,甚至存在多个峰。另外农业类生物质热裂解产物分布也表现出明显特点,付鹏等[13]研究稻秆热裂解产物析出规律发现,产物中除了 CO_2、CO 和小分子烃类气体外,还含有较多的酸、醛、酮、醇和醚类物质,这与半纤维素热裂解产物以醇、醛、酸、酮类物质为主相对应。孙韶波等[14]通过分析不同光子能量下的稻壳和稻秆的热裂解产物质谱图发现,稻壳与稻秆的主要热裂解产物的种类基本一致,但稻壳热裂解产物中甲基愈创木酚等典型木质素热裂解产物的丰度明显高于稻秆,这是由于稻壳具有比稻秆更高的木质素含量。

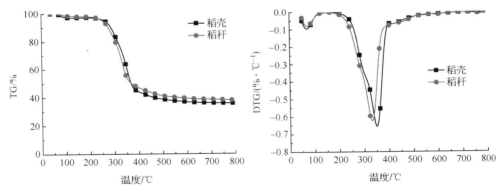

图 7-6　农业类生物质热裂解的 TG/DTG 曲线

7.2.3　草本类生物质热裂解

草本类生物质是目前最有发展前途的生物质资源之一。象草是我国华南地区的主要生物质资源,具有生长快、繁殖能力强和容易再生等特点。草本类生物质与农业类生物质的组分相似,以象草和竹为例,其热重曲线形状表现出一定的相似性(图 7-7)。相比较而言,草本类生物质中含有较多的蛋白质和脂肪类成分,这部分成分在组分分析中一般归结到抽提物中,象草和竹的抽提物含量分别为 27.69%

和 20.79%。抽提物的热分解发生在一个宽的温度范围内(130~550℃)。李伯松等[15]的研究表明,象草的主要热裂解阶段发生在 180~380℃,当温度达到 380℃时热裂解基本完全,在 630℃时焦炭产量约为 26%。傅旭峰等[16]对芦苇、稻草、狼尾草和芒草四种草本类生物质进行热重实验研究,实验结果显示这几种生物质热失重都集中在 190~400℃这一区间。

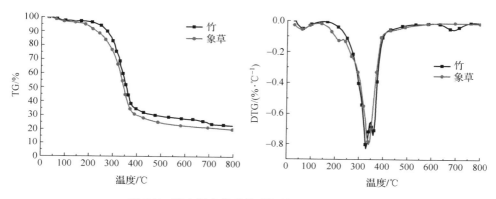

图 7-7　草本类生物质热裂解的 TG/DTG 曲线

7.2.4　水生类生物质热裂解

水生植物中的藻类具有总量大、生长周期短、易培养、不占用土地资源等优点。海藻的热重曲线如图 7-8 所示,可见其热裂解行为和木质纤维素类生物质明显不同,其热裂解起始温度提前且 DTG 曲线呈现多峰形态,这可能与藻类含有大量抽提物和很少的纤维素有关。海藻生物质含有蛋白质和可溶性多糖,以及少量的细胞壁纤维素等不溶性多糖,前者的热裂解析出速率快于后者,且热裂解初始温度较低,分解温度范围较宽,最终生成的固体残留物也较多。

Li 等[17]对三种红藻的热裂解行为研究发现,其热重曲线存在三个失重峰,且主要热裂解阶段的起始温度都比较低,其热裂解过程表现出不同于其他种类生物质的复杂性。Wang 等[18, 19]比较了角叉菜和马尾藻等大型海藻与马尾松、冷杉等陆生生物质的热裂解动力学特性,结果表明陆生生物质的热稳定性更高,而大型海藻热裂解的表观反应活化能偏低,更易于受热分解转化。Zhao 等[20, 21]对条浒苔、绿潮浒苔、裙带菜、石莼等大型海藻生物质的热裂解特性及动力学研究也表明大型海藻比玉米秸秆和木屑的表观反应活化能更低,因此更容易热裂解。王爽[22]利用热重分析仪、差热分析仪和质谱分析仪分析了典型大型海藻生物质的热裂解特性与机理,海藻生物质的热裂解过程主要发生在 180~580℃,热裂解起始温度比陆生生物质低。海藻的成分决定了其热裂解时产物的复杂性,包含 H_2、CH_4、CO、CO_2、H_2S、SO_2、NO_x 等,其中 H_2S 和 SO_2 主要和多糖中的硫酸基有关,NO_x 和蛋白

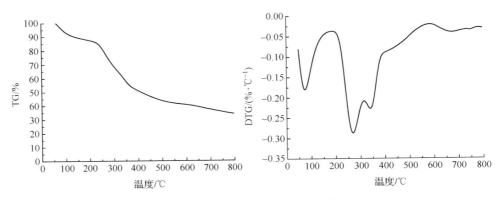

图 7-8　海藻热裂解的 TG/DTG 曲线

质有关。

综上分析,林业类生物质中半纤维素含量相对较低,纤维素含量高,其 DTG 峰表现为纤维素 DTG 峰的特征。农业类和草本类生物质木质素含量较低,半纤维素含量和纤维素含量较高,因此在相对应的 DTG 曲线上存在较为明显的半纤维素热裂解肩状峰,纤维素的热裂解表现为主峰。而水生类海藻生物质由于其高含量的抽提物,以及少量的纤维素组成特点导致其 DTG 曲线出现多峰形态。

7.2.5　不同种类生物质热裂解产物对比

通过热重红外联用分析发现,在不同种类生物质的最大热失重速率处,其热裂解产物的红外检测谱图存在较大差异。图 7-9 为樟子松、稻壳、竹和海藻热裂解生成的产物对比。林业类生物质在碳氢化合物、酮、醛、酸等可冷凝挥发分的波数段

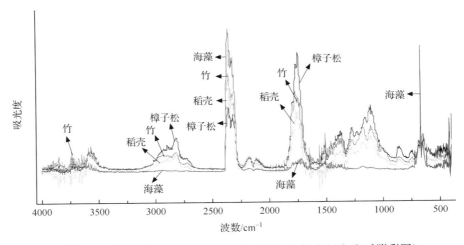

图 7-9　不同种类生物质热裂解析出产物吸光度对比图(文后附彩图)

表现出最强的吸光度,而 CO 和 CO_2 等不可冷凝的小分子气体的波数段上吸光度较低,所以林业类生物质热裂解产物中可冷凝挥发分含量高,可以预见其热裂解生成的生物油产率较高;农业类和林业类生物质热裂解产物的分布相似,但是吸光度略弱,可预见其热裂解生成的生物油的产率低于林业类生物质;竹的热裂解产物在 CO_2 和水的波数段吸光度较强,尤其是在水的波数段红外吸光度很强,是所有生物质物料中最高的,其热裂解生成的生物油含水量较高;海藻热裂解产物中 CO_2 的峰强度最大,其他官能团很少,因此海藻热裂解生成的生物油产率较低,而且组分相对简单。

7.3　生物质快速热裂解液化

生物质快速热裂解液化技术是当今世界可再生能源发展领域中的前沿技术之一。不同热裂解技术间最主要的差别在于热裂解反应器(表 7-1)。目前国外主要有 Ensyn、Dynamotive、ROI 和 BTG 等多家单位在从事生物质快速热裂解液化技术的研究和相应的技术推广。我国生物质快速热裂解液化技术也得到了迅速发展,自 1995 年沈阳农业大学从荷兰引进旋转锥闪速热裂解装置以来,国内众多高校和科研单位也开展了生物质热裂解液化研究,主要侧重于实验研究与中试装置的建设。

表 7-1　典型的生物质快速热裂解液化反应器

归类	名称	研发单位	基本原理
机械接触式反应器	涡流反应器	美国国家可再生能源实验室	生物质颗粒在高速氮气或过热蒸汽引射流作用下沿切向高速进入反应器并受热分解,通过物料循环实现高效分解
	旋转锥反应器	荷兰屯特大学	将生物质颗粒与惰性热载体一起给入反应器的底部,并在离心力作用下沿着锥壁向上运动并充分混合实现热裂解
	烧蚀反应器	英国阿斯顿大学	利用叶片旋转将生物质颗粒送入到反应器底部,使颗粒相对于灼热的反应器表面高速运动并发生热裂解
混合式反应器	快速引射反应器	美国佐治亚技术研究院	物料给入反应器下部的混合室,与燃料燃烧后产生的高温气体相混合,向上流动穿过反应器并发生热裂解
	流化床反应器	加拿大滑铁卢大学	生物质颗粒给入装填有石英砂的反应器内,在惰性载气的作用下发生流态化并发生快速热裂解
	真空反应器	加拿大拉瓦尔大学	物料给入真空反应器,在两个水平的使用融盐混合物加热的恒温金属板上传递,在两者之间受热分解

7.3.1　生物质快速热裂解液化反应过程

当生物质颗粒进入到热环境下时,热量通过对流以及辐射换热传递到颗粒的表面。而在颗粒内部,热量主要通过热传导从颗粒表面传递到颗粒内部,颗粒内部温度不断升高。在析出水分后,随着温度的升高,生物质发生热裂解并释放出挥发分和生成焦炭。在这个过程中,反应的热效应及挥发分在颗粒内部的流动将对颗粒内部的热传递带来影响。由于颗粒温度的传递是从颗粒外表面向内层传递,故而可以将生物质颗粒分为三个区域,反应已经完成的颗粒外层、正在发生热裂解的中间区域和尚未发生热裂解的颗粒内部区域。生物质一次热裂解反应生成一次生物油、不可冷凝气体和焦炭。在多孔生物质颗粒内部的一次生物油将进一步热裂解,生成不可冷凝气体、二次生物油和焦炭。同时,当挥发分离开生物质颗粒时还将经过周围的气相组分,在这里也会发生二次分解反应。挥发分在多孔颗粒内或向颗粒外空间流动的过程中发生的二次反应改变了产物分布。为了提高生物油的产率,需快速移除一次热裂解生成的挥发分并快速冷凝,以抑制二次分解反应的发生。生物质快速热裂解液化以生物油产率最大化为目标,其受到很多因素影响,包括反应温度、升温速率、停留时间和原料种类等。

7.3.2　不同因素对生物质快速热裂解液化的影响规律

7.3.2.1　反应温度的影响

生物质热裂解受多方面因素的影响,温度是影响生物质热裂解过程及最终产物组成的关键因素,而其他因素的影响也可归结为对生物质颗粒以多快的升温速率达到反应温度,或生物质颗粒析出的挥发分在反应温度区的停留时间的调控上。因此,首先需要分析温度对生物质热裂解特性的影响。在各种热裂解工艺中,采用的温度不同,所得到的产物也不一样。一般来说,温度低于400℃时,生物质热裂解反应进行得很慢,产物主要是炭和不可冷凝气体;在450~600℃的温度范围内,生物油的产量先随温度的升高而增加;达到最大值后又随温度的继续升高而减少。气体的产量随温度升高而增加,当温度高于650℃时,气体成为主要产物。图7-10为花梨木和白松热裂解产物分布随反应温度的变化规律,焦炭产量随温度的增加而逐渐减小,并逐渐趋向于一固定值,不可冷凝气体产量则随温度增加而增加,生物油产量起初随温度的上升稍有增加,但在中间某一温度达到最大值后便开始随温度的上升而下降。这主要是由于反应温度过高时,未冷凝的生物油会继续发生二次裂解,生成不可冷凝气体、焦炭和二次生物油,从而使得生物油产率降低。有利于生物油产量最大化的反应温度在500~550℃,随实验条件的不同而有所差别,但产物分布变化规律则较为类似。Horne等[23]在流化床中以混合生物质为原料进行不同温度下的热裂解实验发现,随着温度升高,焦炭产量明显减少,液体和气体产量相对增加,若温度进一步升高,生物质液化过程转变为气化过程,液体产量会降低,气体产量将明显上升。刘荣厚等[24]在自制的小型流化床上进行了木屑热裂解的研究,在 500℃下获得了最高为 58.74% 的生物油产率。Scott 等[25, 26]在流化床热裂解反应器上的实验研究表明,杨木热裂解生物油产量起初随温度的上升而增加,并在 500~520℃ 时达到最大值,超过这一温度时,生物油产量开始下降。Conti 等[27]在 400~750℃ 范围对甘蔗渣进行的实验结果显示,在 500℃ 时得到 44% 的最高生物油产率。Encinar 等[28]在研究农业废弃物的热裂解时也发现,热裂解温度升高会降低焦炭产量,提高气体产量,并在 600~700℃ 温度范围内获得最大生物油产率。

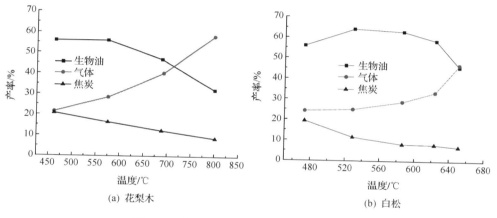

图 7-10　热裂解产物随反应温度的变化规律

　　反应温度对生物油的组成也有明显的影响。随着反应温度的升高,生物油的 H/C 和 O/C 的比例会下降,这说明在高温下一次热裂解产物发生了二次分解或缩聚等反应,使部分含氧有机挥发分转变为氧含量少且热稳定性好的有机物,如苯和萘等。对比分析不同温度下白松热裂解生物油的组成发现,热稳定性比较差的物质,如有机酸类物质,其含量随着反应温度的升高而锐减,这是由于有机酸在高温下容易分解成小分子气体,如烷烃、CO、CO_2 和水。热稳定性相对较好的物质,如苯酚类,其含量随着温度的升高有所增加,同时生物油中的萘和范等多环芳香烃也从无到有,且含量有所增加。张军等[29]也发现随着温度的升高,生物油中的醛类、酮类和酯类等含氧有机物含量下降。

　　反应温度也会对热裂解气体产物组成产生一定影响。生物质热裂解过程中生成的主要气体有 CO、CO_2、H_2 和 CH_4 等。CO_2 的生成主要来自于低温时半纤维素中糖、醛、酸结构的一次裂解,同时高温时木质素中的羧基断裂也会释放出少量的 CO_2,所以 CO_2 含量随着反应温度的升高而下降。CO 主要是通过挥发分中不稳定的羰基断裂生成,主要来自于高温下一次挥发分的二次裂解,所以随着温度的升高,CO 呈增长趋势。张军等[29]在对黄豆秆、稻壳和木屑的热裂解实验研究中发现400℃时产物中的 CO 含量明显偏低,而在 800℃下 CO 含量达到了 40%。CH₄ 主要是由木质素中富含的甲氧基分解而成,随着温度的升高,木质素热裂解程度加深,CH₄ 的产率呈增长趋势。

7.3.2.2　升温速率的影响

升温速率是区别反应器类型的一个重要标志,其主要是由反应器类型、反应温度和生物质颗粒粒径决定。Scott 等[25]指出加热速率除了依赖于实验过程中的热通流量外,还依赖于颗粒的尺寸和性质。Maschio 等[30]指出要达到较高的升温速率,需要较高的反应温度、短的气相停留时间和细小的生物质颗粒粒径。在低升温速率和较长的停留时间条件下,生物质热裂解产生的气、液、炭三种产物产率大致相等。通常低升温速率会延长生物质在低温区的停留时间,生物质颗粒内部温度不能很快达到预定的热裂解温度,从而促进纤维素和木质素的脱水和炭化反应,增加焦炭产率。高升温速率有助于缩短生物质颗粒在低温阶段的停留时间,减少纤维素和木质素中的脱水和缩聚反应,碳骨架很难生成,从而降低焦炭生成概率,增加生物油的产率,这也是热裂解制取生物油技术通常选用快速升温的原因。Broido 等[31]指出低升温速率有利于炭的生成,不利于焦油产生。Demirbas 等[32]研究了升温速率对榉木树皮热裂解的影响,发现随着升温速率的提高,生物油的产率增加,同时生物油的热值也增大。Onay[33]在研究升温速率对红花种子热裂解行为的影响时,在 300℃/min 的升温速率下,生物油产率比 100℃/min 下的生物油产率高出约 7%。升温速率受反应器结构和颗粒粒径的影响,实现快速热裂解最常用的反应器有流化床、携带床、旋转锥和喷动床。

7.3.2.3　停留时间的影响

停留时间可指固相停留时间和气相产物的停留时间。Drummond 等[34]指出物料必需在热裂解反应器里停留一定的时间,否则有可能引起生物质颗粒的热裂解不完全。通常对于快速热裂解而言,停留时间往往指气相产物的停留时间,近似于反应器容积与气体体积流量之比,是影响生物质快速热裂解液化生物油产率的一个重要因素。生物质在快速热裂解初始阶段产生的气态产物脱离颗粒,其中分子比较大的可冷凝挥发分部分在气相空间还能进一步发生反应,生成焦炭、二次生物油和不可凝气体,从而导致生物油产率下降。气相停留时间越长,发生二次分解反应的程度就越严重。如图 7-11 所示,在红外辐射加热实验装置上针对白松高温(TRS 为 900℃)下的热裂解研究发现,随着载气流量的降低,即停留时间的增加,白松热裂解生成的生物油产率有所下降,而不可凝气体产率有所增加,这与许多文献中报道的结果相一致[35,36]。

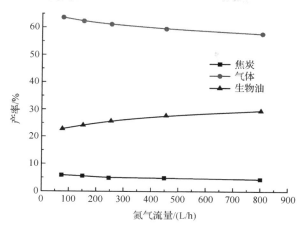

图 7-11　停留时间对白松热裂解产物产率影响

7.3.2.4　无机盐和外加催化剂的影响

生物质中除了主要含有碳、氢、氧外,一般还含有一定量的无机元素,如 K、Na、Ca、Mg、Fe、Cu 等金属元素,其含量虽然非常少,但是它们对生物质热裂解特性有着重要的影响,因而近年来引起研究者越来越多的关注。

如图 7-12 所示,随着钾离子的添加,白松热裂解的起始、终止以及最大失重率所对应的温度都向低温方向移动。添加钾离子后,对应挥发分的析出减少,而焦炭产量有了明显增加,以添加 7%钾离子为例,530℃时焦炭产率由原来的 20%提高到了 35%;而且随着钾离子浓度的增加,焦炭产量增加趋势越发明显,这和钾盐对纤维素热裂解的影响较为一致。值得注意的是,添加钾盐后,白松热裂解 DTG 曲

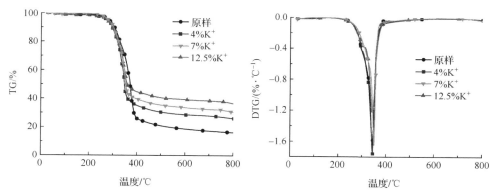

图 7-12　不同钾离子含量下白松热裂解的 TG/DTG 曲线(文后附彩图)

线上 300℃左右原本存在的肩状峰向低温侧移动。Müller-Hagedorn 等[37]在研究钾盐对松木的失重影响时也发现了类似的规律。造成这一现象的可能原因在于钾离子促进了半纤维素的初始热裂解反应。

图 7-13 为钾离子对热裂解产物分布的影响规律,随着钾离子浓度的增加,生物油产量逐渐降低,而气体产量逐渐增加;在钾离子含量为 4%时焦炭产率显著提高,并随着钾离子浓度的增加而趋于平缓。水的产率随着钾离子浓度的增加而显著提高,由白松原样热裂解时的 13.18%增加到添加 12.7%钾离子后的 20.03%。Jensen 等[38]采用 TG-FTIR 研究了 KCl 对麦秆热裂解的影响规律,发现随着 KCl 的添加,相应的水分析出量增加。这说明 KCl 促进了脱水反应。Wang 等[39]研究了 K_2CO_3 对松木热裂解的影响,也观察到同样的变化趋势。另外结合生物油的成分分析,发现酸类和呋喃类物质明显减少,烷烃和酚类物质有所增加,气相产物中 H_2、CO 和 CO_2 含量增加。

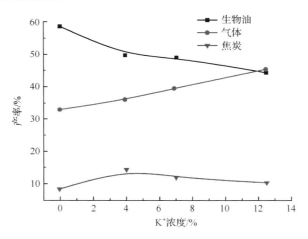

图 7-13　钾离子对热裂解产物分布的影响

钙是生物质中广泛存在的另一重要元素,它对生物质热裂解同样有着重要的影响。钙离子作用下白松热裂解的 TG/DTG 曲线如图 7-14 所示。和钾离子类似,钙离子作用下,白松热裂解的温度区域向低温方向偏移,同时 530℃以后,焦炭产量明显增加。相比于钾离子,钙离子添加下有更多的焦炭生成,说明钙离子在催化焦炭生成方面强于钾离子。

图 7-15 为钙离子对热裂解产物分布的影响。随着钙离子浓度的增加,生物油产率降低,而焦炭产量增加,气体产率则变化不大。然而,Wang 等[39]针对 Ca(OH)$_2$对松木的催化热裂解的影响发现,随着 Ca(OH)$_2$添加量的增加,生物油和气体的产率略有增加,焦炭产率稍微减小,这可能是由于阴离子不同所致;同时发

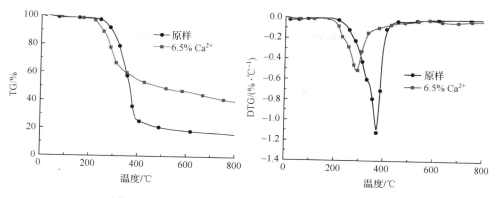

图 7-14　钙离子对白松热裂解 TG/DTG 曲线的影响

现,Ca(OH)$_2$ 添加后,热裂解产物中酸和醛类物质完全消失,糖、呋喃和愈创木酚类物质不同程度减少,醇类则显著增加。Richards 等[40]采用 TG-FTIR 研究了金属盐对生物质热裂解挥发分析出的影响,结果表明,相比钙离子,钾离子对 CO、CO$_2$ 及甲酸、乙酸和乙醇的生成起到了较为明显的促进作用。

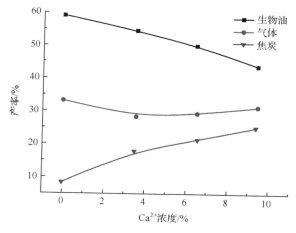

图 7-15　钙离子对热裂解产物分布的影响

除了生物质内含有的无机盐之外,还可以通过催化剂的添加,改变生物质的热裂解行为。图 7-16 为分子筛添加对水曲柳热裂解行为的影响规律。所有的分子筛催化剂都促进了初始阶段脱水反应的进行,因而在热裂解初期可获得较大的失重,且主反应温度向高温区偏移。焦炭产量都有所提高,尤其是 USY 催化剂对焦炭的促进效果非常明显。这与分子筛催化剂对三大组分的热裂解影响有所不同,这说明生物质组分之间的相互影响及少量抽提物和无机盐的存在对焦炭的生成及热裂解反应历程均具有较大影响。

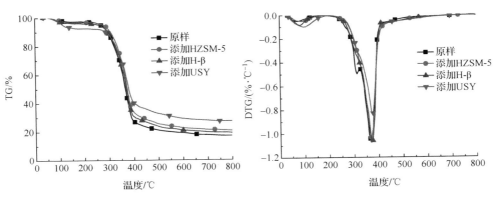

图 7-16　分子筛添加对水曲柳热裂解行为的影响(文后附彩图)

　　分子筛催化剂的添加对热裂解产物分布具有影响,其中 USY 的效果最为明显,如图 7-17 所示。酸、醛、酯等含氧化合物含量都明显下降,而直链烷烃和芳香烃产物产量则升高。添加 USY 后,酸、醛、酯类化合物的含量分别下降了 65.86%、

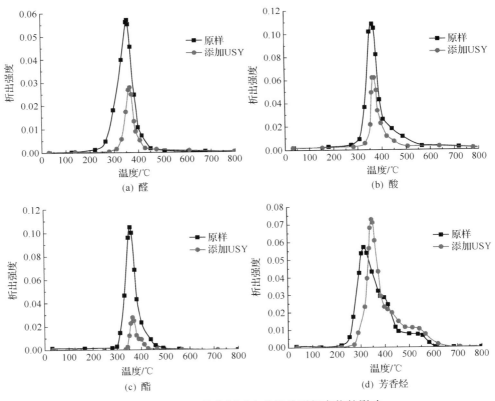

图 7-17　USY 催化剂对水曲柳热裂解产物的影响

49.73％和80.56％；芳香烃含量则增加了5.15％。烃类产物的增加使得生物油的品质有所提高，但是生物油的产量则有所下降。因此USY对含氧化合物的脱除效果非常明显，这与USY对纤维素热裂解产物的影响效果较为一致。

Aho[41]研究了H-β、H-Y、HZSM-5和HMOR四种分子筛催化剂对松木热裂解的催化作用，催化剂的添加大幅促进了松木热裂解的脱水反应，产物中水含量从未添加催化剂的5.4％分别增加至13.9％、16.7％、13.0％和14.4％，而生物油则从原来的27.3％分别降低至15.1％、9.0％、20.7％和17.6％。Aho[42]还研究了不同硅铝比的H-β催化剂对松木热裂解的催化作用，实验针对生物油中酸、醛、醇、酚、酮和多环芳烃组成开展相对含量分析，结果表明多种产物的产量与沸石的酸性有关，酸性强的沸石产生的含氧有机物较少，水和多环芳烃相对较多。Uzun等[43]研究了ZSM-5、H-Y和USY三种分子筛对玉米秸秆的催化热裂解作用，这三种分子筛也都减少了生物油和炭的产量，并促进了气体的生成，同时对生物油具有较好的脱氧效果，氧的含量分别由原来的24.50％减少至20.23％、15.70％和19.98％，其中H-Y促进了生物油中脂肪烃类物质的生成，而USY增加了芳香族类化合物的产量，ZSM-5则介于两者之间。Williams[44]在流化床反应器上研究了分子筛ZSM-5对稻壳的催化热裂解作用，ZSM-5的添加促进了稻壳热裂解的脱水作用，生物油的产量及其含氧量都大幅减少，单环芳香烃和多环芳香烃的含量则显著增加。Qi等[45]研究了NaY分子筛对竹子的催化热裂解作用，发现NaY的添加大幅提高了液体产物的产量。不同类型分子筛对生物质热裂解产物分布的催化效果是不一样的，这与催化剂本身的特性有关，同时也受到生物质组分分布的影响。

7.3.2.5　生物质原料特性的影响

对于不同的生物质原料，不仅三大组分含量有明显区别，而且其中半纤维素和木质素的结构也有所不同（主要由于半纤维素和木质素中存在多种结构单元和连接形式）。此外，生物质中组分之间的交联耦合作用、无机盐和抽提物等也会对生物质的整体热裂解过程产生一定影响。因此，不同生物质热裂解行为有较大差异，有必要对不同种类生物质热裂解过程中的产物分布及特性加以认识。

基于图7-18所示的带喷淋冷凝的生物质流化床快速热裂解液化实验系统，开展了不同生物质原料的热裂解液化研究。生物质原料选取了林业类、农业类、草本类生物质和水生植物四大类生物质的典型代表，包括樟子松、花梨木、竹子、象草、稻壳、稻秆和海藻。

图7-19和图7-20分别是7种生物质热裂解后生物油和焦炭的产率分布。林业类和农业类生物质热裂解均能得到较高的生物油产率。草本植物的竹和象草热裂解生物油的产率相差较大，竹热裂解生物油的产率与林业类生物质相似，象草热裂解仅能得到17.65％的生物油，是所有物料中生物油产率最低的。其次海藻热

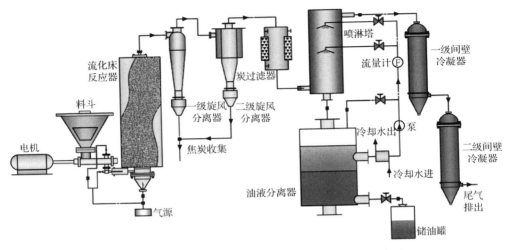

图 7-18　生物质流化床快速热裂解液化实验系统示意图

裂解生成的生物油产率也较低,只有 20.54%。

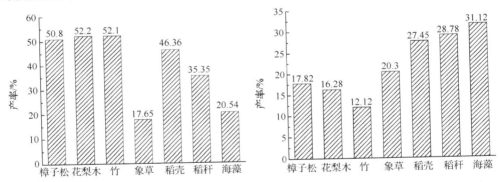

图 7-19　不同种类生物质热裂解生物油产率　　图 7-20　不同种类生物质热裂解焦炭产率

　　不同种类生物质热裂解生成的生物油的产率表现出较大的差异,这主要与物料本身的特性有关,生物质中三大组分与灰分含量对其热裂解产物分布的影响很大。前述章节提到,纤维素热裂解生物油产率最高,半纤维素热裂解更有利于小分子气体产物生成,木质素热裂解对焦炭的贡献最为显著。其他研究者也观察到类似的现象[46-50],纤维素和半纤维素热裂解主要生成挥发性产物,尤其纤维素热裂解生成的残留物非常少,木质素热裂解主要产物之一是焦炭,可以认为木质素是生物质热裂解过程中产生焦炭的主要来源。此外前文也提到,生物质中含有的金属盐等对生物油中的一些大分子化合物发生二次反应生成焦炭和小分子气体产物具有一定的催化作用,从而降低了热裂解生物油的产率,得到更多的焦炭和气体产物。

　　基于生物质三大组分热裂解的三相产物分布规律,结合 7 种生物质的工业分析和三大组分含量测定结果,对这些生物质的热裂解产物分布进行分析。林业类生物质樟子松和花梨木纤维素的平均含量接近 50%,半纤维素的含量相对较少,同时灰分含量最少,因此有利于其热裂解生物油产率的提高。实际林业类生物质热裂解也表现出了最高的生物油产率和相对较低的焦炭产率。农业类生物质稻壳和稻秆中纤维素和半纤维素含量均比较高,木质素的平均含量不到 10%;此外,稻壳和稻秆有较高的灰分含量,从而使得相比于林业类生物质,农业类生物质热裂解生成了更多的焦炭和较少的生物油。刘运权等[49]的研究也同样表明,林业类生物质具有比农业类和草本类生物质更高的生物油产率,一般可达 60%~65%。草本类生物质中竹子和象草的热裂解产物分布产生了较大差异。竹子中三大组分的含量与农业类生物质相对接近,所以其热裂解产物的分布与稻壳和稻秆有一定相似性,都表现出较高的产油率。象草中抽提物和不溶酸灰分的含量较高,分别达到了27.69%和5.99%,同时纤维素的含量仅为33.21%,因此象草热裂解生物油产率较低而气体和焦炭产率较高。海藻热裂解生成的焦炭产率在 7 种生物质中是最高的,达到了31.12%,生物油产率相对较低,这主要归结于海藻高达50%以上的抽提物含量。通过对不同种类生物质热裂解生成的生物油的 GC-MS 谱图分析得到了 7 种生物油中化合物的族类分布,如图 7-21 所示。不同种类生物质热裂解后生成的生物油含有的化合物的族类基本相同,涵盖了三大组分单独热裂解对应的主要产物,包括酸类、醇类、酮类、醛类、糖类和酚类物质等。其中,乙酸、糠醛、1-羟基-2-丙酮、2-甲氧基苯酚、左旋葡聚糖在生物油中所占比例较大。海藻由于本身含有大量的脂肪和蛋白质,导致生物油中的含氮化合物较多。

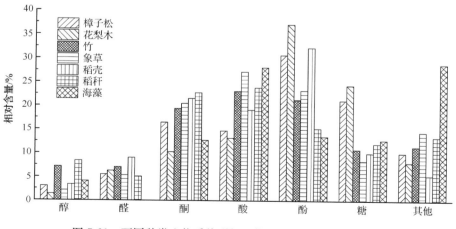

图 7-21　不同种类生物质热裂解生物油的化合物的族类分布

　　在前面生物质三大组分单独热裂解研究中提到,糖类(如 3,4-脱水阿卓糖、左旋葡聚糖)为纤维素热裂解的典型产物;乙酸主要由半纤维素热裂解产生;苯酚、2-甲氧基苯酚、2,6-二甲氧基苯酚、2,6-二甲氧基-4-丙烯基苯酚是木质素热裂解的典型产物。另外,糠醛以及酮类物质(如 1-羟基-2-丙酮、2-羟基-2-环戊烯-1-酮和 3-甲基-2-羟基-2-环戊烯-1-酮)是由纤维素和半纤维素的热裂解共同产生。林业类生物质纤维素含量最高,其热裂解生物油中的糖类含量最高,其中主要的糖类有左旋葡聚糖和 3,4-脱水阿卓糖等。同时,醛类(如糠醛)和酮类(如 1-羟基-2-丙酮)等纤维素和半纤维素热裂解的典型产物也较多地存在于林业类生物质热裂解生物油中,特别是樟子松热裂解生物油。此外,由于林业类生物质含有相对较高的木质素含量,对应的生物油中酚类含量最高,主要有苯酚、2-甲氧基苯酚和 2,6-二甲氧基苯酚。农业类生物质中半纤维素和纤维素含量较为丰富,因此热裂解生物油中酸类、酮类和醛类的含量都相对较高,典型的族类化合物有乙酸、1-羟基-2-丙酮和糠醛等。草本类生物质竹子中也有非常高的半纤维素含量,因此其热裂解生物油中也含有较多的酸、醛、酮类物质。象草和海藻本身生物油产率就大大低于其他 5 种生物质,因此各族类化合物的实际产率都明显低于其他生物质,这与其生物质中抽提物含量较高而三大组分含量相对较低相对应。虽然生物质三大组分分布与生物油的成分分布具有一定的关联性,但是生物质中含有的抽提物、无机盐以及三大组分之间的耦合也会影响到生物油的成分分布,如樟子松中木质素含量比花梨木高,然而其生物油中酚类的含量却比花梨木低;樟子松和花梨木中纤维素与半纤维素含量虽然比较接近,但是各自热裂解生成的生物油中酸、醛、酮各族含量却不相同。

7.4　生物油分级催化改性

　　通过生物质快速热裂解得到的生物油具有复杂的成分分布,其中不仅有多种含氧族类化合物(如酸类、醛类、酮类、酚类、酯类等),还含有高分子量的糖类及酚类聚合物(热解木质素等),这严重影响了生物油的燃料品质[50,51]。此外,生物油中的羧酸类物质还导致了其较强的腐蚀性,同时较高的含水量不仅降低了其热值,还会造成燃烧过程的不稳定。一些常见的生物油燃料品质指标如表 7-2 所示,与汽油、柴油相比,生物油的整体燃料品质较低,含水量达到了 15%～50%,低位热值仅有 13～18 MJ/kg,pH 为 2～3。因此,生物油原油难以直接作为高品位液体燃料进行利用,通常作为窑炉燃料进行应用。

　　若要实现生物油更高品位的利用,需要对其进行提质改性。常见的生物油改性方法主要有催化酯化、催化裂化、催化加氢、催化重整和乳化等[52,53]。由于生物油原油组成复杂,采用单一改性的方法效率不高,很容易出现催化剂失活和反应器

表 7-2　生物油的燃料品质指标

指标	生物油	柴油	车用汽油
水分/%	15~50	痕迹	无
固体/%	<1	无	无
灰分/%	<1	<0.01	
稳定性	不稳定	稳定	稳定
黏度/(cSt)	15~35(40℃)	1.8~8(20℃)	0.55~0.7(30℃)
密度/(15℃kg·m^{-3})	1100~1300	190~850(20℃)	700~800(20℃)
闪点(闭口/℃)	40~110	≥55	
残炭率/%	17~23	≤0.3	
低位热值/(MJ/kg)	13~18	46	43
pH	2~3		

堵塞等问题[54,55]。因此,先对生物油通过合适的分离方法进行组分切割,使适宜采用某种改性技术的组分富集,再针对性地使用相应的技术进行分级改性,将会使生物油的整体品质提升效率更高。

目前生物油的分离方法主要有柱层析法、萃取法和蒸馏法等。柱层析法根据物质在固定相上吸附能力的不同而进行分离,通过不同类型的淋洗剂,可以将生物油分离为脂肪族类、芳香族类和其他极性化合物[56,57]。但是,通过这种方法分离得到的各组分并不适用于后续的分级改性。溶剂萃取法是依据相似相溶的原理对生物油进行分离,但是与柱层析法相似,萃取法也只能得到极性相似的组分的富集,而不是适合采用同种改性手段的组分的富集[58,59]。常规的蒸馏法根据物质的沸点不同进行分离,由于生物油中同时含有很多高沸点物质和热敏性物质,因此在常规蒸馏过程中馏分蒸出率低,同时还容易产生残留馏分结焦与变质的问题[50]。

分子蒸馏是一种新兴的高效分离技术,能够在远低于化合物沸点的条件下对化合物进行分离,更适用于热敏性的生物油组分的分离。通过分子蒸馏可以把生物油切割为反应活性较高的蒸出馏分(包括轻质馏分和中质馏分)和反应活性较弱但热值较高的残余馏分(重质馏分)。图 7-22 为基于分子蒸馏的生物油分级改性技术路线,对于通过生物油分子蒸馏得到的三种馏分(轻质馏分、中质馏分和重质馏分),轻质馏分可通过催化酯化制备酯类燃料、催化裂化制备烃类燃料、催化重整制取氢气;中质馏分既可以用于催化重整制氢,也可以通过催化加氢制取烃类燃料;重质馏分可通过与柴油乳化的方式制取乳液燃料。此外,通过分子蒸馏还可以提取其他高价值的化学品。

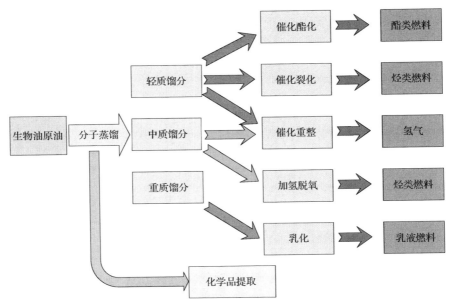

图 7-22　基于分子蒸馏的生物油分级改性技术路线

7.4.1　生物油分子蒸馏高效分离

7.4.1.1　分子蒸馏基本原理和流程

　　分子蒸馏分离技术是一项特殊的液液分离技术,它依托不同化合物的分子运动平均自由程的差异来实现化合物的分离[图 7-23(a)]。分子运动平均自由程指的是运动的气体分子在与另一个气体分子发生碰撞前所能够自由运动的平均距离。重质组分的分子运动平均自由程较短,而轻质组分的分子运动平均自由程较长。在分子蒸馏装置中,冷凝面与加热面的距离小于轻质组分的分子平均自由程,而大于重质组分的分子平均自由程,这种独特的设计使得轻质组分一旦从加热面逸出就会立即被冷凝面冷凝,从而蒸发面附近的轻质组分的气液平衡被打破,液面内的轻质组分将不停的逸出。对于重质组分而言,由于其更难抵达冷凝面,会在加热面附近达到气液平衡,从而实现化合物的高效分离。同时,分子的平均自由程与温度成正比,与压力成反比。因此,温度越高,压力越低,越有利于更多化合物的蒸出。

　　生物油分子蒸馏装置一般由 4 个系统组成,包括蒸发系统、加热与冷却系统、给料与排料系统以及真空系统,典型的分子蒸馏装置(KDL-5 分子蒸馏仪)如图 7-23(b)所示。分子蒸馏分离过程中,生物油通过导向分布盘和滚筒在蒸发器表面生成油膜。油膜内部轻质组分在加热的蒸发器表面上逸出,并被内置冷凝器即时冷却,未被蒸出的组分则沿着蒸发器表面流下。

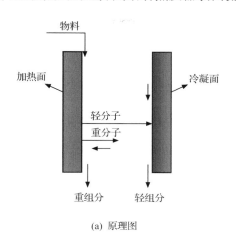

(a) 原理图

(b) 分子蒸馏装置

图 7-23　分子蒸馏的工作原理和装置

7.4.1.2　生物油分子蒸馏特性

由于不同种类生物油在组成分布上有明显差别,相应的分子蒸馏特性也有所差异。一般说来,水分以及小分子化合物含量较高的生物油具有更高的馏分蒸出率。表 7-3 给出了三种生物质(樟子松、稻壳与海藻)热裂解得到的生物油(简称樟子松、稻壳与海藻生物油)的分子蒸馏特性,蒸馏采用的温度为 100℃,蒸馏压力为100Pa。在该蒸馏条件下,一部分小分子物质被蒸出,到达离蒸发面较远的冷阱冷凝并收集,统称为轻质馏分;此外还有一些分子量中等的物质也被蒸出,并在离蒸发面较近的冷凝面冷凝,统称为中质馏分;剩余的未被蒸出的大分子物质统称为重质馏分。在三种生物油中,海藻生物油的蒸出馏分得率最高,达到 90.35%,其中轻质馏分得率为 87.83%。这主要是由于海藻生物油中水含量较高,大量的水在分子蒸馏过程中富集在轻质馏分中。稻壳生物油的总体馏分得率略高于樟子松生物油,主要原因是樟子松生物质中含有更多的木质素结构,在生物油制取过程中由于未热裂解完全而生成了大分子的酚类低聚物(热解木质素),这类物质在分子蒸

表 7-3　不同种类生物油分子蒸馏特性

生物油种类	回收率 /%	馏分得率 /%	轻质馏分得率 /%	中质馏分得率 /%	重质馏分得率 /%
樟子松生物油	97.22	72.48	65.26	7.22	24.74
稻壳生物油	96.33	76.79	58.89	17.90	19.54
海藻生物油	98.56	90.35	87.83	2.52	8.21

馏过程中被保留在重质馏分中,使得重质馏分的得率增大。

　　将生物油中的化合物按照酸类、醛类、酮类与酚类等族类化合物进行归类,得到的樟子松生物油、稻壳生物油与海藻生物油分子蒸馏后各个馏分的族类化合物分布如图 7-24 所示。对于轻质馏分、中质馏分与重质馏分,不同种类生物质的生物油馏分表现出了类似的特性。轻质馏分以酸类与酮类为主,中质馏分内酚类与糖类的含量较酸类与酮类要大,重质馏分中酚类与糖类的富集效应十分明显。

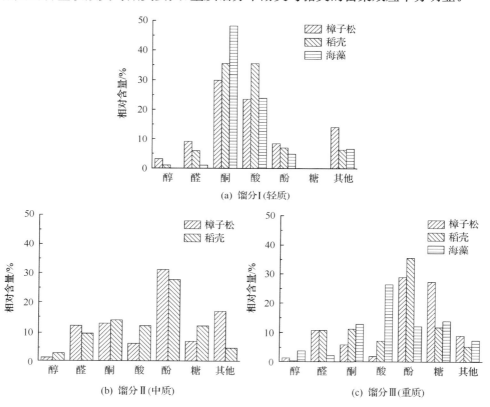

图 7-24　分子蒸馏各馏分族类化合物分布特性

　　由于分子运动平均自由程与温度成正比,因此提高蒸馏温度将会增大生物油中所有分子运动的平均自由程,使一些分子量更大的物质也能够抵达冷凝面而被冷凝收集下来,提高总体的馏分蒸出率,但蒸出馏分的组成也会更为复杂。考虑到生物油在温度较高时会发生强烈缩聚作用而结焦,一般分子蒸馏的操作温度在 150℃ 以内。在蒸馏压力为 60Pa,蒸馏温度为 70～130℃ 的蒸馏条件下,生物油被切割为轻质、中质和重质三种馏分,如表 7-4 所示。当蒸馏温度为 70℃ 时,蒸出馏分(包括轻质和中质)得率为 56.75%,随着温度升高至 130℃,蒸出馏分的得率达到了 82.6%,且没有发生任何结焦现象。这说明温度的升高有利于生物油中组分的蒸出,增大了轻质和中质馏分的得率。但是,高馏分蒸出率也意味着挥发性物质在蒸出馏分中的富集效果会受到影响,如轻质馏分中的含水量从 70％降至 57％。对轻质和中质馏分的化学组成分析也表明,羧酸类物质在蒸出馏分中的含量在蒸馏温度为 100℃时开始下降,而苯二酚等分子量稍大的物质在中质馏分中的富集效果明显提高。由于生物油中的水分和大部分的羧酸类物质在较低蒸馏温度下即可基本被蒸出,富集到轻质馏分中,因此三个蒸馏温度下中质和重质馏分含水量都接近零,热值都能够达到 20MJ/kg 以上,同时 pH 随温度变化不大。

表 7-4　不同蒸馏温度下樟子松生物油分子蒸馏特性

项目	70℃蒸馏			100℃蒸馏			130℃蒸馏		
	轻质馏分	中质馏分	重质馏分	轻质馏分	中质馏分	重质馏分	轻质馏分	中质馏分	重质馏分
得率/%	50.0	6.75	40.9	50.6	11.75	35.2	63.2	19.4	15.6
水分/%	70	2		71	1		57	1	
pH	2.13	4.98	5.2	2.17	4.78	5.1	2.14	4.8	5.3
热值/(MJ/kg)		20.6	21.4		22.6	23.9		21.9	24.2

　　与蒸馏温度相比,蒸馏压力对分子蒸馏效果的影响更为明显。其主要原因是蒸馏压力可调节的范围较宽(60Pa～常压),而蒸馏温度的改变受生物油热敏性的限制。在前面提到的 60Pa 蒸馏压力下的分子蒸馏研究中,生物油中的部分小分子物质能够抵达距离蒸发面较远的冷凝面,而被冷凝得到轻质馏分油。在后续相对较高压力下(＞700Pa)的分子蒸馏研究中发现,即使是生物油中的小分子物质(如水和乙酸)也只能够在距离蒸发面较近的冷凝面富集。因此,当蒸馏压力相对较高时,分子蒸馏只能得到两种馏分,即在距离蒸发面较近的冷凝面冷凝得到的蒸出馏分(DF)和残余馏分(RF)。蒸馏温度为 90℃,蒸馏压力为 700～3000Pa 的分子蒸馏所得馏分油的物理性质如表 7-5 所示。研究表明,随着蒸馏压力的降低,馏分蒸出率明显提高,从 3000Pa 时的 37.37％增大至 700Pa 时的 56.50％,同时因为蒸出组分的增多,相应的蒸出馏分内的水分含量从 49.51％降至 35.57％。残余馏分油的水分随着蒸馏压力的降低整体呈下降趋势,在 700Pa 时获得的残余馏分油的水分含量仅为 4.2％,其热值也提升至 20.13MJ/kg。但与前面 60Pa 下的分子蒸馏获得的几乎不含水的重质馏分相比,此时残余馏分中的水分含量仍然相对较高,说明高真空度的分子蒸馏条件有利于挥发性物质的蒸出。对不同蒸馏压力下的两种馏分中族类化合物含量进行对比发现,小分子羧酸类(如乙酸)在蒸出馏分油内的相对含量随压力的降低呈现减小的趋势,主要原因是随着压力的下降,更多的其他含氧化合物也被蒸出进入蒸出馏分内。酮类物质也在蒸出馏分中呈现了部分富集,但富集程度不如羧酸类物质,这主要由于其分子量相比羧酸较大,而挥发性相对较弱。对于酚类物质,苯酚及苯酚的衍生物具有更好的蒸出能力,二酚类物

质蒸出较为困难,但蒸馏压力的降低可以增强部分二酚类物质的蒸出。糖类(左旋葡聚糖)等分子量较大且挥发能力较差,主要富集于残余馏分油中。

表 7-5 　分子蒸馏所得馏分油的物理性质

生物油及馏分油		得率/%	水分/%	pH	热值/(MJ/kg)
生物油原油			23.30	3.18	16.40
3000Pa	DF-1	37.37	49.51	2.59	8.44
	RF-1	62.63	7.17	3.29	18.86
2000Pa	DF-2	39.78	47.35	3.01	9.55
	RF-2	60.22	7.98	3.27	18.89
700Pa	DF-3	56.50	35.57	2.90	12.62
	RF-3	43.50	4.20	3.25	20.13

　　为了对生物油中组分进行更为细致的切割,获得多种更适宜后续改性的馏分,还可以通过复合式的分子蒸馏方法对生物油进行分离。典型的两次复合式分子蒸馏过程为:首先在 1600Pa 与 80℃下进行第一次蒸馏实验,获得了蒸出馏分 1 与残余馏分 1,然后以残余馏分 1 为对象在 340Pa 与 80℃下进行第二次分子蒸馏实验,进一步获得了蒸出馏分 2 与残余馏分 2。两次分子蒸馏的蒸出馏分的得率分别为26.36%和22.58%,馏分的主要物理性质如表 7-6 所示。经过两次分子蒸馏后,羧酸、酮类、呋喃与醚类化合物更加高效富集在蒸出馏分中,醛类化合物、酚类化合物与糖类化合物都较难蒸出,主要富集在残余馏分中。

表 7-6 　分子蒸馏各馏分的物理性质

油样	外观	热值/(MJ/kg)	水分含量/%	pH
生物油原油	黑色	18.49	8.27	2.32
蒸出馏分 1	深黄色	12.30	30.40	1.65
残余馏分 1	深黑色	21.29	1.49	3.20
蒸出馏分 2	深红色	16.62	6.46	1.61
残余馏分 2	深黑色	22.34		3.55

7.4.2　生物油分子蒸馏馏分提质改性

7.4.2.1　生物油馏分催化酯化

　　生物油富含乙酸等羧酸类物质,导致了其较低的 pH 和较强的腐蚀性。催化酯化是一种可以有效降低生物油中羧酸含量的方法,它是指在酸性或碱性催化剂作用下,生物油中的羧酸和醇发生酯化反应生成中性的酯类。考虑到反应后催化剂与产物的分离问题,所用的催化剂一般为固体酸或固体碱催化剂。固体酸催化剂在酯化过程中有较高的催化效率,在对含有乙酸和丙酸的生物油模化物体系与乙醇的催化酯化研究中发现,不使用催化剂时乙酸和丙酸的转化率仅有 20%,在添加 732 型阳离子交换树脂固体酸催化剂后,乙酸和丙酸的转化率可以达到 80%以上。

　　由于催化酯化操作相对简单,改性后生物油腐蚀性降低,热值提升,实用价值明显提高,因此得到了广泛的研究。Zhang 等[60]发现固体酸催化剂 $40SiO_2/TiO_2$-SO_4^{2-} 比固体碱催化剂 $30K_2CO_3/Al_2O_3$-NaOH 的催化活性更高,改性后的生物油流动性得到了改善,热值显著提升。Xiong 等[61]采用离子液体作为催化剂,对生物油进行酯化改性,发现酯化后生物油燃料品质明显提高,高位热值达到24.6MJ/kg,pH 由 2.9 增大至 5.1,同时含水量由 29.8% 降至 8.2%。王锦江等[62]选用 732 型和 NKC-9 型树脂为催化剂对生物油进行了酯化提质,改性后生物油的酸值分别降低了 88.54% 和 85.95%,热值也分别提高了 32.26% 和31.64%。熊万明等[63]考察了磺酸型离子交换树脂作用下的稻壳生物油及其常压蒸馏馏分的酯化提质特性,酯化后两种生物油的热值分别由 16.80 MJ/kg 和12.76 MJ/kg 增大至 20.08MJ/kg 和 18.33MJ/kg。

　　尽管生物油中的羧酸在酯化过程中反应活性较高,但很多其他族类化合物如酚类等在反应过程中基本保持稳定。此外,在酯化过程中还可能发生较为复杂的副反应。Hu 等[64]在对桉树叶热裂解得到的生物油的酯化研究中发现,生物油中的一些环醚类和萜类物质可能在酸性催化剂的作用下发生脱氧而生成烃类。Lo-hitharn 等[65]研究了生物油酯化过程中小分子醛类与醇类的副反应,发现一个乙醛分子能和两个乙醇分子发生缩醛反应,从而对生物油中的羧酸转化产生一定的影响。Gunawan 等[66]研究了生物油酯化过程中脱水糖类的水解和糖苷化反应,研究发现生物油中的左旋葡聚糖能在酸性催化剂作用下发生水解,得到 D-葡萄糖,随后可能进一步与甲醇发生糖苷化反应,缩合得到甲基-α-D-吡喃葡萄糖。因此,酯化改性后的生物油组成仍然较为复杂,这限制了其更高品位的应用。在前面分子蒸馏研究中提到,生物油在较低压力下的分子蒸馏可以获得以羧酸和水为主的轻质馏分。因此以轻质富酸馏分为对象开展催化酯化研究更具有针对性,能够得到富含中性酯类的优质液体燃料。采用金属 La 修饰的固体酸催化剂 La^{3+}-SO_4^{2-}-TiO_2-SiO_2对生物油分子蒸馏得到的富酸馏分进行催化酯化改性研究发现,酯化改性后的馏分油相比原始富酸馏分的成分发生了较大变化(图 7-25)。

　　对分子蒸馏馏分油酯化前后的族类化合物分布进行了归类分析,如图 7-26 所示。生物油分子蒸馏馏分内仅含有羧酸、酯类、醚类与酮类等挥发性良好的化合物,其中羧酸的含量达到了 18.39%。通过酯化处理后,生物油内羧酸含量由

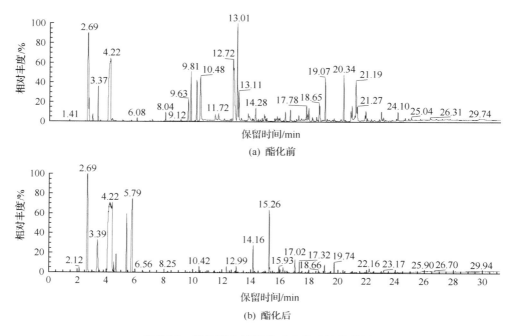

图 7-25　催化酯化精制前后生物油馏分谱图

18.39%下降至2.70%。酯类化合物的含量出现了相应的增大,由0.72%上升至31.17%。羧酸与酯类化合物的含量变化趋势说明,生物油馏分内的羧酸化合物发生酯化反应,转化为对应的酯类化合物。

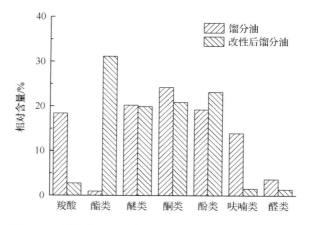

图 7-26　原始富酸馏分与酯化改性后富酸馏分组成对比

7.4.2.2　生物油馏分催化裂化

生物油的高含氧量是导致其燃料品质低下的重要原因。在生物油的含氧族类化合物中,羧酸类物质导致了其较强的腐蚀性,含有不饱和羰基的醛类和酮类等物质使其存在储存不稳定的问题,而大分子的糖类和酚类聚合物则增大了其黏度。因此,对生物油进行脱氧使其转化为富含烃类的液体燃料,是生物油高品位利用的重要方式。催化裂化就是一种有效的脱氧手段,它是指利用分子筛等催化剂将生物油中的氧以 CO、CO_2 和 H_2O 的形式脱除,得到以烃类为主的高品位液体燃料。其主要反应过程如图 7-27 所示。生物油中的含氧化合物发生脱氧反应,包括脱羰基、脱羧基和脱水作用,得到反应中间产物(如轻质烯烃等),再发生后续的二次反应,如芳构化、聚合、烷基化、异构化等,得到目标产物——烃类[67]。

图 7-27　生物油中含氧化合物催化裂化主要反应过程

生物油原油的催化裂化很早就有研究,尽管其实现了部分生物油向烃类的转化,但同时焦炭产率也达到了 20% 以上,出现了严重的催化剂结焦失活问题[67,68]。Gayubo 等[69]利用 TPO 方法研究了生物油在固定床 400~450℃ 裂化时产生的积炭,研究认为主要可以分为两大类,即热降解积炭和催化反应积炭。催化过程中得到的积炭主要存在于催化剂的微孔中,而热降解得到积炭仅存在于催化剂的大孔中,并且催化反应积炭燃烧脱除温度(520~550℃)要高于热降解积炭的燃烧脱除温度(450~480℃)。导致催化剂失活的主要是催化反应积炭,他们会覆盖催化剂的活性位,而热降解积炭对催化剂失活也有加速作用。Guo 等[70]利用 HZSM-5 对生物油进行改性,并对其中的焦炭前驱物利用 TGA、FT-IR 和 ^{13}C NMR 进行表征。在反应后催化剂外表面的焦炭前驱物主要是饱和脂肪烃,沸点低于 200℃,位于孔道中的主要是芳香烃,沸点在 350~650℃。因此,他们推断催化剂的失活是从催化剂内部开始的,随后孔道由于大分子化合物的生成而发生堵塞。在 Gayubo 等[71,72]对生物油不同族类化合物裂化活性的测试中发现,小分子的醇类、酮类和酸类在裂化过程中能有效转变为以芳香烃为主的烃类,而酚类不仅转化率低,而且容易发生缩聚反应生成焦炭。对于分子量更大的酚类和糖类化合物,不仅难以转化,在裂化过程中还很容易沉积在催化床层中生成焦炭,这是导致生物油裂化催化剂失活的一个重要原因[73]。此外,由于生物油中组分本身氢含量有限而氧含量较高,在脱水形式的脱氧过程中还会伴随氢的损失,导致产物的氢碳比较低而易生成焦炭,同样可能影响催化剂的活性,导致副产物的生成[54,74]。在对生物油中羧酸(乙酸和丙酸)的催化裂化研究中发现,获得的有机相中既有芳香烃类产物,也有酚类等副产物。在酮类(环戊酮和羟基丙酮)直接裂化研究中也发现,有较多的酮类副产物伴随着烃类的生成。因此,要实现生物油组分的顺利裂化,一方面需要将生物油中适宜裂化的酸酮类组分进行富集,另一方面则需要通过调节反应物来提高产物的氢碳比,抑制焦炭的生成。

通过分子蒸馏可以将生物油中的小分子羧酸富集到蒸出馏分中,因此蒸出馏分相比原始生物油具有更佳的催化裂化反应活性。针对生物油组分原始氢含量不足的问题,可以通过加氢预处理、氢气气氛裂化或引入富氢的共裂化反应物的方式解决。Vispute 等[75]先对生物油进行温和加氢处理,使其中一些不饱和的 C═C和 C═O 等化学键饱和,整体氢元素含量提高,得到富含具有更好裂化稳定性的单羟基醇和多元醇的改性生物油。在后续的裂化研究中发现,经过温和加氢后的生物油裂化焦炭选择性仅为 12.6%,远低于生物油直接裂化 49.5%的焦炭选择性,同时芳烃和轻质烯烃的选择性分别达到 18.3%和 43%。Ausavasukhi 等[76]利用 HZSM-5 和 Ga/HZSM-5 对苯甲醛和氢气混合给料在固定床上进行裂化。在使用 HZSM-5 时,H_2 的存在并未影响苯甲醛的转化。而当使用 Ga/HZSM-5 时,Ga 可以作为 H_2 的活化中心,参与催化剂表面的加氢反应,提高苯甲醛的脱氧效果。Peralta 等[77]在氢气气氛下对苯甲醛的裂化进行了研究,使用的催化剂 NaX分子筛,一部分还负载了 Cs,反应温度为 475℃。研究发现,CsNaX 催化剂具有最佳的表现,初始对反应物的转化率为 100%,经过 8h 后转化率仅下降 10%。当在氦气气氛下进行实验时,CsNaX 的失活大大加快,经过 8h 后反应物的转化率下降了 90%,说明氢气能参与催化剂上的氢转移反应,提高反应过程的稳定性。Graça等[78]在生物油含氧模化物(乙酸、羟基丙酮、苯酚和愈创木酚)裂化过程中引入了高氢碳比的直馏柴油,使得生物油模化物向燃气、LPG 和汽油的转化率都有所提高,同时焦炭产率下降。醇类是另一种有效的共裂化反应物,其在类似的催化过程中具有较高的稳定性。Mentzel 等[74]在生物油模化物与甲醇共裂化的研究中发现,甲醇的存在能够延长裂化过程中催化剂的寿命,从而使其转化能力达到原来的10 倍。Valle 等[73]将热处理后的生物油与甲醇共裂化,发现采用 40%生物油和60%甲醇的浓度配比能获得较好的裂化效果,得到了 90%以上的生物油转化率以及 40%的芳香烃选择性,其中 BTX(苯、甲苯和二甲苯)的选择性为 25%。因此,将生物油蒸出馏分与醇类(甲醇或乙醇)进行共裂化,能进一步抑制裂化过程中焦炭的生成,提高液体烃类的选择性。

生物油蒸出馏分中富含酸类和酮类,选用乙酸、羟基丙酮和环戊酮作为模化物分别研究它们与醇类的共裂化特性,得到的结果如表 7-7 所示。在醇类的促进作用下,三种模化物都具有良好的裂化表现,反应物的转化率达到了100%,油相液体产物的选择性达到了30%以上,同时油相中烃类含量都在97%以上,且主要是单苯环结构的芳香烃。

表 7-7　生物油模化物与醇类共裂化特性

模化物	共裂化醇类	转化率/%	液体产物选择性/%		油相组成/%		
			油相	水相	芳香烃	脂肪烃	其他
环戊酮	甲醇	100	31.6	42.6	96.1	1.0	2.9
羟基丙酮	乙醇	100	31.9	36.2	94.6	5.4	
乙酸	乙醇	100	39.0	48.4	87.7	12.3	

注:反应温度为400℃,反应压力为2MPa,反应物质量空速为3h^{-1},醇类掺混浓度为70%。

表 7-8 为反应温度和压力对生物油蒸出馏分与乙醇共裂化的影响规律,蒸出馏分/乙醇为1:2。在反应温度较低的情况下,裂化过程脱氧效率较低,产生了较多的醇类、酯类和醚类等副产物,甚至在340℃时出现了油相和水相难以分离的情况。常压裂化同样效率较低,得到的油相产物产率仅有5.5%,同时油相中也有部分含氧副产物。当反应温度为400℃,反应压力为2MPa时,油相产物产率达到27.7%,油相中烃类含量达到98.2%。通过蒸出馏分与乙醇共裂化得到的汽油相外观与商用汽油相似,如图7-28所示。从图7-29所示的汽油相的GC-MS谱图可以看出,其主要是$C_7 \sim C_9$的烃类,包括甲苯、二甲苯、三甲苯和甲基乙基苯等。

表 7-8　生物油蒸出馏分与乙醇共裂化特性

反应温度 /℃	反应压力 /MPa	液体产物产率/%			油相组成/%				
		油相	水相	合计	烃类	醇类	酯类	醚类	其他
340	2			78.2	32.4	20.7	16.1	24.0	6.9
370	2	18.5	53.3	71.8	90.7	1.7	1.9	2.0	3.7
400	2	27.7	35.8	63.5	98.2	0.7	0.4	0.0	0.7
430	2	26.6	33.1	59.7	99.3	0.7	0.0	0.0	0.0
400	0.1	5.5	50.6	56.1	87.5	1.9	2.4	3.5	4.7
400	1	24.2	41.2	65.4	90.1	0.0	3.2	6.7	0.0
400	3	27.8	33.1	60.9	98.1	1.9	0.0	0.0	0.0

在前面的生物油中含氧化合物的主要裂化反应过程中提到,烯烃是裂化过程中的主要中间产物,它是由含氧化合物发生脱氧作用(脱羧基、脱羰基和脱水作用)得到。对比生物油中含氧化合物单独裂化和与醇类共裂化的结果发现,在醇类化合物存在的条件下,生物油向烃的转化率明显提高,即醇的存在促进了含氧化合物的脱氧过程。在甲醇裂化制备烃类燃料(MTG)的转化机理中,普遍受到认可的是

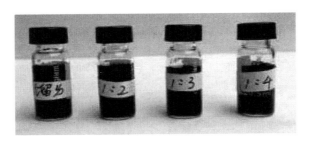

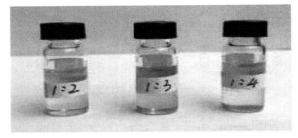

图 7-28　生物油蒸出馏分与裂化汽油相外观（文后附彩图）

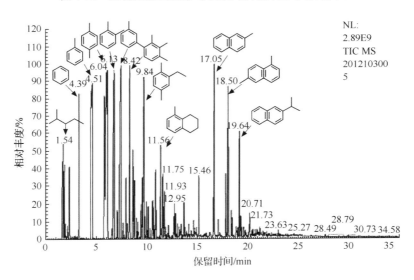

图 7-29　裂化汽油相 GC-MS 谱图

"烃池"机理,即反应生成的产物均来自于"烃池"物质,也就是活性中间物,该机理在乙醇的转化研究中也适用[79,80]。基于在共裂化过程中醇类对生物油转化的促进作用,图 7-30 为生物油中含氧化合物的双路径转化机理。第一条路径为生物油内含氧化合物的直接裂化脱氧过程,主要涉及脱羰基反应释放 CO,脱羧基反应释放 CO_2,以及通过脱水反应产生水。第二条路径为生物油内含氧化合物通过"烃池"机理进行转化。裂化油相产物中含有大量芳香烃类物质,其中含量最高的是甲苯和二甲苯等带烷基官能团的芳香烃化合物,而这些化合物是"烃池"机理中典型的活性中间体,能够使生成芳烃的反应不断增殖。在裂化过程中,活性中间体的存在对生物油内含氧化合物的裂化脱氧生成中间产物烯烃具有很强的促进作用。随后,中间产物烯烃通过芳构化等作用生成初级的苯环结构,以及通过聚合、烷基化和异构化等作用生成一些 $C_4 \sim C_6$ 的异构烷烃。初级苯环结构既可以通过烷基化和异构化等作用生成甲基取代苯等活性中间体,丰富"烃池",促进后续的醇类和生物油含氧化合物的脱氧,也可以进一步芳构化生成复杂芳烃。

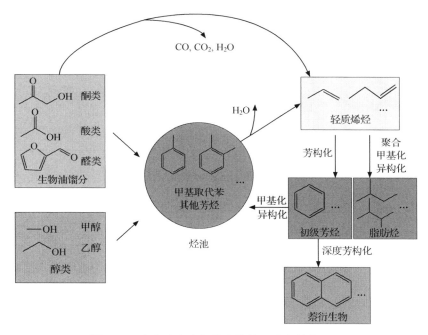

图 7-30　生物油中含氧化合物的双路径转化机理

7.4.2.3　生物油馏分重整制氢

生物油催化重整制氢技术是指在催化剂和水蒸汽存在下,生物油通过高温重整得到氢气的过程,其总包反应方程式如下:

$$C_n H_m O_k + (2n - k) H_2 O \longrightarrow nCO_2 + (2n + m/2 - k) H_2$$

从反应方程式可以看到,生物油催化重整过程得到的氢气,不仅仅来自于生物油本身所含的氢元素,还来自于水中的氢(生物油中的碳提供水汽变换反应所需要的碳源),因此其具有很高的原子经济性。在催化重整反应中,反应物分子在催化剂表面发生的反应过程主要包含以下几步:①反应物首先在固体催化剂表面吸附;

②随后吸附的反应物分子发生分解,产生 CO 和活泼的焦炭前驱体,与此同时,吸附的水分子分解产生活泼的羟基;③焦炭前驱体和羟基发生重整反应,进一步转化为 CO,并释放出 H(邻近的 H 发生碰撞生成 H_2);④随后 CO 发生水汽变换反应生成 CO_2 和氢气;⑤最后生成的 CO_2 和 H_2 从催化剂表面脱附,重新释放出活性中心。

与催化裂化过程相似,在生物油催化重整过程中面临的最大问题也是催化剂的积炭,这一方面需要开发高效耐用的重整催化剂,另一方面则同样需要对生物油中适宜重整的组分进行富集。一些生物油中典型模化物在不同催化剂下的重整特性如表 7-9 所示。在重整过程中,醇类、酸类、酮类及单酚类等都具有良好的反应活性:对醇类模化物乙醇,采用 Ni 基催化剂即可取得较好的重整效果,可以实现乙醇的完全转化,氢气产率在 98% 以上;对于酸类模化物乙酸,使用 Co 催化剂在400℃低温下就能实现反应物的完全转化和 96% 的氢气产率;对于酮类模化物羟基丙酮和单酚类模化物苯酚,在较高反应温度下,使用 Ni/Al_2O_3 催化剂可以分别实现 98.7% 和 92.2% 的反应物转化率,以及 97.2% 和 74.4% 的氢气产率。

表 7-9　生物油模化物催化重整特性

模化物	催化剂	反应温度/℃	转化率/%	氢气相对产率/%
乙醇	Ni/Al_2O_3	600	99.0	88.0
	Ni/CeO_2	725	100.0	98.6
乙酸	Ni/Al_2O_3	700	98.2	87.0
	Co	400	100.0	96.0
	Pd/HZSM-5	600	95.7	60.2
羟基丙酮	Ni/Al_2O_3	700	98.7	97.2
苯酚	Ni/Al_2O_3	800	92.2	74.4

其他相关研究者在对生物油模化物重整的研究中也得到了类似的结论。Rioche 等[81]选用贵金属催化剂对生物油模化物乙酸、苯酚、丙酮和乙醇的重整特性进行了测试,发现使用 $Rh/CeZrO_2$ 催化剂可以实现乙酸重整 66% 的氢气产率,而乙醇、丙酮和苯酚重整氢气产率则分别达到了 70%、80% 和 95%。Hu 等[82]在 Ni-Co 催化剂上开展乙酸催化重整的研究,在 400℃获得了乙酸 100% 的转化率和96.3% 的氢气产率,同时该催化剂具有良好的稳定性,在 70h 连续实验中未出现失活。Polychronopoulou 等[83]利用贵金属 Rh 基催化剂开展苯酚的重整研究,发现在 700℃时苯酚转化率可达 87.4%。总的来说,小分子的酸、醇、酮及单酚类物质能够较为顺利地通过催化重整制取氢气,对生物油中这些物质进行富集能够明显提高重整过程的反应效率。

相比模化物,目前对全组分生物油直接重整的研究则较少,更多的是使用生物油水溶性组分进行催化重整。采用廉价的水作为溶剂对生物油中的水溶性组分进行萃取,可以获得羧酸类、酮类、醛类、糖类及部分小分子酚类,从而使生物油中的大分子酚类聚合物被分离出去,避免这类物质进入催化床层,导致催化剂快速失活。此外,由于水本身也是重整过程中的反应物,萃取后的水相溶液可以直接作为反应物进行催化重整,而不需要脱水等其他预处理过程。一般来说,生物油水相重整可以稳定运行 4～5h,但随后由于催化剂的积炭失活而导致氢气产率迅速下降[84,85]。Kechagiopoulos 等[84]利用商用镍基催化剂进行生物油水相和模化物的重整研究,发现模化物(乙酸、丙酮和乙二醇)都能得到有效的重整,氢气产率达到90%,但生物油的水相存在较为严重的催化剂积炭失活问题,氢气产率在 60%左右浮动。积炭生成的很重要的一个原因就是水溶性组分中存在难挥发的糖类。单糖及糖类的低聚物都易溶于水,并且在催化重整过程中活性较低,很容易生成焦炭。Marquevich 等[86]使用商用镍基催化剂对比了几种生物油模化物(乙酸、间甲酚、二苄醚、葡萄糖、木糖和蔗糖)的重整反应活性,发现除了糖类,其他几种模化物都能在较高反应温度和水碳比的条件下重整获得氢气,而糖类在进入催化床层前就已分解为焦炭和气体。

使用分子蒸馏技术能将生物油中的小分子酸酮类物质富集到蒸出馏分,糖类和酚类聚合物等沸点较高的物质则留在残余馏分中。因此,通过分子蒸馏得到的蒸出馏分相比生物油水溶性组分更适宜催化重整。此外,由于生物油中的水也基本进入蒸出馏分中,使蒸出馏分具有较高的水碳比,无需提供额外的水即可顺利重整。我们利用镍基催化剂对蒸出馏分进行重整,实验结果显示,随着反应温度的升高,蒸出馏分的转化率逐渐提高,从 500℃时的 52.5%升高到 700℃时的 95%。氢气和其余含碳气体产物的产率同样随着温度的升高而增加,在 700℃时氢气产率为 135mg/g 有机质。同时,催化剂的稳定性可以提高到 11h。

7.4.2.4　生物油馏分催化加氢

催化加氢也是一种重要的生物油改性技术。生物油加氢主要有两种形式:一种是温和加氢,即在较低的氢气压力下使生物油中的 C≡C 和 C≡O 等饱和,提高生物油的稳定性;另一种是加氢脱氧,即在较高的氢气压力下使生物油中的氧以水的形式脱除,将生物油转化为富含烃类的液体燃料。

目前针对生物油的加氢脱氧的研究较多,且加氢改性后的生物油由于含氧量的降低使得燃料品质明显提高。Zhao 等[87]利用 Ni/HZSM-5 催化剂对生物油的正己烷萃取物进行选择性加氢转化,在反应压力为 5MPa 和温度为 250℃时,萃取组分中的含氧有机物(取代呋喃、单酚和二酚)基本完全转化,得到 10%的烷烃及90%的 C_5～C_9 环烷烃和 C_6～C_9 芳香烃。Wildschut 等[88]在 250～350℃与 10～20MPa 的加氢精制条件下,使用 Ru/C 催化剂得到了 60%的油相产率与 90%的脱氧率,该精制过程获得的油相高位热值达到了 40MJ/kg,与柴油等动力燃料的热值十分接近。Ardiyanti 等[89]采用 Rh 与 Pd 修饰的 ZrO$_2$ 催化剂,在温度为 350℃与压力为 20MPa 的条件下,获得的精制油相产率最高为 47%,含氧量由原来的40.1%降至 7%。固定床反应器受到反应物空速的限制,往往需要采用分段式加氢的方式:第一段为温和加氢,主要使化学性质较为活泼的醛基和羰基等官能团饱和;第二段为深度加氢脱氧,将醇羟基、酚羟基及羧基等官能团中的氧以水的形式脱去,最终得到富烃燃料。Venderbosch 等[90]采用四段式反应器对生物油进行加氢改性,发现当压力高于 20MPa 时,获得的改性生物油的高位热值达到了 40MJ/kg,改性生物油内的含氧化合物的含量明显下降。

对生物油中不同族类化合物的加氢脱氧的研究表明,醛和酮这两类物质具有较高的反应活性,因此通过分子蒸馏得到的蒸出馏分相对原始生物油更容易通过加氢脱氧转化为富烃燃料。目前对蒸出馏分使用 Ru/Al$_2$O$_3$ 催化剂开展了初步的温和加氢研究。在氢气压力为 3MPa、加氢温度为 140℃时,蒸出馏分中糠醛转化率达到 75%,羟基丙酮转化率达到 50%。通过温和加氢可以使生物油蒸出馏分中的主要的醛类和酮类转化为对应的醇类,从而避免了这类物质由于缩聚反应而导致的生物油陈化变质。对不同温度下温和加氢后得到的馏分油进行加热处理,考察其热稳定性也发现(表 7-10),在 120℃催化加氢的馏分油,在热处理后平均分子量几乎没有变化,说明馏分油的热稳定性得到了明显的提高。

表 7-10　温和加氢对生物油馏分热稳定性的影响

样品名	原样	60℃	80℃	120℃	140℃
加热前（M$_n$）	253	263	281	304	329
加热后（M$_n$）	308	319	307	310	332
增长率/%	21.7	21.3	9.3	2.0	0.9
加热前（M$_w$）	259	274	299	325	365
加热后（M$_w$）	322	346	325	325	365
增长率/%	24.3	26.3	8.7	0.0	0.0

7.4.2.5　生物油馏分与柴油乳化

生物油馏分与柴油乳化是一种较为便捷的生物油改性技术,它是借助表面活性剂的乳化作用,实现生物油与柴油等液体燃料的混溶,得到均一稳定的乳液燃料,进而实现生物油对柴油的部分替代。生物油和柴油乳液燃料可以有效地降低生物油的酸性和黏度,并提高热值,可以在不对柴油机进行较大改动的情况下,进行正常燃烧,是有可能短期实现生物油应用的一种方式。

为了保证乳化过程的经济性,乳液中生物油、柴油和乳化剂的配比也十分重要。不同种类生物油、柴油和乳化剂按照 5％、92％和 3％的比例进行乳化,得到的乳化油外观如图 7-31 所示。对这些乳化油的稳定时间进行测试发现,稻壳、稻秆、花梨木、樟子松、竹粉生物油乳液的稳定时间都可以达到 15 天左右,海藻生物油乳液稳定时间约为 5 天,象草生物油乳液很难与柴油进行乳化。

图 7-31　不同生物质热裂解生物油乳液外观(文后附彩图)
从左到右分别为稻壳、稻秆、花梨木、樟子松、竹粉、象草、海藻热裂解生物油乳液

其他研究者也对生物油的乳化进行了研究。Ikura 等[91] 利用 Hypermer B246SF 和 Hypermer 2234 的混合乳化剂,将生物油与 2 号柴油混合制备乳化油,研究发现较适宜的生物油质量分数在 10％～20％,较适宜的乳化剂用量为总质量的 0.8％～1.5％,乳化油最长的稳定时间在 15 天以上。Chiaramonti 等[92] 在生物油与柴油乳液燃料的制备过程中发现,乳化剂的添加量在 0.5％～2％较为合适,在 70℃下乳液的稳定时间最多可达 3 天。于济业等[93] 在生物油与柴油乳化研究中发现,当生物油的含量为 10％、乳化剂含量为 4％～6％时,乳化燃油的稳定时间可以达到 120h 以上,将乳化油燃料用于泰山-25 拖拉机时,发动机运转正常。

尽管生物油与柴油的乳液燃料能够直接在柴油机中燃烧,但由于生物油中的水分与羧酸也进入乳液中,导致其热值的部分降低且仍存在一定的腐蚀性。在 Chiaramonti 等[94] 对乳化油在柴油机中较长时间燃烧实验中发现,柴油机的喷嘴受到了较强的腐蚀。与生物油原油相比,生物油分子蒸馏得到的残余馏分含水量接近 0,具有更高的热值,同时由于大部分羧酸也被蒸出,富集到蒸出馏分中,残余馏分的腐蚀性也较低。因此,与生物油原油相比,残余馏分与柴油乳化能获得品质更高的乳液燃料。

针对菠萝松热裂解生物油的分子蒸馏得到的含水量较低的馏分(中质馏分和重质馏分),开展其与柴油乳化特性的研究。乳液燃料制备过程中采用复合乳化剂,该乳化剂通过 span80、tween80 和 span85 这三种表面活性剂按照一定的比例配制而成。在对馏分油/柴油乳液的稳定时间的测试中发现,相比原油/柴油乳液较长的稳定时间,馏分油/柴油乳液的稳定时间都相对较短,说明未来还需要开发更为合适的乳化剂和优化馏分油/柴油/乳化剂配比,获得稳定性较好的馏分油/柴油乳液。

参 考 文 献

[1] Hofbauer H. BIOBIB—a database for biofuels[J]. Institute of Chemical Engineering, Vienna University of Technology, Vienna, 2004.

[2] Demirbas A. Relationships between heating value and lignin, moisture, ash and extractive contents of biomass fuels[J]. Energy, Exploration & Exploitation, 2002,20(1):105-111.

[3] Miao X, Wu Q, Yang C. Fast pyrolysis of microalgae to produce renewable fuels[J]. Journal of Analytical and Applied Pyrolysis, 2004,71(2):855-863.

[4] 张雪, 白雪峰. 几种木质类生物质的热重分析研究[J]. 黑龙江大学自然科学学报, 2012(03):352-358.

[5] 赵殊, 谭文英, 王述洋, 等. 升温速率对大豆秸, 白桦热解速率的影响[J]. 东北林业大学学报, 2003, 31(2):75-77.

[6] Yang H, Yan R, Chen H, et al. Characteristics of hemicellulose, cellulose and lignin pyrolysis[J]. Fuel, 2007,86(12):1781-1788.

[7] Raveendran K, Ganesh A, Khilar K C. Pyrolysis characteristics of biomass and biomass components[J]. Fuel, 1996,75(8):987-998.

[8] Haykiri-Acma H, Yaman S. Synergy in devolatilization characteristics of lignite and hazelnut shell during co-pyrolysis[J]. Fuel, 2007,86(3):373-380.

[9] Vamvuka D, Kakaras E, Kastanaki E, et al. Pyrolysis characteristics and kinetics of biomass residuals mixtures with lignite[J]. Fuel, 2003,82(15):1949-1960.

[10] 任强强, 赵长遂. 升温速率对生物质热解的影响[J]. 燃料化学学报,2008,36(2):232-235.

[11] Yang S, Qiu K. Study on dynamic characteristics of pyrolysis of seven kinds of biomass in yiyang area [J]. Chemistry and Industry of Forest Products, 2009,29(2):39-43.

[12] 朱恂, 李刚, 冯云鹏, 等. 重庆地区7种生物质的成分分析及热重实验[J]. 重庆大学学报(自然科学版), 2006,29(8):44-48.

[13] 付鹏, 胡松, 孙路石, 等. 稻草和玉米秆热解气体产物的释放特性及形成机理[J]. 中国电机工程学报, 2009(2):113-118.

[14] 孙韶波, 翁俊桀, 贾良元, 等. 真空紫外光电离质谱研究稻壳和稻秆的热解[J]. 质谱学报, 2013, 34(1):1-7.

[15] 李伯松, 蒋恩臣, 王明峰, 等. 象草热解特性及动力学分析[J]. 太阳能学报, 2011,32(12):1725-1729.

[16] 傅旭峰, 仲兆平, 肖刚, 等. 草类生物质热解特性及动力学的对比研究[J]. 锅炉技术, 2009,40(3):66-70.

[17] Li D, Chen L, Zhang X, et al. Pyrolytic characteristics and kinetic studies of three kinds of red algae [J]. Biomass and Bioenergy, 2011,35(5):1765-1772.

[18] Wang J, Wang G, Zhang M, et al. A comparative study of thermolysis characteristics and kinetics of seaweeds and fir wood[J]. Process Biochemistry, 2006,41(8):1883-1886.

[19] Wang J, Zhang M, Chen M, et al. Catalytic effects of six inorganic compounds on pyrolysis of three kinds of biomass[J]. Thermochimica Acta, 2006,444(1):110-114.

[20] Zhao H, Yan H, Liu M, et al. Pyrolytic characteristics and kinetics of the marine green tide macroalgae, Enteromorpha prolifera[J]. Chinese Journal of Oceanology and Limnology, 2011,29(5):996.

[21] Zhao H, Yan H, Zhang M. Pyrolysis characteristics and kinetics of Enteromorpha clathrata biomass: A potential way of converting ecological crisis "green tide" bioresource to bioenergy[J]. Advanced Materials Research, 2010,113:114-170.

[22] 王爽. 海藻生物质热解与燃烧的实验与机理研究[D]. 上海:上海交通大学, 2010.

[23] Horne P A, Williams P T. Influence of temperature on the products from the flash pyrolysis of biomass [J]. Fuel, 1996,75(9):1051-1059.

[24] 刘荣厚, 王华. 生物质快速热裂解反应温度对生物油产率及特性的影响[J]. 农业工程学报, 2006, 22(6):138-144.

[25] Scott D S, Piskorz J. The flash pyrolysis of aspen-poplar wood[J]. The Canadian Journal of Chemical Engineering, 1982,60(5):666-674.

[26] Scott D S, Piskorz J, Bergougnou M A, et al. The role of temperature in the fast pyrolysis of cellulose and wood[J]. Industrial & Engineering Chemistry Research, 1988,27(1):8-15.

[27] Conti L, Scano G, Boufala J. Bio-oils from arid land plants: Flash pyrolysis of Euphorbia characias bagasse[J]. Biomass and Bioenergy, 1994,7(1):291-296.

[28] Encinar J M, Beltran F J, Ramiro A, et al. Pyrolysis/gasification of agricultural residues by carbon dioxide in the presence of different additives: influence of variables[J]. Fuel Processing Technology, 1998, 55(3): 219-233.

[29] 张军, 范志林, 林晓芬, 等. 生物质快速热解过程中产物的在线测定[J]. 东南大学学报（自然科学版）, 2005,35(1):16-19.

[30] Maschio G, Koufopanos C, Lucchesi A. Pyrolysis, a promising route for biomass utilization[J]. Bioresource Technology, 1992,42(3):219-231.

[31] Broido A, Kilzer F J. A critique of the present state of knowledge of the mechanism of cellulose pyrolysis[J]. Fire Research Abstracts and Reviews, 1963,5:157-161.

[32] Demirbas A. Determination of calorific values of bio-chars and pyro-oils from pyrolysis of beech trunkbarks[J]. Journal of Analytical and Applied Pyrolysis, 2004, 72(2): 215-219.

[33] Onay O. Influence of pyrolysis temperature and heating rate on the production of bio-oil and char from safflower seed by pyrolysis, using a well-swept fixed-bed reactor[J]. Fuel Processing Technology, 2007,88(5):523-531.

[34] Drummond A F, Drummond I W. Pyrolysis of sugar cane bagasse in a wire-mesh reactor[J]. Industrial & Engineering Chemistry Research, 1996,35(4):1263-1268.

[35] Stiles H N, Kandiyoti R. Secondary reactions of flash pyrolysis tars measured in a fluidized bed pyrolysis reactor with some novel design features[J]. Fuel, 1989,68(3):275-282.

[36] Gravitis J, Vedernikov N, Zandersons J, et al. Furfural and levoglucosan production from deciduous wood and agricultural wastes[C]. ACS Symposium Series, Washington, 2001,784:110-122.

[37] Müller-Hagedorn M, Bockhorn H, Krebs L, et al. A comparative kinetic study on the pyrolysis of three different wood species[J]. Journal of Analytical and Applied Pyrolysis, 2003,68:231-249.

[38] Jensen A, Dam-Johansen K, Wójtowicz M A, et al. TG-FTIR study of the influence of potassium chloride on wheat straw pyrolysis[J]. Energy & Fuels, 1998,12(5):929-938.

[39] Wang Z, Wang F, Cao J, et al. Pyrolysis of pine wood in a slowly heating fixed-bed reactor: Potassium carbonate versus calcium hydroxide as a catalyst[J]. Fuel Processing Technology, 2010, 91(8): 942-950.

［40］Richards G N, Zheng G. Influence of metal ions and of salts on products from pyrolysis of wood: Applications to thermochemical processing of newsprint and biomass[J]. Journal of Analytical and Applied Pyrolysis, 1991,21(1):133-146.

［41］Aho A, Kumar N, Eränen K, et al. Catalytic pyrolysis of woody biomass in a fluidized bed reactor: Influence of the zeolite structure[J]. Fuel, 2008,87(12):2493-2501.

［42］Aho A, Kumar N, Eränen K, et al. Catalytic pyrolysis of biomass in a fluidized bed reactor: Influence of the acidity of H-beta zeolite[J]. Process Safety and Environmental Protection, 2007,85(5):473-480.

［43］Uzun B B, Sarioǧlu N. Rapid and catalytic pyrolysis of corn stalks[J]. Fuel Processing Technology, 2009,90(5):705-716.

［44］Williams P T, Nugranad N. Comparison of products from the pyrolysis and catalytic pyrolysis of rice husks[J]. Energy, 2000,25(6):493-513.

［45］Qi W Y, Hu C W, Li G Y, et al. Catalytic pyrolysis of several kinds of bamboos over zeolite NaY[J]. Green Chemistry, 2006,8(2):183-190.

［46］宋春财, 胡浩权, 朱盛维, 等. 生物质秸秆热重分析及几种动力学模型结果比较[J]. 燃料化学学报, 2003,31(4):311-316.

［47］岳金方, 应浩. 工业木质素的热裂解实验研究[J]. 农业工程学报, 2006,22(1):125-128.

［48］黄娜. 生物质三组分热裂解特性及其动力学研究[D]. 北京:北京化工大学, 2007.

［49］刘运权, 龙敏南. 几种不同生物质的快速热解[J]. 化工进展, 2010(S1):126-132.

［50］Mohan D, Pittman C U, Steele P H. Pyrolysis of wood/biomass for bio-oil: A critical review[J]. Energy & Fuels, 2006,20(3):848-889.

［51］Czernik S, Bridgwater A V. Overview of applications of biomass fast pyrolysis oil[J]. Energy & Fuels, 2004,18(2):590-598.

［52］Zhang Q, Chang J, Wang T, et al. Review of biomass pyrolysis oil properties and upgrading research[J]. Energy Conversion and Management, 2007,48(1):87-92.

［53］Bridgwater A V. Review of fast pyrolysis of biomass and product upgrading[J]. Biomass and Bioenergy, 2012,38:68-94.

［54］Mortensen P M, Grunwaldt J, Jensen P A, et al. A review of catalytic upgrading of bio-oil to engine fuels[J]. Applied Catalysis A: General, 2011,407(1):1-19.

［55］Trane R, Dahl S, Skjøth-Rasmussen M S, et al. Catalytic steam reforming of bio-oil[J]. International Journal of Hydrogen Energy, 2012,37(8):6447-6472.

［56］Onay O, Gaines A F, Kockar O M, et al. Comparison of the generation of oil by the extraction and the hydropyrolysis of biomass[J]. Fuel, 2006,85(3):382-392.

［57］Ertaş M, Hakkı Alma M. Pyrolysis of laurel (Laurus nobilis L.) extraction residues in a fixed-bed reactor: Characterization of bio-oil and bio-char[J]. Journal of Analytical and Applied Pyrolysis, 2010, 88(1):22-29.

［58］Oasmaa A, Kuoppala E, Solantausta Y. Fast pyrolysis of forestry residue. 2. Physicochemical composition of product liquid[J]. Energy & Fuels, 2003,17(2):433-443.

［59］Garcia-Perez M, Chaala A, Pakdel H, et al. Characterization of bio-oils in chemical families[J]. Biomass and Bioenergy, 2007,31(4):222-242.

［60］Zhang Q C J, Wang T X Y. Upgrading bio-oil over different solid catalysts[J]. Energy and Fuels, 2006,20(6):2717-2720.

[61] Xiong W, Zhu M, Deng L, et al. Esterification of organic acid in bio-oil using acidic ionic liquid catalysts[J]. Energy & Fuels, 2009,23(4):2278-2283.

[62] 王锦江，常杰，范娟. 离子交换树脂催化酯化生物油的实验研究[J]. 燃料化学学报，2010,38(005): 560-564.

[63] 熊万明，傅尧，来大明，等. 酸性离子交换树脂催化酯化改质生物油的研究[J]. 高等学校化学学报， 2009,30(9):1754-1758.

[64] Hu X, Gunawan R, Mourant D, et al. Esterification of bio-oil from mallee (Eucalyptus loxophleba ssp. gratiae) leaves with a solid acid catalyst: conversion of the cyclic ether and terpenoids into hydrocarbons [J]. Bioresource Technology, 2012,123:249-255.

[65] Lohitharn N, Shanks B H. Upgrading of bio-oil: Effect of light aldehydes on acetic acid removal via esterification[J]. Catalysis Communications, 2009,11(2):96-99.

[66] Gunawan R, Li X, Larcher A, et al. Hydrolysis and glycosidation of sugars during the esterification of fast pyrolysis bio-oil[J]. Fuel, 2012,95:146-151.

[67] Adjaye J D, Bakhshi N N. Catalytic conversion of a biomass-derived oil to fuels and chemicals I: Model compound studies and reaction pathways[J]. Biomass and Bioenergy, 1995,8(3):131-149.

[68] Adjaye J D, Bakhshi N N. Production of hydrocarbons by catalytic upgrading of a fast pyrolysis bio-oil. Part I: Conversion over various catalysts[J]. Fuel Processing Technology, 1995,45(3):161-183.

[69] Gayubo A G, Valle B, Aguayo A T, et al. Olefin production by catalytic transformation of crude bio-oil in a two-step process[J]. Industrial & Engineering Chemistry Research, 2009,49(1):123-131.

[70] Guo X, Zheng Y, Zhang B, et al. Analysis of coke precursor on catalyst and study on regeneration of catalyst in upgrading of bio-oil[J]. Biomass and Bioenergy, 2009,33(10):1469-1473.

[71] Gayubo A G, Aguayo A T, Atutxa A, et al. Transformation of oxygenate components of biomass pyrolysis oil on a HZSM-5 zeolite. I. Alcohols and phenols[J]. Industrial & Engineering Chemistry Research, 2004,43(11):2610-2618.

[72] Gayubo A G, Aguayo A T, Atutxa A, et al. Transformation of oxygenate components of biomass pyrolysis oil on a HZSM-5 zeolite. II. Aldehydes, ketones, and acids[J]. Industrial & Engineering Chemistry Research, 2004,43(11):2619-2626.

[73] Valle B, Gayubo A G, Aguayo A T, et al. Selective production of aromatics by crude bio-oil valorization with a nickel-modified HZSM-5 zeolite catalyst[J]. Energy & Fuels, 2010,24(3):2060-2070.

[74] Mentzel U V, Holm M S. Utilization of biomass: Conversion of model compounds to hydrocarbons over zeolite H-ZSM-5[J]. Applied Catalysis A: General, 2011,396(1):59-67.

[75] Vispute T P, Zhang H, Sanna A, et al. Renewable chemical commodity feedstocks from integrated catalytic processing of pyrolysis oils[J]. Science, 2010,330(6008):1222-1227.

[76] Ausavasukhi A, Sooknoi T, Resasco D E. Catalytic deoxygenation of benzaldehyde over gallium-modified ZSM-5 zeolite[J]. Journal of Catalysis, 2009,268(1):68-78.

[77] Peralta M A, Sooknoi T, Danuthai T, et al. Deoxygenation of benzaldehyde over CsNaX zeolites[J]. Journal of Molecular Catalysis A: Chemical, 2009,312(1):78-86.

[78] Graça I, Ribeiro F R, Cerqueira H S, et al. Catalytic cracking of mixtures of model bio-oil compounds and gasoil[J]. Applied Catalysis B: Environmental, 2009,90(3):556-563.

[79] Mole T, Bett G, Seddon D. Conversion of methanol to hydrocarbons over ZSM-5 zeolite: An examination of the role of aromatic hydrocarbons using 13 carbon-and deuterium-labeled feeds[J]. Journal of

Catalysis，1983，84(2)：435-445.

[80] Haw J F，Song W，Marcus D M，et al. The mechanism of methanol to hydrocarbon catalysis[J]. Accounts of Chemical Research，2003，36(5)：317-326.

[81] Rioche C，Kulkarni S，Meunier F C，et al. Steam reforming of model compounds and fast pyrolysis bio-oil on supported noble metal catalysts[J]. Applied Catalysis B：Environmental，2005，61(1)：130-139.

[82] Hu X，Lu G. Investigation of steam reforming of acetic acid to hydrogen over Ni-Co metal catalyst[J]. Journal of Molecular Catalysis A：Chemical，2007，261(1)：43-48.

[83] Polychronopoulou K，Costa C N，Efstathiou A M. The steam reforming of phenol reaction over supported-Rh catalysts[J]. Applied Catalysis A：General，2004，272(1)：37-52.

[84] Kechagiopoulos P N，Voutetakis S S，Lemonidou A A，et al. Hydrogen production via steam reforming of the aqueous phase of bio-oil in a fixed bed reactor[J]. Energy & Fuels，2006，20(5)：2155-2163.

[85] Wang D，Czernik S，Chornet E. Production of hydrogen from biomass by catalytic steam reforming of fast pyrolysis oils[J]. Energy & Fuels，1998，12(1)：19-24.

[86] Marquevich M，Czernik S，Chornet E，et al. Hydrogen from biomass：Steam reforming of model compounds of fast-pyrolysis oil[J]. Energy & Fuels，1999，13(6)：1160-1166.

[87] Zhao C，Lercher J A. Upgrading pyrolysis oil over Ni/HZSM-5 by cascade reactions[J]. Angewandte Chemie，2012，124(24)：6037-6042.

[88] Wildschut J，Mahfud F H，Venderbosch R H，et al. Hydrotreatment of fast pyrolysis oil using heterogeneous noble-metal catalysts [J]. Industrial & Engineering Chemistry Research，2009，48(23)：10324-10334.

[89] Ardiyanti A R，Gutierrez A，Honkela M L，et al. Hydrotreatment of wood-based pyrolysis oil using zirconia-supported mono-and bimetallic (Pt，Pd，Rh) catalysts[J]. Applied Catalysis A：General，2011，407(1)：56-66.

[90] Venderbosch R H，Ardiyanti A R，Wildschut J，et al. Stabilization of biomass-derived pyrolysis oils [J]. Journal of Chemical Technology and Biotechnology，2010，85(5)：674-686.

[91] Ikura M，Stanciulescu M，Hogan E. Emulsification of pyrolysis derived bio-oil in diesel fuel[J]. Biomass and bioenergy，2003，24(3)：221-232.

[92] Chiaramonti D，Bonini M，Fratini E，et al. Development of emulsions from biomass pyrolysis liquid and diesel and their use in engines—Part 1：Emulsion production[J]. Biomass and Bioenergy，2003，25(1)：85-99.

[93] 于济业，彭艳丽，李燕飞，等. 生物油/柴油乳化燃油稳定性实验[J]. 山东理工大学学报(自然科学版)，2007，21(5)：101-103.

[94] Chiaramonti D，Bonini M，Fratini E，et al. Development of emulsions from biomass pyrolysis liquid and diesel and their use in engines—Part 2：Tests in diesel engines[J]. Biomass and Bioenergy，2003，25(1)：101-111.

附录 1 作者在该领域发表的代表性学术论文

Research on biomass fast pyrolysis for liquid fuel. Biomass and Bioenergy, 2004, 26(5): 455-462.

Mechanism study of cellulose rapid pyrolysis. Industrial and Engineering Chemistry Research, 2004, 43(18): 5605-5610.

A model of wood flash pyrolysis in fluidized bed reactor. Renewable Energy, 2005, 30(3): 377-392.

Mechanism study of wood lignin pyrolysis by using TG-FTIR analysis. Journal of Analytical and Applied Pyrolysis, 2008, 82(1):170-177.

Mechanism of formation and consequent evolution of active cellulose during cellulose pyrolysis. Acta Physico-Chimica Sinica, 2008, 24(11): 1957-1963.

Separation of bio-oil by molecular distillation. Fuel Processing Technology, 2009, 90 (5): 738-745.

Comparison of the pyrolysis behavior of lignins from different tree species. Biotechnology Advances, 2009, 27(5): 562-567.

Study on catalytic pyrolysis of manchurian ash for production of bio-oil. International Journal of Green Energy, 2010, 7(3): 300-309.

Pyrolysis characteristics of bio-oil fractions separated by molecular distillation. Applied Energy, 2010, 87(9): 2892-2898.

Separation characteristics of biomass pyrolysis oil in molecular distillation. Separation and Purification Technology, 2010, 76(1):52-57.

Influence of the interaction of components on the pyrolysis behavior of biomass. Journal of Analytical and Applied Pyrolysis, 2011, 91(1): 183-189.

Upgrading of bio-oil molecular distillation fraction with solid catalyst. Bioresources, 2011, 6 (3):2539-2550.

Mechanism research on cellulose pyrolysis by Py-GC/MS and subsequent density functional theory studies. Bioresource Technology, 2012, 104(1): 722-728.

Selective pyrolysis of Organosolv lignin over zeolites with product analysis by TG-FTIR. Journal of Analytical and Applied Pyrolysis, 2012, 95: 112-117.

Experimental research on acetic acid steam reforming over Co-Fe catalysts and subsequent density functional theory studies. International Journal of Hydrogen Energy, 2012, 37 (15): 11122-11131.

Effects of preparation method on the performance of Ni/Al2O3 catalysts for hydrogen production by bio-oil steam reforming. Applied Biochemistry and Biotechnology, 2012, 68 (1): 10-20.

Catalytic co-cracking of hydroxypropanone and ethanol for bio-gasoline production. Fuel Processing Technology, 2013, 111 (7): 86-93.

Degradation mechanism of monosaccharides and xylan under pyrolytic conditions with theoretic modeling on the energy profiles. Bioresource Technology, 2013, 143: 378-383.

附录 2　作者在该领域指导的代表性学位论文

廖艳芬. 纤维素热裂解机理试验研究. 浙江大学博士学位论文. 2003.6.

谭洪. 生物质热裂解机理试验研究. 浙江大学博士学位论文. 2005.5.

庄新姝. 生物质超低酸水解制取燃料乙醇的研究. 浙江大学博士学位论文. 2005.10.

姚燕. 生物油的分馏及品位提升试验研究. 浙江大学博士学位论文. 2007.12.

王琦. 生物质快速热裂解制取生物油及其后续应用研究. 浙江大学博士学位论文. 2008.9.

刘倩. 基于组分的生物质热裂解机理研究. 浙江大学博士学位论文. 2009.6.

郭秀娟. 生物质选择性热裂解机理研究. 浙江大学博士学位论文. 2011.6.

郭祚刚. 基于分子蒸馏技术的生物油分级品位提升研究. 浙江大学博士学位论文. 2012.6.

李信宝. 生物油催化重整制氢和乙二醇合成研究. 浙江大学博士学位论文. 2013.6.

文丽华. 生物质多组分的热裂解动力学研究. 浙江大学硕士学位论文. 2005.3.

郑赟. 基于组分分析的生物质热裂解动力学机理研究. 浙江大学硕士学位论文. 2006.3.

王凯歌. 木质素热裂解行为的试验研究. 浙江大学硕士学位论文. 2010.1.

梁韬. 基于 Py-GC/MS 的半纤维素热裂解机理研究. 浙江大学硕士学位论文. 2013.3.

彩　　图

图 2-19　低热流不同光照时间下的黄色固体产物

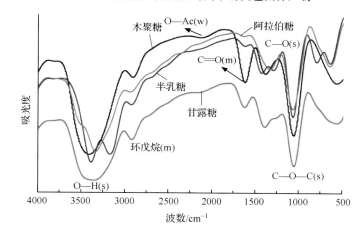

图 3-1　甘露糖、半乳糖、阿拉伯糖和木聚糖的红外谱图

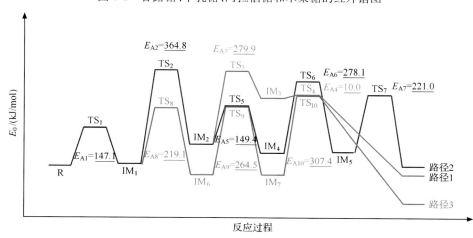

图 3-10　木糖降解路径的能垒示意图

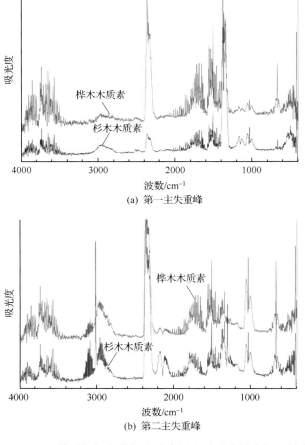

(a) 第一主失重峰

(b) 第二主失重峰

图 4-7 SADF 热裂解挥发分析出速率最大时对应的产物红外谱图

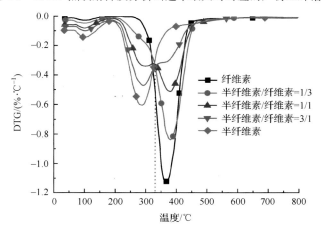

图 5-1 纤维素与半纤维素混合物的热裂解 DTG 曲线

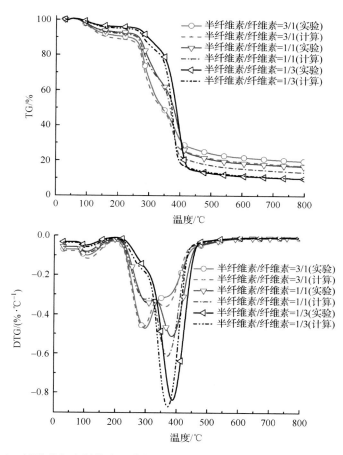

图 5-2　纤维素与半纤维素混合物热裂解的实验与计算 TG/DTG 曲线对比

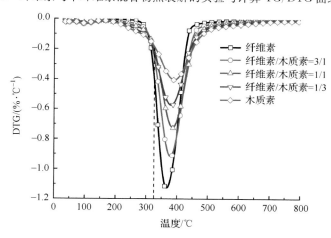

图 5-4　纤维素与木质素混合物的热裂解 DTG 曲线

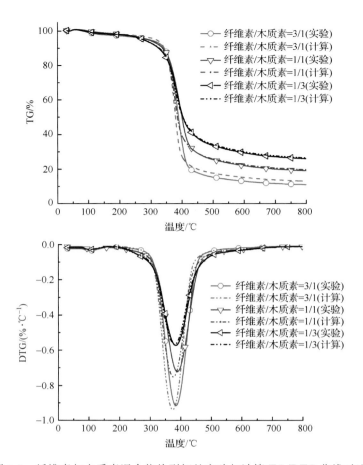

图 5-5　纤维素与木质素混合物热裂解的实验与计算 TG/DTG 曲线对比

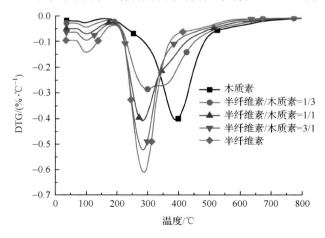

图 5-7　半纤维素与木质素混合物的热裂解 DTG 曲线

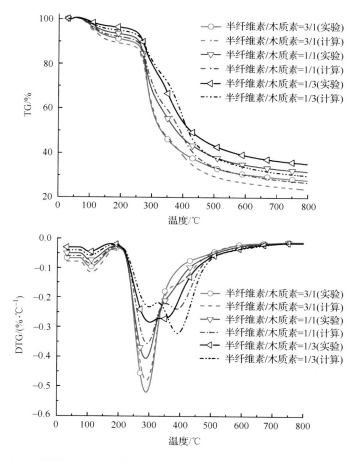

图 5-8　半纤维素与木质素混合物热裂解的实验与计算 TG/DTG 曲线对比

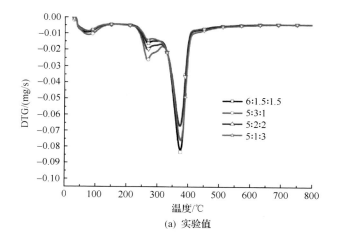

(a) 实验值

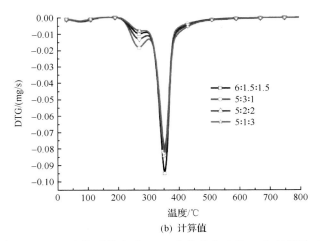

(b) 计算值

图 5-10 配比生物质热失重 DTG 曲线的实验值(a)与计算值(b)

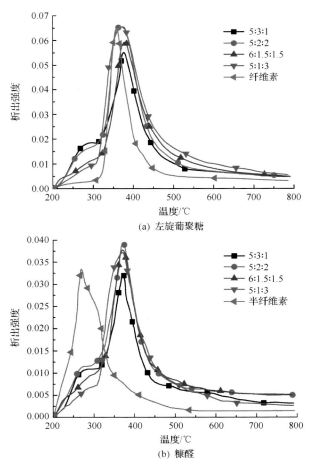

(a) 左旋葡聚糖

(b) 糠醛

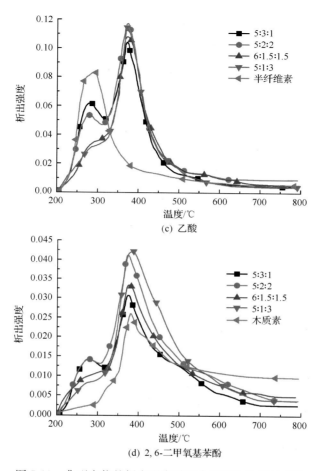

(c) 乙酸

(d) 2,6-二甲氧基苯酚

图 5-11 典型产物的析出强度随混合物配比比例的变化

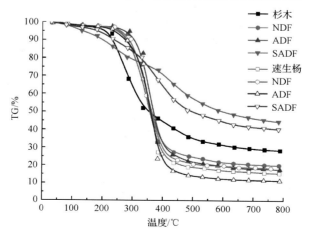

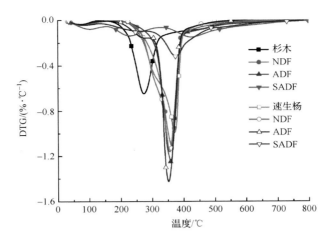

图 5-14　杉木和速生杨及其不同洗涤纤维热裂解 TG/DTG 曲线

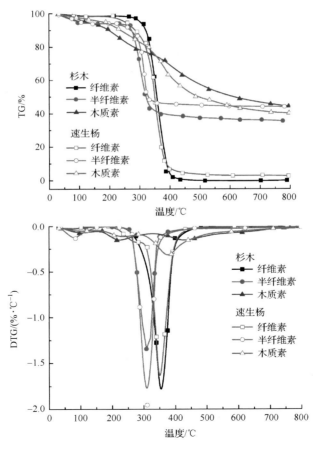

图 5-15　杉木和速生杨主要组分热裂解的 TG/DTG 曲线

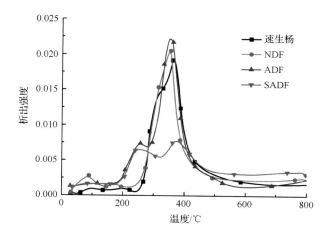

图 5-16 速生杨及其洗涤纤维热裂解过程中的挥发分析出

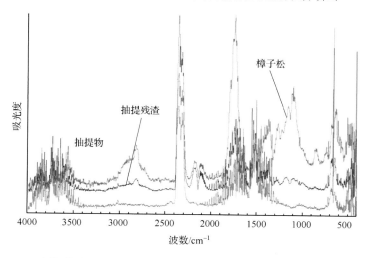

图 5-20 生物质、抽提物和抽提残渣热裂解产物在最大吸光率处的红外谱图

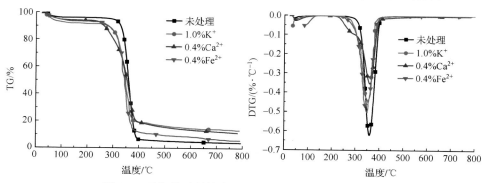

图 6-1 无机盐对纤维素热裂解 TG/DTG 曲线的影响

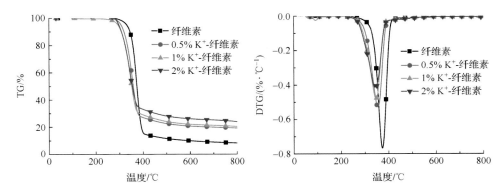

图 6-2 不同浓度钾离子对纤维素热裂解 TG/DTG 曲线的影响

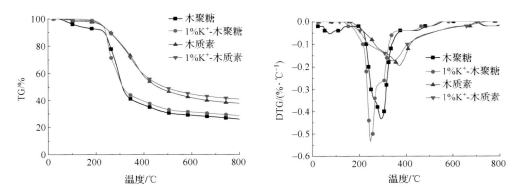

图 6-3 钾离子添加对木聚糖和木质素热裂解 TG/DTG 曲线的影响

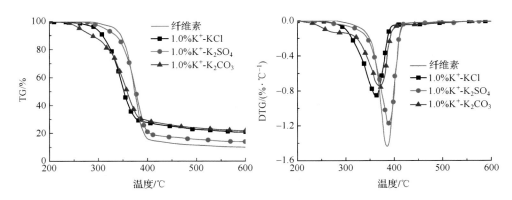

图 6-4 不同酸根的钾盐对纤维素热失重曲线的影响

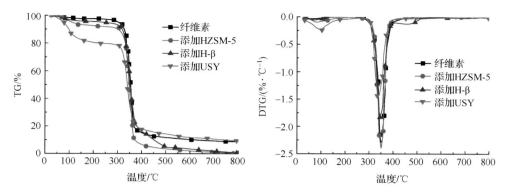

图 6-7　分子筛对纤维素热裂解 TG/DTG 曲线的影响

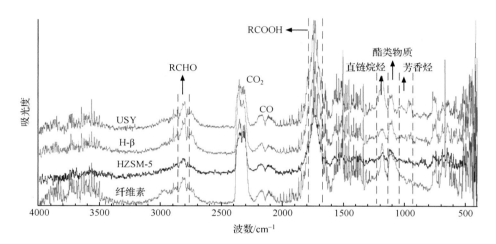

图 6-8　分子筛对纤维素热裂解产物析出的影响(最大吸光率处)

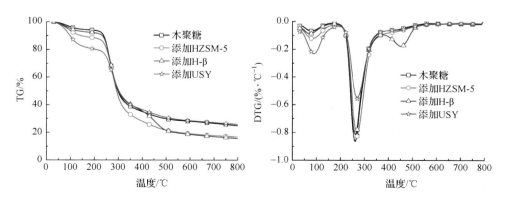

图 6-10　分子筛对木聚糖热裂解 TG/DTG 曲线的影响

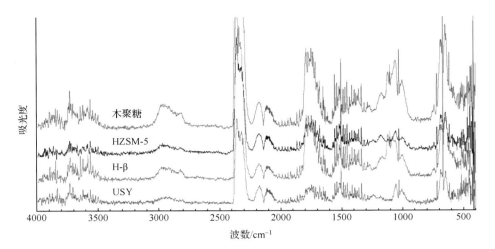

图 6-11　分子筛对木聚糖挥发分析出的影响(最大吸光率处)

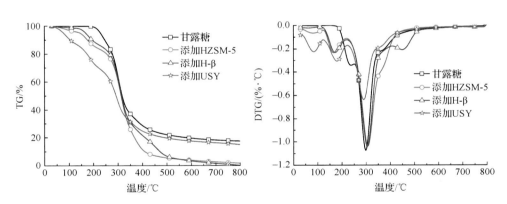

图 6-13　分子筛对甘露糖热裂解 TG/DTG 曲线的影响

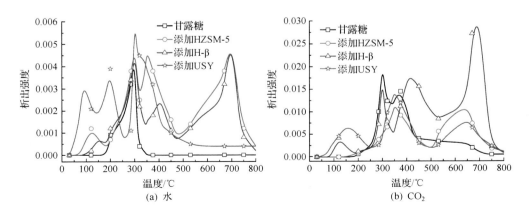

(a)　水

(b)　CO_2

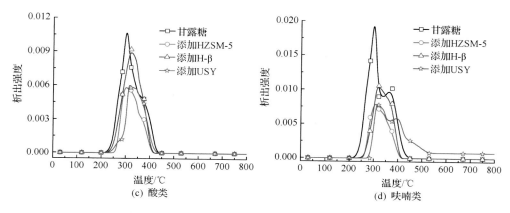

图 6-14　甘露糖催化热裂解时典型产物的生成规律

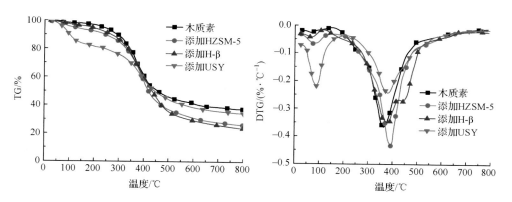

图 6-15　分子筛对木质素热裂解 TG/DTG 曲线的影响

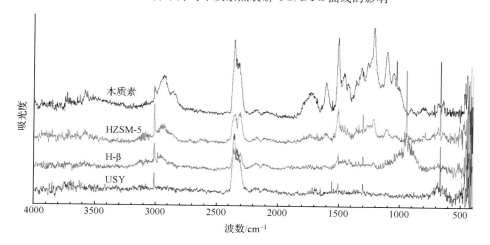

图 6-16　分子筛对木质素热裂解产物析出的影响(最大吸光率处)

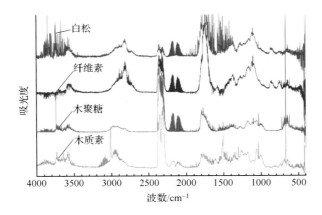

图 7-4 白松与各组分的热裂解产物对比

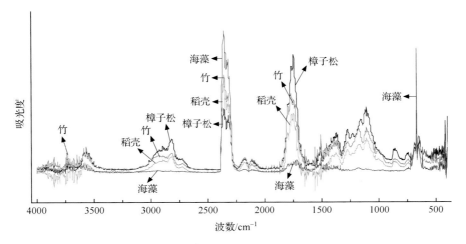

图 7-9 不同种类生物质热裂解析出产物吸光度对比图

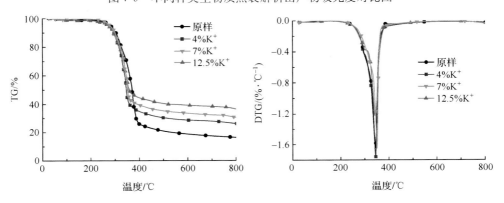

图 7-12 不同钾离子含量下白松热裂解的 TG/DTG 曲线

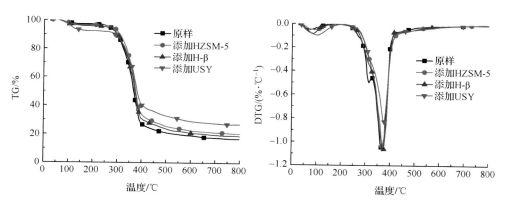

图 7-16　分子筛添加对水曲柳热裂解行为的影响

图 7-28　生物油蒸出馏分与裂化汽油相外观

图 7-31　不同生物质热裂解生物油乳液外观

从左到右分别为稻壳、稻秆、花梨木、樟子松、竹粉、象草、海藻热裂解生物油乳液